新工科软件工程专业
卓越人才培养系列

# 软件需求分析

李美蓉 何中海◎编著

人 民 邮 电 出 版 社
北 京

图书在版编目（CIP）数据

软件需求分析 : 微课版 / 李美蓉，何中海编著. --
北京 : 人民邮电出版社，2024.3
新工科软件工程专业卓越人才培养系列
ISBN 978-7-115-62681-3

Ⅰ. ①软… Ⅱ. ①李… ②何… Ⅲ. ①软件需求分析
Ⅳ. ①TP311.521

中国国家版本馆CIP数据核字(2023)第187657号

## 内 容 提 要

本书面向高素质复合型新工科人才培养，以强化学生软件需求分析能力为核心目标，从软件需求定义讲到分析方法，再讲到结果，最后通过实例串联全书知识点。

本书共5篇，第1篇通过概述的方式明确什么是软件需求分析，并介绍软件需求开发的主要流程，以及如何写出高质量的软件需求规格说明书。第2篇通过对可视化需求建模进行分析与描述，让读者理解“图”在软件需求分析过程中的重要地位，并阐述如何从不同角度和层面获取功能需求。第3篇和第4篇分别详细阐述功能需求之外的数据需求和非功能性需求的获取，以完善软件需求分析的整个流程。第5篇通过实例将全书知识点串联起来，以加强读者的记忆与理解，帮助读者提升全面应用所学知识的能力。

本书可作为高等院校计算机、软件工程等专业的教材，也可供软件工程领域的技术人员参考使用。

◆ 编　　著　李美蓉　何中海
责任编辑　王　宣
责任印制　王　郁　陈　犇
◆ 人民邮电出版社出版发行　　北京市丰台区成寿寺路 11 号
邮编　100164　　电子邮件　315@ptpress.com.cn
网址　https://www.ptpress.com.cn
山东百润本色印刷有限公司印刷
◆ 开本：787×1092　1/16
印张：11.75　　2024 年 3 月第 1 版
字数：321 千字　　2024 年 7 月山东第 2 次印刷

定价：59.80 元

读者服务热线：(010) 81055256　印装质量热线：(010) 81055316
反盗版热线：(010) 81055315
广告经营许可证：京东市监广登字 20170147 号

## 编写初衷

软件需求分析是软件产品生命周期中必不可少的环节，也是极为重要的环节。再好的软件，如果脱离了客户需求，就不可能受到客户认可。然而软件需求分析又是大家经常忽视的一环。较大的软件公司通常由产品经理担任需求分析师的角色，承担需求分析的相关工作，但他们大多是从开发人员、测试人员转型而来的；较小的软件公司基本不会设置专门的需求分析师岗位，而是由开发人员兼任。

编者的前辈提及软件需求分析时常说的一句话是："基础不牢，地动山摇。"如果把软件比喻成高楼大厦，那么需求分析就是建造高楼大厦的基础。如果需求分析做得不好，客户就不会满意，也不会买单。编者在软件行业工作了十多年，有过因为软件需求分析做得不够细致而导致整个项目延期甚至被迫终止的尴尬经历，所以深知软件需求分析的重要意义。后来编者从事教学工作，在软件工程专业教学的过程中，带领学生了解软件开发项目的整个流程、学习软件需求分析的相关知识时，发现很难在市面上找到一本适合教学使用的教材，因此萌生了编写本书的想法。

## 本书内容

为了使读者更好地学习软件需求分析的相关知识，本书以实用为目标，通过理论联系实际的方式，深入浅出地讲解软件需求分析的整个流程。本书共5篇，各篇主要内容概述如下。

第1篇由第1～3章组成，主要讲解软件需求的相关概念、需求开发的基本流程及如何编写优秀的软件需求规格说明书。

第2篇由第4～10章组成，主要通过可视化需求建模来介绍功能需求的获取与描述。其中，第4章介绍两种常用的建模语言——UML（Unified Modeling Language，统一建模语言）和RML（Requirements Modeling Language，需求建模语言）；第5～10章则围绕可视化需求建模的主题，介绍常用的6种模型。

第3篇由第11～13章组成，从数据需求的角度出发，介绍数据建模、数据流图及数据字典。

第4篇由第14章组成，主要介绍非功能性需求的获取与描述。

第5篇由第15章组成，主要通过将建模思想融入毕设管理系统的实例，引导读者编写出优秀的软件需求规格说明书。

## 本书特色

本书的主要特色如下。

**1．理论与实践融合，助力锤炼实战技能**

本书在讲解软件需求分析理论知识的内容中融入通俗易懂的案例，并结合实际工程项目帮助读者将理论知识与实际应用场景进行紧密联系，做到"学练结合"。

**2．可视化一体式的案例贯穿全书，确保知识结构完整、连贯**

本书通过具体、完整的项目，结合可视化的阐述展示软件需求分析每个阶段的对应做法及其产出物，保证软件需求分析的一致性和知识结构的连贯性。

**3．应用场景贴近读者生活，助力营造亲身实践氛围**

本书中的软件需求分析应用场景贴近读者的日常生活，容易帮助读者站在实例项目使用者的角度审视软件需求分析的合理性，把握软件需求分析的关键点，进而写出优秀的软件需求规格说明书。

**4．配套立体化教辅资源，支持开展线上线下混合式教学**

本书提供 PPT、教学大纲、教案、习题答案、微课视频、案例库等教辅资源，可以助力院校教师顺利开展线上线下混合式教学。

## 学时建议

读者可以根据本书的章节安排从前往后、循序渐进地阅读本书，也可以先阅读第 15 章中的案例，根据案例中涉及的知识点查漏补缺地进行学习。

针对本书的 5 篇内容，授课教师可以按照模块化结构组织教学，同时可以根据所在专业相关课程的学时安排情况，对部分章节的内容进行灵活取舍。表 1 给出了针对理论教学与实践教学的学时建议，供授课教师参考。

**表 1　学时建议表**

| 章序 | 章名 | 理论学时（16 学时） | 实践学时（32 学时） |
|---|---|---|---|
| 第 1 章 | 软件需求概述 | 1 | 1 |
| 第 2 章 | 软件需求开发流程 | 1 | 2 |
| 第 3 章 | 软件需求规格说明书 | 1 | 1 |
| 第 4 章 | 可视化需求建模概述 | 1 | 2 |
| 第 5 章 | 组织结构图 | 0.5 | 2 |
| 第 6 章 | 用例建模 | 1 | 2 |
| 第 7 章 | 角色权限矩阵 | 1 | 2 |
| 第 8 章 | 顺序图 | 1 | 2 |
| 第 9 章 | 活动图 | 1 | 2 |
| 第 10 章 | 状态机图 | 1 | 2 |
| 第 11 章 | 数据建模 | 1 | 2 |
| 第 12 章 | 数据流图 | 1 | 2 |
| 第 13 章 | 数据字典 | 0.5 | 2 |
| 第 14 章 | 非功能性需求概述 | 2 | 4 |
| 第 15 章 | 毕设管理系统需求分析 | 2 | 4 |

## 编者团队

本书编者长期从事软件工程专业课程教学和软件项目研发管理的相关工作。李美蓉主要负责第 1 篇、第 2 篇和第 5 篇的编写工作，以及全书的通读和修订工作。何中海主要负责第 3 篇和第 4 篇的编写工作，以及全书的审核工作。

由于编者学术水平有限，书中难免存在欠妥之处，因此，编者由衷希望广大读者朋友和专家学者能够拨冗提出宝贵的修改建议，修改建议可以直接发送到编者的电子邮箱：limeirong@uestc.edu.cn。

**编　者**

**2023 年秋于成都**

# 目录

## 第1篇 软件需求概论

### 第1章 软件需求概述



### 第2章 软件需求开发流程



### 第3章 软件需求规格说明书



## 第2篇 可视化需求建模

### 第4章 可视化需求建模概述

## 第 5 章 组织结构图



## 第 6 章 用例建模



## 第 7 章 角色权限矩阵



## 第 8 章 顺序图



## 第 9 章 活动图

## 第 10 章 状态机图



# 第3篇 数据需求

## 第 11 章 数据建模



## 第 12 章 数据流图



## 第 13 章 数据字典

# 第4篇 非功能性需求

## 第14章 非功能性需求概述



# 第5篇 需求分析实例

## 第15章 毕设管理系统需求分析



## 附录 毕设管理系统需求规格说明书

## 参考文献

# 第 1 篇

# 软件需求概论

软件需求分析是软件工程中的一项重要工作，它主要是为了识别、分析和描述用户或系统对软件提出的需求，以便确定软件系统的功能和性能特征。只有了解用户需求，才能设计和开发出符合用户期望的软件系统，否则很可能会导致软件开发失败。

本篇的第 1 章软件需求概述将从软件需求定义、软件需求的层次和种类、需求工程和需求风险 4 个方面讨论软件需求在整个软件工程生命周期中的重要性。第 2 章软件需求开发流程将讨论软件需求开发的基本流程，这是软件需求分析的重中之重。第 3 章软件需求规格说明书将讨论如何记录软件需求开发的结果，编写规范的需求规格说明书。规范的需求规格说明书不但可以帮助项目团队和客户明确需求、确保双方对项目的理解一致，也可以帮助项目管理者评估项目范围、时间和预算等，确保项目团队按时交付高质量的产品。

学习完本篇，希望读者能理解软件需求的基本概念，明确软件需求分析在软件工程中的重要性，掌握软件需求开发的基本流程和方法，整理并撰写出一份适合自身项目或团队的需求规格说明书的模板。

# 第1章 软件需求概述

软件需求分析是软件项目开发的开端，也始终贯穿软件项目的整个生命周期。软件需求分析的好坏直接影响到项目的开发和验证。本章将带领读者了解什么是软件需求、软件需求的层次和种类，区分需求开发和需求管理，警惕可能出现的与需求相关的问题。

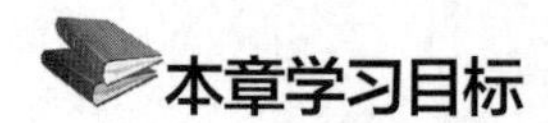

## 本章学习目标

（1）理解软件需求的基本概念以及软件需求在软件工程中的重要地位。

（2）了解软件需求的层次和种类，掌握不同需求之间的关系。

（3）区分软件需求开发和需求管理，警惕可能出现的与需求相关的问题。

软件需求定义

## 1.1 软件需求定义

软件需求是软件工程中的一个领域，用于确定需利用软件满足的利益相关者的需求。IEEE（Institute of Electrical and Electronics Engineers，电气与电子工程师学会）软件工程术语标准词汇表将软件需求定义为如下内容。

（1）用户解决问题或实现目标所需的条件或能力。

（2）系统或系统部件要满足合同、标准、规范或其他正式规定文档所需具有的条件或权能。

（3）一种反映上面（1）或（2）所述条件或能力的文档说明。

软件需求分析是软件设计和开发的基础，也是系统测试和用户手册的基础。想要设计和开发某个优秀的软件时，如果一开始需求就错了，那么即使软件再精巧也满足不了客户需求。为了开发出真正满足客户需求的软件产品，首先必须知道客户需求，只有深入理解了客户需求，并将其记录下来，后续的工作才有意义。但是，正确理解客户需求是软件工程中最困难的任务之一。研究表明，在软件产品中发现的缺陷有40%～50%是在需求分析阶段埋下的“祸根”。

但开发和管理需求确实很难。在软件项目中，涉及多种参与者，如客户、最终用户、项目经理、需求分析师、开发人员和测试人员等。所有角色的利益交汇点主要集中在软件需求方面，而每种角色会从自身出发理解需求，所以每种角色对需求的理解会不太一样。因此，所有角色都应该致力于需求实践活动，这是打造优秀软件的前提。

# 1.2 软件需求的层次和种类

软件需求一般可以划分成 3 个层次，即业务需求、用户需求、功能需求，如图 1-1 所示。除此之外，每个系统还有各种非功能性需求。

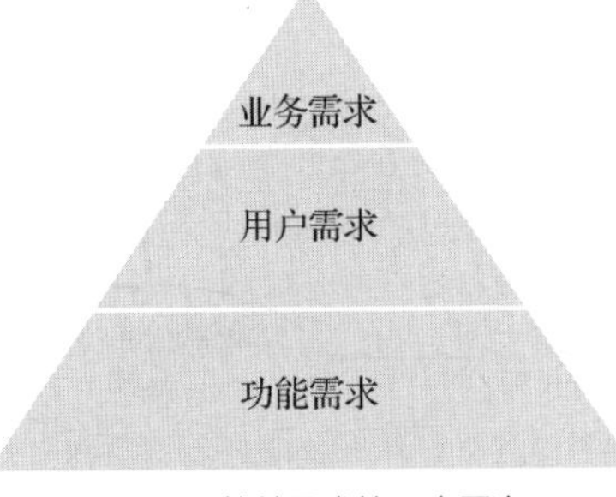


图 1-1 软件需求的 3 个层次

**1．业务需求**

业务需求反映了组织机构或客户对系统、产品高层次的目标需求。业务需求通常是最先确定的，是软件系统建设的目标。

**2．用户需求**

用户需求描述用户使用产品必须要完成的任务。用户需求常常需要与用户进行沟通，以深入挖掘用户的实际需求。用户需求也是软件需求中常常变化的部分。不论是作为系统的决策者，还是需求分析人员，抑或是设计和开发人员，都必须接受用户需求不可能一成不变的事实。

**3．功能需求**

功能需求定义产品在特定条件下所展示出来的行为，主要描述开发人员需要实现的功能。功能需求是对用户需求提炼、整理而形成的精确的软件需求。功能需求的实现，使得用户能完成他们的任务，从而满足业务需求。

**4．非功能性需求**

非功能性需求从不同角度描述产品的特性，如性能、安全性、易用性和可移植性等，这些对用户、开发人员和运维人员来说都非常重要。

为解释这几种需求间的关系，下面举例进行说明。假设开发某个购物 App，要求“双十一活动期间销售量增加 100%”可以算是一种业务需求。为满足以上业务需求，可以通过“优惠券”“打折”“限时抢购”等各种促销活动达成，对应的用户需求可能有“领取优惠券”“进入打折专区”“查看抢购活动”等。这些促销活动又包含许多功能需求，如“提示用户还需购买多少可以使用优惠券”“自动计算使用哪种优惠活动更划算”“提示用户抢购活动即将开始”等。除了这些功能需求，还需满足非功能性需求，如“活动期间，服务不中断”“平均响应时间不超过 500ms”等。

每个层次的需求分别涉及不同的角色，如图 1-2 所示。业务需求一般由公司经理或部门主管根据市场需求提出。产品经理或需求分析师会根据业务需求确定完成业务需要包含的用户需求，这个过程通常需要实际调研，并邀请用户代表参加。从用户需求角度出发，产品经理或需求分析师再引出能够实现任务目标的功能需求，以及实现这些功能必须要满足的限制条件，即非功能性需求，并将这些需求记录在 SRS（Software Requirements Specification，软件需求规约），即通常所说的软件需求规格说明书中。设计和开发人员根据软件需求规格说明书来设计解决方案并予以实现，测试人员根据软件需求规格说明书来验证需求是否被正确实现。

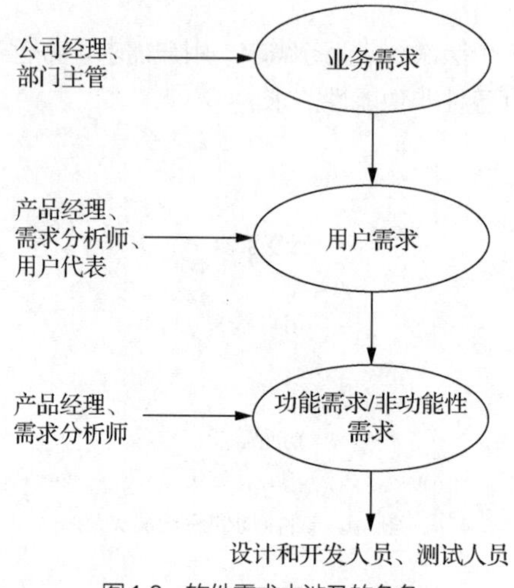


图 1-2 软件需求中涉及的角色

需要说明的是，软件需求规格说明书的“名称”很多，如需求文件、功能说明书、需求报告等。有的组织又将软件需求分析报告和软件需求规格说明书进行了区分，他们认为需求分析报告面向业务人员和用户，更像是第二层用户需求的产物；而软件需求规格说明书面向设计和开发人员，是第三层功能需求及非功能性需求的产物。但是针对一般项目，尤其是小型项目，无须为每个项目都创建这两种需求交付物，否则会徒增需求分析阶段的复杂度。因此，实践中常常将这些需求信息融合在一起，编写一份软件需求规格说明书即可。

# 1.3 需求工程

需求工程是工程设计过程中定义、记录和维护需求的过程。如图 1-3 所示，需求工程分为需求开发和需求管理两部分，需求开发又包含需求获取、需求分析、需求定义和需求确认 4 个环节。

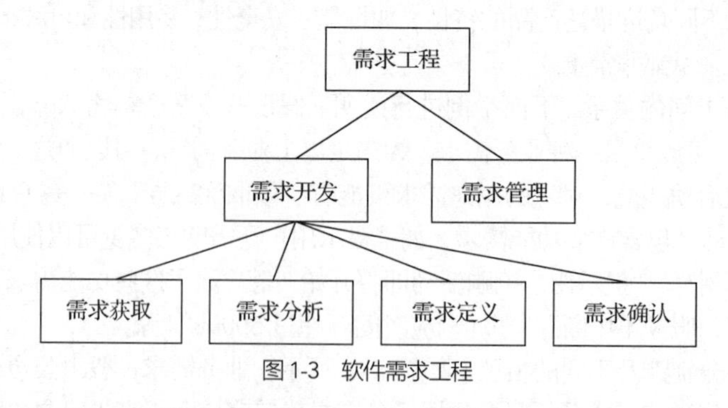


图 1-3 软件需求工程

需求获取是需求分析师与项目相关者之间为了定义新系统而进行的交流，是需求分析的前提。需求获取主要包括以下活动。

（1）识别产品的预期客户群和其他相关人员。

（2）理解客户任务以及与这些任务相关的业务目标。

（3）了解新产品的应用环境。

（4）与每一类客户代表一起工作，了解他们对功能有哪些需求以及对质量有怎样的预期。

需求分析涉及深入并准确理解每个需求，然后将各个需求以不同的方式表达出来。需求分析主要包括以下活动。

（1）分析来自用户的信息，将其任务目标与功能需求、质量预期、业务规则、建议解决方案和其他信息区分开。

（2）将概要需求进行适当的细分。

（3）从其他需求信息中引出功能需求。

（4）理解质量属性的重要性。

（5）将需求分配给系统架构所定义的软件组件。

（6）协商需求实现的优先级别。

（7）找出遗漏的或多余的、不必要的需求，以便定义范围。

需求定义是指以连贯且结构清晰的方式来表达和存储搜集的需求。需求定义主要包括以下活动。

（1）标识需求。

（2）定义需求优先级。

（3）将搜集到的用户需求转换为书面形式的需求和图表，编写需求规格说明书。

需求确认是指确认需求信息是正确的，能使开发人员制定出满足业务目标的解决方案。需求确认主要包括以下活动。

（1）检查记录下来的需求，进行需求评审。

（2）测试需求。

（3）定义验收标准。

需求管理的目标不是抑制变更或加大项目开发难度，而是预测和协调不可避免且实际存在的变更，最终最小化变更对项目的破坏性影响。需求管理主要包括以下活动。

（1）定义需求基线，确定需求规格说明书的主体。

（2）评审提出的需求变更、评估每项变更的可能影响，从而决定是否实施变更。

（3）以可控的方式将需求变更融入项目中。

（4）使当前的项目计划与需求一致。

（5）估计变更需求会产生的影响，并在此基础上协商新的承诺。

（6）让每项需求都能与其对应的设计、源代码和测试用例联系起来以实现跟踪。

（7）在整个项目过程中跟踪需求状态及其变更情况。

不管软件项目遵循什么样的软件生命周期模型（如瀑布模型、迭代模型、敏捷开发模型），需求工程都贯穿始终。

在不同的生命周期模型中，规模相似的项目需耗费的需求工作总量可能差别不大，但是需求工作量的时间分布可能很不相同，如图 1-4 所示。在瀑布模型中，大量需求开发工作安排在项目开始的一段时间里。相当多的项目仍然使用这种方式，但即使如此，在项目过程的其他阶段也应该加入一些额外的需求处理工作。

不同软件生命周期模型的需求时间分布

如果项目采用迭代模型，就需要在整个项目开发过程中的每个迭代都做需求方面的工作，但第一个迭代做得多一些。这种方式适用于计划分多个阶段发布的项目。

敏捷开发模型以及其他增量式开发项目的目标是每隔几周就发布一些功能。其需求开发任务更频繁，但每次工作量很小。如果采用此方式，必须对用户需求有很深的理解才能估算开发工作量并对其进行优先级排序。通过对用户需求排序，能判断出在具体开发增量中要分配哪些需求。

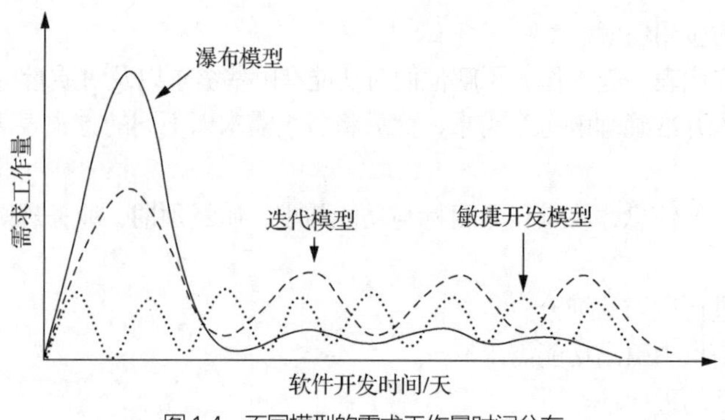


图 1-4　不同模型的需求工作量时间分布

# 1.4 需求风险

需求开发或管理不当，会为项目带来很多风险。下面介绍一些常见的需求风险。

**1．用户参与度不足**

客户经常不明白为什么收集需求和确保需求质量需要下那么多功夫，开发人员可能也不重视用户的参与。究其原因，一是开发人员感觉与用户合作不如编写代码有意思，二是开发人员觉得自己已经明白用户的需求了。在某些情况下，与实际使用产品的用户直接接触很困难，甚至有些客户也不太明白自己的真正需求。用户参与度不足会引发新的需求，造成返工并延误工期。

用户参与度不足的另一个风险是需求分析师无法理解并准确记录实际业务需求或客户需求，特别是在检查和验证需求时。有时，需求分析师制定的需求似乎"完美无缺"，开发人员也开发了这些需求，但由于业务问题被误解，因此解决方案"答非所问"。如果想消除风险，就得与客户保持沟通，让具有代表性的用户在项目早期直接参与需求开发，并一同经历整个需求开发过程。

**2．客户需求不断增加**

随着需求在开发过程中不断变化，客户也会不断地变更或补充需求，项目经常会超出计划的时间和预算。

要想把需求变更范围控制到最小，必须一开始就对项目范围、限制条件和成功标准进行明确说明，并将此说明作为评价需求变更的参照框架。

敏捷项目采用的方法是对特定的迭代范围进行调整，使其符合迭代中规定的预算和时间。随着新需求的涌现，我们可以将其记录到需求文档中，然后根据优先级别将其分配到未来的迭代中。

**3．模棱两可的需求**

模棱两可的需求是最为可怕的。它的一层含义是指诸多读者对需求说明产生了不同的理解，另一层含义是指单个读者能用不止一种方式来解释某个需求说明。

模棱两可的需求会使不同的风险承担者产生不同的期望，它会使开发人员为错误问题浪费时间，并且使测试者与开发者的期望不一致。

仅仅简单浏览需求文档是不能解决模棱两可的问题的。比较有效的方法是让那些具有不同视角或想法的人以会议评审或小组讨论的形式来检查、评审需求。

**4．画蛇添足**

"画蛇添足"是指开发人员力图增加一些"用户肯定喜欢"，但需求规格说明书中并未涉及的新功能。同样，客户有时也可能提出一些看上去很“酷”但缺乏实用价值的功能，实现这些功能只能徒耗时间和成本。

为了将“画蛇添足”的危害尽量减小，应确定为什么要包括某些功能，以及这些功能的“来龙去脉”，确保新增或变更的需求包含在项目范围内。

**5．过于精简的需求说明**

有时，客户并不明白需求分析有多重要，于是只提供一份简略之至的需求说明，仅涉及产品概念上的内容，然后让开发人员在项目进展中去完善，结果很可能出现的情况是开发人员在建立产品的结构之后再考虑需求说明的要求。这种方法可能适用于尖端研究性的产品或需求本身就十分灵活的情况，但在大多数情况下，这会给开发人员带来挫折（使他们在不正确的假设前提和极其有限的指导下工作），也会给客户带来烦恼（他们无法得到他们所期望的产品）。

**6．忽略了用户分类**

大多数产品由不同的用户群体使用，不同的用户群体各自偏重于不同的特性，使用频繁程度也有所差异，使用者的受教育程度和经验水平也不尽相同。如果不能在项目早期就针对所有主要用户群体进行分类，有些用户的需求可能就无法得到满足。确定所有的用户分类后，需要倾听他们的声音。除此之外，还应考虑维护人员与管理人员的需求。

## 1.5 本章小结

本章前两节主要介绍了什么是软件需求、软件需求的层次和种类，并举例说明了业务需求、用户需求、功能需求以及非功能性需求的关系与不同。第 3 节介绍了需求工程的两大组成部分——需求开发和需求管理，不管软件项目遵循什么样的软件生命周期模型，需求工程都贯穿始终。第 4 节着重列举了需求开发或需求管理不当会为项目带来的各种风险。

通过对本章的学习，读者应能理解什么是软件需求，以及为什么软件需求对软件开发如此重要，了解软件需求的层次和种类，掌握需求工程的基本概念、原则和方法，并警惕软件需求中可能出现的风险。

## 习题

1. 软件需求一般可以划分为几个层次？分别是什么？举例说明它们之间的关系。
2. 举例说明业务需求、功能需求与用户需求之间的区别和联系。
3. 列举软件需求中可能涉及的人员及他们的参与阶段。
4. 阐述瀑布模型、迭代模型和敏捷开发模型中需求工作量的分布。
5. 需求开发主要包含哪 4 个环节？请列举 4 个环节中包含的主要活动。
6. 写下手头项目或以前项目中遇到的与需求相关的问题，将其归纳为需求开发问题或需求管理问题，找出每个问题的根源及其对项目的影响。
7. 用户参与度不够的原因是什么？可能会造成什么风险？
8. 列举一至两个“画蛇添足”的需求，评估它们对项目的实施可能会造成什么风险。

# 第2章 软件需求开发流程

软件需求开发是一个循环迭代、持续更新的过程。由于软件开发项目和团队文化千差万别，因此软件需求开发没有单一的、公式化的套路。本章介绍一个软件需求开发的基本流程框架，该框架经过适当调整，可以应用于各类软件项目的需求开发。

### 本章学习目标

（1）了解软件需求开发的基本流程，掌握如何进行战略分析、如何定义业务需求。

（2）了解干系人、客户、用户之间的区别，掌握识别各类用户的方法。

（3）熟悉获取用户需求的各种方法，以及每种方法的适用性、局限性。

（4）学会识别用户的输入，对各类信息进行分析、归类，从而整理出简洁、完整且组织良好的需求清单。

软件需求开发基本流程

## 2.1 软件需求开发基本流程

正如第 1 章所说，软件需求开发包含需求获取、需求分析、需求定义和需求确认 4 个环节。软件需求开发不太可能一蹴而就，而是一个循环迭代、持续更新的过程，如图 2-1 所示。在需求开发过程中需要逐步完善，使表述逐渐清晰。

需求分析师会通过询问、访谈、问卷调查等方式从用户那里获取需求；需求获取以后，会对需求进行分析，将用户的需求分析整理成可能实现的功能需求（如果发现有不清楚的地方，还将继续与用户沟通，澄清需求）；之后，会将需求写入需求规格说明书（即需求定义），使相关人员能更方便地了解需求（在撰写需求规格说明书的过程中如果发现有遗漏的需求，会再进行分析、整理，以查漏补缺）；接下来，还需征求相关人员的意见，以便验证需求的正确性；如果发现问题，会重写需求、重新评估、重新与用户沟通等。这个迭代的过程贯穿需求工程始终。

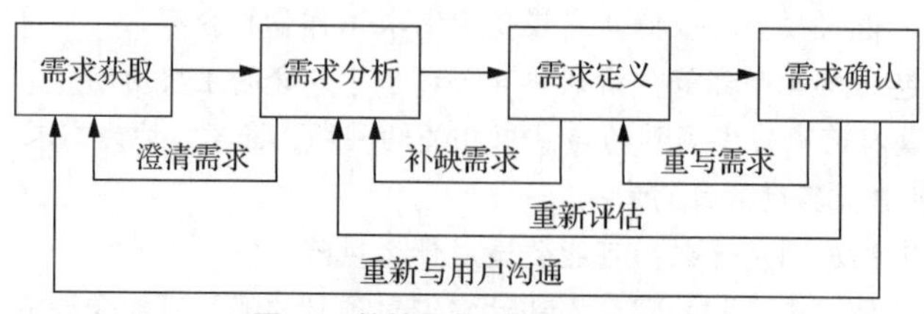


图 2-1 软件需求开发的迭代过程

由于软件开发项目和团队文化的差异，需求开发过程迄今为止没有公式化的套路。但是需求开发中有如下几个比较重要的步骤，是我们在进行需求开发时不可或缺的。

（1）战略分析。

（2）定义业务需求。

（3）识别用户类型。

（4）获取用户需求。

（5）分析、整理需求。

（6）为需求建模。

（7）整理系统涉及的数据需求。

（8）识别其他非功能性需求。

（9）记录需求。

（10）需求确认。

## 2.2 战略分析

战略分析的结果通常不会直接体现在需求分析文档中，这也是很多介绍需求分析的资料中最容易忽视的内容。但是战略分析对于项目开发方如何应对需求方、将投入多少的人力和物力实施项目，有重要的参考价值。战略分析具体需要做些什么呢？《火球：UML 大战需求分析》一书中给出了非常实用的解决方案。

（1）用一个“故事”来说清楚项目的来由，这就是项目背景。

（2）回答这个问题：该项目能帮助甲方实现哪些核心价值？

（3）做这道单选题：该项目对甲方的重要性如何？

A. 生存需求。该项目关系到甲方的生存问题

B. 核心发展需求。该项目有利于甲方提高在核心领域的生产力和竞争力

C. 次要发展需求。该项目对甲方的生产力和发展不产生重要影响，但有利于甲方解决一些具体问题或有助于改善其在核心领域的工作

D. 面子需要。该项目有利于企业或领导的“成绩”

（4）回答这个问题：要成功完成这个项目，甲方有哪些有利条件和不利条件？

（5）回答这个问题：要成功完成这个项目，乙方有哪些有利条件和不利条件？

（6）做这道单选题：乙方应以怎样的战略来应对这个项目？

A. 全力以赴满足甲方需求，哪怕牺牲自身利益

B. 投入合理的成本来满足甲方的基本需求，对于超出乙方当前承受范围的，引导甲方做“下一期”项目

C. 仅满足甲方非常紧迫的需求，为了维持客户关系而勉强做这个项目，不得罪客户，但保证乙方不亏本或只稍微亏本

D. 不做这个项目

## 2.3 定义业务需求

战略分析完成以后，需要定义业务需求。业务需求反映了组织机构或客户对系统、产品高层次的

目标需求。业务需求是软件系统建设的目标，用户需求和功能需求必须与业务需求建立的背景和目标保持一致。任何无助于项目达成业务目标的需求都不宜实现。

业务需求一般会定义解决方案的愿景和实现该方案的项目范围。愿景需要简要描述最终产品要达成什么业务目标，后续需求分析、项目实施都得围绕这一目标展开。项目范围需明确当前项目或迭代版本需要完成的各项具体工作，恰当的范围界定对于项目成功是十分重要的。

定义愿景

### 2.3.1 定义愿景

#### 1. 产品愿景简介

产品愿景是项目负责人对项目未来前景和发展方向的高度概括描述，它应符合公司或组织的战略目标。产品愿景是整个项目的目标，好的产品愿景要回答以下几个问题。

（1）产品是什么？

（2）产品的目标客户是谁？

（3）产品可满足什么需求或达成什么目标？

（4）产品的类型是什么？

（5）产品的主要功能或主要收益是什么？

（6）竞争对手是谁？

（7）如何满足用户需求并超越竞争对手？

上述问题是项目负责人在建立产品愿景时需要考虑的问题，这几个问题集中体现了产品的愿景。好的产品愿景能让项目团队了解产品的价值，建立共同的目标并激发团队士气。

#### 2. 愿景声明模板

对上述问题进行思考过后，可以按照以下关键字模板制定项目愿景。当然，你也可以自定义更合适的模板。在愿景声明中，要避免笼统的描述和详述技术实现细节，笼统描述无法明确产品未来的目标，详述技术实现细节会限制团队今后的工作。

- 针对【目标客户】。
- 对象【陈述需求或机会】。
- 【产品名称】。
- 【产品目标】。
- 具体的【主要功能、关键收益、吸引人使用的理由】。
- 不同于【主要的当前系统、当前业务过程或竞争产品】的内容。
- 【陈述新产品的主要不同点和优势】。

#### 3. 愿景声明案例

以下是某留学交流中心聊天机器人的案例。

某留学交流中心因为业务扩展，每日咨询量增加迅猛，客服人员即便每天加班，也没法及时回复所有咨询人员的问题。为了降低工作人员的压力，同时及时响应咨询人员，留学交流中心希望在官网上增加一个在线咨询的聊天机器人，从而减少人工咨询数量，并及时回复咨询人员的问题。

从这个案例中我们能分析出如下结论。

目标客户：留学咨询中心。

业务需求：及时响应留学咨询人员的问题。

产品名称：聊天机器人。

主要功能：管理人员通过预先输入大量问题及解答后，留学咨询人员可以通过单击“在线咨询”，输入自己的问题，与聊天机器人进行一对一地聊天。

主要优势：减少人工咨询数量，降低留学交流中心工作人员的压力，并及时回复留学咨询人员的问题。

针对以上案例，通过套用模板，我们可以用一段简洁的话来定义愿景。

针对留学交流中心咨询量较大、客服人员不能及时响应的问题，可增加一个在线咨询的聊天机器人。聊天机器人是一个用来模拟对话或聊天的程序。管理人员预先输入大量问题及解答后，留学咨询人员可以单击“在线咨询”并输入自己的问题，与聊天机器人一对一地交流。不同于当前单一的人工咨询模式，聊天机器人可以减少人工咨询数量，降低留学交流中心工作人员的压力，并及时回复留学咨询人员的问题。

**4．产品愿景确认**

在确定产品愿景之后，要进行自检，检查愿景是否回答了前面提到的问题。自检后要与项目干系人确认，然后根据其反馈进行修改。修改之后，要把产品愿景发给项目团队中的每个人，保证团队成员都理解并认可产品愿景，因为一个认可产品愿景的工程师和一个不认可产品愿景的工程师的“战斗力”有着天壤之别。

在整个研发过程中，团队都需要用产品愿景来指引方向，有时产品愿景甚至可以作为判断某个需求要不要满足的有力依据。所以要重视产品愿景，每隔一段时间根据业务需要和市场变化对愿景声明进行审核与修改。

### 2.3.2 项目范围和限制

项目范围和限制

客户对项目需求的提出有时比较随意，可能今天想要增加一个留言功能，明天又想增加一个统计功能。如果对项目的范围界定不够清晰，很可能掉入需求蔓延的陷阱。项目范围的定义为需求是否属于该项目划定了界限，它确定了项目需要实现的功能，以及实现这些功能会有些什么限制。因此，在定义项目范围时应该尽量清晰，避免模棱两可。例如，留学交流中心聊天机器人 1.0 版本的项目范围如下。

（1）留学交流中心的项目主管可以在后台编辑、删除、查看问题，对每个问题可以设置多个关键词。

（2）留学人员可以在官网中单击“在线咨询”，跳转到聊天机器人的页面。

（3）留学人员输入问题，后台通过关键词匹配，列出符合问题的相关答案，对每个问题最多列出 5 条相关信息。

（4）留学人员如果没有找到问题答案，可以转人工咨询。

（5）留学人员可以在线留言。

（6）对留学人员咨询的问题，可以在后台进行统计汇总。

我们也可以把项目范围的定义细分成范围和限制两个方面。范围是对解决方案的概念和适用领域进行描述，限制则会指出产品不包括的某些性能。范围和限制会帮助干系人建立可实现的期望，因为有时客户所要求的特性不是过于昂贵，就是超出预期的项目范围。

在较高层面，范围定义的是客户确定要实现哪些业务目标。在较低的层面上，范围定义的是特性、用户故事、用例或相应的事件。范围最终是在计划某个具体的版本或迭代时由一组功能需求定义的。在每个层面，范围必须限定在上一级的边界范围内。例如，范围内的用户需求必须与业务目标相匹配，而功能需求必须与范围内的用户需求相匹配。

**1．首发版的范围**

为了专注于开发并保持项目进度安排的合理性，要避免试图将任何客户最终可能想要的特性都囊括到 1.0 版本之中。不断地扩充 1.0 版本会造成软件臃肿和计划失控。在 1.0 版本中，应该关注在最短的时间允许范围内、以最能接受的成本、向最广大的群体提供最多的价值。

例如，一个快递 App 的 1.0 版本可能并不要求快速、漂亮或易于使用，但必须可靠。首发版本软件完成了基本的系统目标，而随后的版本包括附加的特性、选项和使用帮助。但需注意的是，首发版也需要关注非功能性需求。对架构有直接影响的需求从一开始就必须注意。后续版本若为了修复质量缺陷而重新设计架构，代价等同于重做。

**2．后续版本的范围**

项目范围中可以包含多个后续迭代版本的范围。后续版本会实现更多的用例和特性，不断地扩充和丰富首发版。但是后续版本的范围最开始可能没有首发版本清晰，且版本越往后范围可能越模糊，同时变更的可能性越大。

**3．限制和排除**

虽然列出项目范围内的内容很重要，但同样重要的是要注意项目范围之外的内容。限制和排除部分需要列出干系人期望但不计划纳入产品范围或特定版本中的产品功能和特性，让团队成员清楚范围决策，对范围的任何更改都必须经过完整的更改控制程序，以确保团队成员只做他们需要做的事情。

**4．范围变更**

当客户提出新的需求时，需求分析师应该先考虑："这在当前版本范围内吗？"这个问题的答案大致有如下 3 种可能。

（1）该需求明显超出范围。它也许很酷、很有趣，但不在当前版本范围内，可以安排到未来某个版本中。

（2）该需求明显在项目定义的范围内。如果它相对于其他已经提交的需求优先级更高，则可以将该需求合并到当前版本中。

（3）新需求虽然超出了范围，但它是一个很好、很实用的需求。此时可以考虑扩大项目范围以适应新的需求，但同时需要相应地调整预算。

用户需求与业务需求之间存在一个反馈循环。它可能要求你不断更新愿景和范围文档，这涉及需求的变更和管理。

## 2.4 识别用户类型

识别用户类型之前，我们需要先分清 3 类人：干系人、客户和用户。

干系人是指积极参与项目的人、群体或组织，他们可能会受项目过程和结果的影响，同时也可能影响项目过程和结果。干系人可以在项目团队或开发组织的内部或外部。简单来说，与项目有直接关系或间接关系的组织或个人都可以称为干系人。

客户是干系人的一个子集，是能够直接或间接从产品中获益的个人或组织。软件客户可能是提出需求、出钱、使用或者接收软件产品的人。一些干系人，例如法务人员、风投人员可能不是客户。

用户是产品的最终使用者。客户与用户的区别为：性质不同、买卖关系不同、价值方向不同。

（1）性质不同。客户是消费者，用户是使用者。客户是产品和服务的请求方、支付者，一定是消费者。用户是产品和服务的使用者，是产品的最终实际使用人，而不一定是消费者。

（2）买卖关系不同。客户会花钱，是直接产生买卖关系的人或组织。而用户不一定会花钱，他们可通过直接或间接的方式得到产品和服务的使用权。

（3）价值方向不同。客户关心的是产品和服务本身所存在的价值，而用户关心的是产品的使用价值、好不好用等。

本节重点关注用户的识别与分类。产品的用户可能在以下方面有差别，基于这些差别，我们可以将用户分成不同的类别。

（1）他们的访问权限和安全级别。

（2）他们在业务操作中执行的任务。

（3）他们使用的特性。

（4）他们使用产品的频率。

（5）他们在应用领域和计算机专业技能方面的经验。

（6）他们使用的平台（台式计算机、笔记本电脑、平板电脑、智能手机或定制设备）。

（7）他们的母语。

（8）他们是直接还是间接与系统交互。

每一个用户类别的成员对系统可能有一些特定的需求，不同类别的用户需求也可能有一些重叠。如在留学交流中心的案例中，系统管理员、在线客服、留学人员都可能涉及咨询问题的查看、汇总。不同的用户类别对系统也可能有不同的质量属性预期，例如易用性，这会影响用户界面的设计决策。新用户或偶尔使用的用户很关心系统是否好用，他们喜欢功能菜单、图形化界面；随着使用系统的经验增加，老用户开始更关心效率，更喜欢使用快捷键、定制选项、命令行工具等。

在项目早期阶段识别并划分出用户类别，以便从各个重要的用户类别代表处获取需求。这里推荐一种“发散后聚拢”的方法。第一个阶段，首先问项目出资人谁会使用系统，然后通过“头脑风暴”列出尽可能多的用户类别。在这个阶段，即使列出几十个也不要怕，重要的是不要遗漏用户类别。第二个阶段，识别有相同需求的用户，把他们归为一类，试着将用户划分为15个以下的不同用户类别。

很多分析模型可以帮助识别用户类别。在第2篇可视化需求建模中会介绍组织结构图，借助组织结构图，我们可以更加从容地识别出用户类型。图2-2展示了留学交流中心的部分组织结构图。

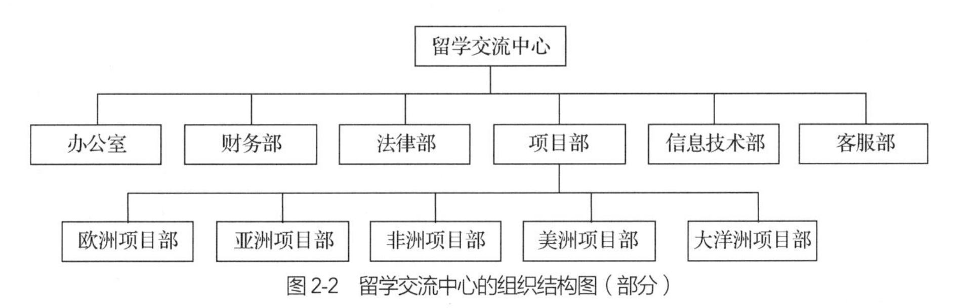


图2-2　留学交流中心的组织结构图（部分）

系统所有的潜在用户大多都能在图中找到。分析组织结构图可以降低遗漏组织内重要用户类别的可能性。它可以指引你找到特定用户类别的代表，还可以帮你确定谁可能是核心的需求决策人。在一个部门中你可能会发现拥有不同需求的多个用户群。与之相对的，在多个部门中识别出相同的用户群可以简化需求发现过程。研究组织结构图可以帮助确定与多少个用户代表一同工作才能确保你完全理解广泛用户群体的需要。此外，还要尝试基于他们在公司中的角色及其所在部门的视角，理解每个用户代表可以提供哪些类型的信息。

一种用户类别在系统中实际上对应一种角色，记录这些角色的所有相关信息，如角色名、角色人数、角色承担的事情等（可以通过列表的方式进行展示）。表2-1展示了留学交流中心聊天机器人项目的用户角色。

表 2-1 聊天机器人项目的用户角色

| 角色名 | 角色人数 | 角色描述 |
|---|---|---|
| 信息技术部负责人 | 1 | 负责所有中心系统的采购和运维 |
| 在线客服 | 10+ | 负责在线回答留学人员咨询的问题。他们有相关的培训手册，里面记载了留学人员的常见问题。但是对于一些个例性的问题，他们通常需要咨询项目主管或其他相关人员 |
| 项目主管 | 30+ | 不同国家涉及多个不同的项目，每个项目主管一般负责一个国家或几个相邻国家的项目。针对美国、英国等留学项目较多的国家，可能涉及多个项目主管负责同一个国家的情况。每个项目主管负责收集、整理各项目相关的法律法规、政策等。他们对自己负责项目的情况非常了解。他们会评审留学项目，给留学人员办理相关的留学资助、留学目的地变更、留学期限变更等事务 |
| 留学咨询人员 | 5000+ | 咨询留学项目、留学申请流程等 |

# 2.5 获取用户需求

如果没有足够的用户参与，当项目结束时将造成期望落差，即用户的真实需求和开发人员所理解的需求具有巨大的鸿沟。较好的缩小期望落差的办法是与合适的客户代表频繁沟通。每次沟通都是一个缩小预期差距的机会，以让开发人员开发的软件能够更贴近用户需求。

这些沟通可以是正式的，也可以是非正式的，可以多种形式开展。但不管哪种方式，都需要我们走近用户，以用户的需求为中心，而不是以产品为中心。下面介绍几种常见的获取用户需求的方法。

## 2.5.1 用户访谈

用户访谈是获取用户需求常用的一种方法，那么用户访谈与普通谈话有什么区别呢？是不是简单地找个用户过来聊天就是用户访谈呢？

用户访谈是一种研究型的交谈，它用有目的、有计划、有方法的口头交谈方式，对有意识要获得的资料进行收集和梳理。

与普通谈话相比，用户访谈一般都有明确的时间安排以及谈话主题，必须力求真实，不能随便对用户所说的话表示赞同或者评价，并且过程中常常会伴随着记录行为，访谈结束后还要进行事后的梳理与总结。

为了保证高质量的访谈，这里给出一些建议。

（1）用户访谈前。

**明确访谈目标**：访谈前需要先明确项目背景和访谈目标。

**招募访谈对象**：根据需求获取所处的阶段，可能需要招募不同的用户代表。如果你对某个领域不太了解，通过专家访谈可以迅速提升自己；如果你正处于需求发现阶段，并在寻找深层次的答案，那么你需要拓宽你的用户群体，招募不同类型的参与者以获得不同的观点；如果你想知道用户是如何或为什么使用某个特定功能的，你只需要抽取那些在特定时间内使用过该功能的人。

**准备访谈内容**：在访谈前尽可能提前准备好问题清单，以规范谈话内容。用户可以从你拟定的问题清单中找到思考问题的出发点，以避免访谈内容太过发散而偏离主题。

**建立融洽关系**：如果对方还不认识你，你要先进行自我介绍，然后检查访谈日程，提醒访谈对象访谈的目标，并解决他们提出的基本问题和顾虑。正式开始访谈前可以有一个简短的闲聊过程，介绍一下你自己，聊聊天气或者一些日常的事情。不过不要在闲聊上耗时太久，这只是一个“小热身”，以弄清楚他们可能是哪种类型的用户。

（2）用户访谈中。

**取得用户信任：**访谈中需要取得用户的信任，以轻松的话题开始访谈，然后逐渐深入，引导用户说出其真实需求。

**聚焦访谈主题：**注意将讨论聚焦在访谈主题上，即使是一对一的访谈，也不要跑题。

**探究用户想法：**多问为什么，而不是直接问用户想要什么。用户或许并不知道自己想要什么，多问为什么有助于更好地探寻用户的深层诉求。

**避免诱导性问题：**因为预先假设和过往经验的影响而产生偏见或片面的理解是一件很正常、也无法避免的事情，毕竟我们只是普通人。所以我们要识别自我的偏见，并且保证我们提出的问题不会影响受访者。

例如，不要问“你对我们的产品功能有多满意？”而是问一些比较中性的问题，例如“你从我们的产品中获得了什么样的体验？”

第一个问题意味着你已经预设回答者的答案是满意的，这显然是不合理的。而第二个问题给你的受访者留下了提出负面回答的空间。

**说他们的语言：**避免使用一些太过专业的术语，可以记住用户描述时使用的语言。例如他们可能会将下拉列表说成列表，将滚动条描述成“滑来滑去的东西”，参照用户的方式来称呼这些特征和功能，可以拉近你和用户的距离，增加获得有价值见解的机会。

**鼓励现场演示：**访谈过程中可以穿插一些让用户现场演示的环节，观察用户的现场操作过程，操作往往更能反映用户平常的使用习惯。引导用户在操作中讲述自己的行为，可获取用户的思考过程，得到更有价值的信息。

**记录访谈过程：**如果用户允许，则可以对访谈过程进行录音。

（3）用户访谈后。

**梳理访谈过程：**对访谈资料进行整理总结，提炼出关键信息，梳理重点问题。

**问题确认，持续迭代：**与其他团队成员沟通梳理出来的关键问题，弄清楚当前问题中是否存在因技术、业务逻辑限制而无法解决的问题。针对能够解决的问题，确认当前解决的优先级是否有误，优先解决对用户影响较大的可用性问题，对于可快速解决的易用性问题也可快速解决掉。

## 2.5.2 焦点小组

焦点小组又称小组座谈法，是指由经过训练的主持人与一组用户代表进行交谈，从而获得对有关问题的深入了解。当时间比较短同时资源又很有限的时候，如果想尽快获取用户的问题，则可以采用“焦点小组”法。

焦点小组的主要目的是倾听被调查者对研究问题的看法。被调查者选自研究的总体人群。焦点小组的优点在于，研究者常常可以从自由讨论中得到意想不到的发现。

之所以强调焦点，是因为焦点小组集中在一个或一类主题，可用结构化方式揭示目标用户的经验、感受、态度，并努力呈现其背后的理由。焦点小组是经过长期实践而稳定下来的一种用户体验研究方法。通过该方法能够在一两个小时之内直接面对多名用户，获得第一手信息。

焦点小组的实施过程一般包括以下几步。

（1）征选用户代表。用户代表应该用过之前的产品，或者用过与现在开发产品类似的产品。表达能力较差或者思维过于发散的用户都不适合作为焦点小组的成员。从充分给予每个被访者发言的时间以及把控节奏的角度来说，用户代表控制在6～8人最适宜。

（2）征选主持人。要有很好的控场能力，不能让话题跑偏了，要聚焦问题，同时也不可以影响用户代表表达自己的观点。

（3）编制讨论指南。讨论指南是讨论问题的概要，可以保证焦点小组按一定顺序讨论列出的问题。

（4）访谈。访谈开始时，主持人应该亲切、热情地感谢大家参与，营造友好的氛围，让用户代表能轻松、真实地表达各自的观点。

（5）访谈总结。访谈结束后需要对访谈过程进行总结。如果访谈过程有录像，可以通过播放录像观察发言者的面部表情和肢体语言，分析他们对某一观点的看法。

### 2.5.3 现场观察

如果让用户描述他们的工作，他们可能会遗漏一些细节或者表达得不够准确。造成这个问题的原因一般可能有如下几个方面。

（1）用户的专业背景和需求分析者不一致。

（2）任务太过复杂，用户很难记住每一项细节。

（3）用户对任务太熟悉了，反而无法将所有的步骤都清晰地表达出来。

因此，去现场观察用户能够获取更多的需求。但是现场观察通常比较耗时，不适合所有用户或所有任务，此时可以选择重要或高风险任务以及多个用户类别来观察。现场观察时需要注意以下几点。

（1）为了不干扰用户日常的工作安排，尽量将每次观察的时间限制在两小时以内。

（2）做好记录，尝试理解用户实际使用计算机系统和处理事务的细节。

（3）像用户一样使用系统和参与实际工作，发现关键问题和瓶颈。

观察结束后，需要对观察到的用户活动进行提炼总结，保证捕获到的需求能够从整体上应用于该类用户，而不是只针对个体。

### 2.5.4 问卷调查

用户访谈的数量一般有限，如果希望针对更大群体的用户收集需求，则可以进行问卷调查。根据载体的不同，问卷调查可分为纸质问卷调查和网络问卷调查。纸质问卷调查就是传统的问卷调查，调查者通过人工来分发这些纸质问卷，并回收答卷。这种形式的问卷调查存在一些缺点，分析与统计结果比较麻烦，成本比较高。

而另一种网络问卷调查，就是用户依靠一些在线调查问卷网站来完成问卷，这些网站提供设计问卷、发放问卷、分析结果等一系列服务。这种方式的优点是无地域限制，成本相对较低；缺点是答卷质量无法保证。目前有问卷网、问卷星、调查派等公司提供这种方式。

问卷调查的关键在于问题的设计。设计问卷之前也需要明确两点：一是问卷调查的目的；二是问卷调查的人群，不要指望通过一次调查就搞定所有用户。针对不同类型的用户，可以设计不同的调查问卷。在问卷设计中需要注意以下几个问题。

（1）建议以多选题开始。研究表明，以多选题开始的问卷回收率最高。相比于其他题型，用户无须用太多时间思考，相对容易接受。

（2）问卷的完成时间一般不要超过 15min。

（3）在问题中不要有任何暗示。

（4）对问题的答案应该尽量穷举，且答案之间应该互斥。

（5）设计的答案应该是用户愿意回答的，不要涉及用户隐私。

### 2.5.5 竞品分析

竞品是指竞争对手的产品，竞品分析是指对竞争对手的产品进行比较分析。竞品分析也是一种常用的需求挖掘方法。关注竞品的动向是日常工作必不可少的一环，因为竞品也是经过大量的调研、探索、思考才上线的产品。进行竞品分析有利于我们及时对自有产品进行查缺补漏，也有利于取其精华、去其糟粕。

那么我们如何去做竞品分析呢？一般情况下，并不需要花几个小时去写一篇详细的竞品分析报告，重点关注以下几点就行。

（1）竞品是否有新上线的业务，其背后的逻辑是什么？

（2）竞品的用户评论及用户反馈。

（3）竞品的前端对应后台的管理需求、操作需求、配置需求。

### 2.5.6 用户反馈

用户反馈，是产品与用户沟通的渠道，是需求从收集到实现，再到反馈的闭环过程。只有不断收集用户反馈、持续改进，才能让用户更好地接受产品。

在这个过程中，不仅可解决用户的问题、收集产品需求，更重要的是可建立用户与产品之间的情感关联。

用户反馈可以通过多种渠道获取，部分渠道如下。

（1）社交平台，例如微信、微博、知乎、百度贴吧等。

（2）应用商店，例如 App Store、豌豆荚等。

（3）内部渠道，例如客服咨询、反馈投诉等。

用户反馈的内容可能较多，需要投入大量的时间筛选出有效反馈，从而找到用户的真正需求。

## 2.6 归类整理需求

获取需求时不要指望客户会给你一份清晰、完整的需求清单。需求分析师可以借助 2.5 节中的多种方法（如用户访谈、焦点小组等）获取需求。但是客户在描述需求时常常会将很多信息混杂在一起，如图 2-3 所示。需求分析师必须对听到的各类信息进行归类整理、层层分解，将它们最终转换为可以进行工程实践的功能需求。

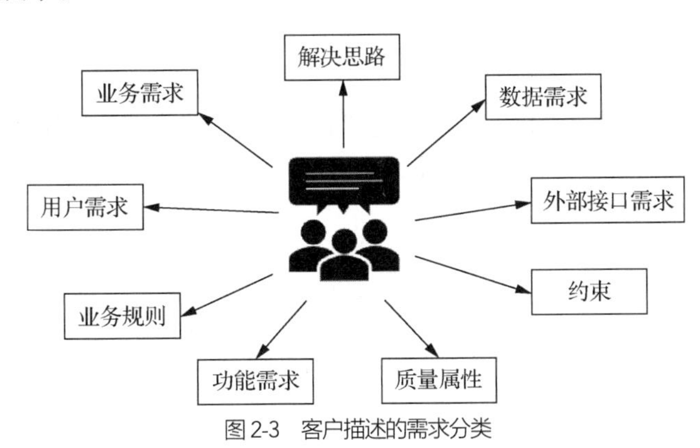


图 2-3 客户描述的需求分类

需求获取的参与者不会直接告诉你“这是一个业务需求，那是一个功能需求”。作为一名需求分析师，你需要判断参与者的陈述代表了什么类型的信息。下面给出一些建议性的词汇，有助于对客户的描述进行分类。

**1．业务需求**

如果客户描述其希望从产品中获得资金、市场或者其他业务利益，则可以归入业务需求。注意倾听体现软件购买方或者用户预期价值的陈述。示例如下。

“在 $n$ 个月内将 $x$ 区域内的市场份额提升 $m$%。”
“通过去除无效的浪费，每年可以节省 $x$ 万元开销。”

**2．用户需求**

对用户目标或者用户需要完成的业务任务的总体陈述。例如，“我需要<做什么>”可能就是在描述一个用户需求。示例如下。

“我需要为每一台设备制作一个二维码。”
“作为实验室管理人员，我需要为每一门实验课程分配实验教室。”

**3．业务规则**

当客户说只有特定的用户在特定的环境下才能去做某项活动时，他可能是在表述一个业务规则。例如，“必须要符合……”“必须要依据……”“如果<某些条件属实>，那么<就会发生某些事情>”。业务规则虽然并不代表软件需求，但可以从中引出一些功能需求的前置条件。示例如下。

“用户必须登录以后才能查看个人信息。”
“补假审批必须符合公司人事部门制定的休假制度。”

**4．功能需求**

功能需求描述的是系统在特定条件下展示出来的可观察到的行为，以及系统允许用户采取的行动。示例如下。

“如果温度超过 37℃，需要语音报警。”
“用户必须要对实验列表按实验名称和提交时间进行排序。”

**5．质量属性**

质量属性属于系统的非功能性需求，通常是对系统应如何完成某些任务的陈述。注意倾听描述系统特征的词，如迅速、简单、易用、可靠、安全等。示例如下。

“移动软件必须对触摸指令做出快速响应。”
“购物车必须好用，使新客户不至于放弃购买。”

**6．外部接口需求**

此类需求描述系统与外部世界的联系。例如，“必须从……读取信号”“必须要向……发送信息”“必须要以<某种格式>来读取文件”“用户界面元素必须符合<某个标准>”。示例如下。

“实验系统中的课程名单必须从教务系统中导入。”
“用户除了可以使用用户名、密码登录，还支持通过微信、QQ 等第三方平台验证登录。”

**7．约束**

设计和实现约束是对开发人员可用选项的合理限制。例如，“必须要用<某个编程语言>来写”“不能超过<某些限制>”“必须要用<一种具体的用户界面控制>”。示例如下。

“提交的电子文档必须使用 PDF 格式，大小不能超过 10MB。”

"为保证所有交易安全，浏览器必须要用 256 位密钥。"

**8．数据需求**

如果客户描述的内容是格式、数据类型、允许值或者数据元素的默认值、复杂业务数据结构的组成，或者是待生成的报告，那么他们就是在表达数据需求。示例如下。

"邮政编码由 6 个数字组成。"
"订单信息包含用户身份、发货信息、一件或多件产品，每个订单都要包含产品编号、数量、单价和总价。"

**9．解决思路**

有些来自用户的"需求"其实是解决思路。如果有人在描述与系统交互使其执行某个动作的特定方法，说明他就是在提供解决思路。示例如下。

"从下拉列表中选择一个包裹发送目的地。"
"手机必须允许用户用一个手指在屏幕上滑动导航。"

对客户输入进行归类以后，还需要将信息组合成表述清晰、组织良好的需求集合。需求分析师在描述、记录需求时，可以借助一些可视化需求模型。表 2-2 所示为用户需求中的词语到可视化需求模型的映射。

**表 2-2 词语到可视化需求模型的映射**

| 词语类型 | 示例 | 可视化需求模型 |
|---|---|---|
| 名词 | 人员、组织机构、软件系统、数据元素或对已存在对象的描述 | 组织结构图、<br>用例图、<br>实体关系图、<br>数据流图 |
| 动词 | 行为、用户或者系统所发生的事情及流程 | 用例图、<br>顺序图、<br>活动图、<br>数据流图 |
| 条件 | 条件逻辑的陈述 | 角色权限矩阵、<br>活动图、<br>状态机图 |

后文将对各类可视化需求模型一一进行讨论。

## 2.7 整理系统涉及的数据需求

数据需求普遍存在于功能需求中。哪里有功能，哪里就有数据。不管数据代表的是视频游戏中的像素、手机通话中的数据、公司季度销售报表还是其他任何事情，软件的功能就是创建、修改、显示、删除、处理和使用数据。在需求获取过程中，一旦有数据，需求分析师就应该开始收集并定义它们。

在需求获取阶段，用户提到的名词常常暗示着重要的数据实体，如留学人员、项目主管、关键词、问题列表等。实体关系图、业务数据图和类图可以帮助我们理解业务中或系统中的数据组件及它们之间的关系。

数据字典是数据实体的详细信息集合，通常用表格将数据的构成、数据类型、允许的取值等信息收集在一起。在需求分析阶段，数据字典中的信息表示应用领域中的数据元素以及数据结构。这些信息在设计数据库架构、数据表和属性的时候能够作为数据来源，并且最终产生程序中的变量。

另一种常见的可视化数据工具是数据流图。数据流图用于标识一个系统中在数据加工处理模块、系统所操作的数据集合或者物理介质，以及数据存储模块和系统外部之间的数据流。同样，一个处理流程可能会对多条数据进行加工（例如，购物车内容加上物流信息、订单信息，一起构成一个订单对象）。数据流图可以展示数据流经系统的全貌，这是其他视图很难做到的。但是，作为单一的模型技术来使用，数据流图的功能还不够强大。更好的方式是使用用例图或泳道图中流程的步骤来表示数据加工机制的细节。

第 3 篇将重点讨论软件需求分析中常见的数据分析方法和各种数据需求模型。

## 2.8 识别其他非功能性需求

在需求分析过程中，功能性需求是人们普遍关注的，但也不能忽视非功能性需求的分析，因为它所涉及的方面比较广泛。正因为如此，其往往被人们所忽视。

软件产品要想取得成功，只交付正确的功能还远远不够。用户还期望产品用起来很顺手，很高效。这些期望中包含产品的易用性、运行速度、健壮性、异常处理情况等，这些特性经常被合起来称为软件的质量属性。质量属性能够区分一个产品是只实现了它应该有的功能，还是使用户非常喜欢的产品。优秀的产品可以体现出较佳的质量属性平衡。如果在需求阶段没有探究客户对质量的期望，而最终产品却使他们很满意，那只能说明你运气好。更有可能的后果是客户感到很失望，开发人员感到很沮丧。

除了质量属性，非功能性需求一般还包含约束条件。约束条件是指客户出于自身对软件技术的了解和对系统文件维护的方便性考虑等，对系统有了诸如开发平台、技术流派、关键实现等方面的要求。

对于不同的软件系统，非功能性需求不可能完全相同。具体的内容要根据需要和软件系统的工作环境等具体情况来确定。在进行非功能性需求分析时，重要的是将精力放在那些至关重要的因素上。

## 2.9 记录需求

并不是所有人都认为有必要花时间记录需求。在有些探究式或极度不稳定的项目中，由于无法确定最终的解决方案是什么样子，因此跟踪需求细节的变更意义也不大。然而，相比在未来的某个时刻去获取或重建需求，记录需求的代价还是要小一些。如果只是口头讨论，可能会产生不必要的歧义，将需求记录下来有助于项目参与人从全局考虑，并准确陈述重要事宜。

除了采用需求规格说明书记录需求，其实还有很多其他方式，如把需求存储在电子表格中、数据库中或需求管理工具中。但不管使用何种形式存储需求，仍然需要使信息的类型相同。第 3 章的需求规格说明书模板将展示要收集什么样的信息以及如何组织信息。

## 2.10 需求确认

需求确认是指开发方和客户共同对需求文档进行评审，双方对需求达成共识后做出书面承诺，使需求文档具有商业合同的效力。

需求确认工作需确保以下几点。

（1）需求准确地描述了系统功能和特征，且这些功能和特征符合用户需求。

（2）需求是完整的、可行的、可验证的。

（3）所有需求应该都围绕业务目标而展开，最终也是为了实现业务目标。

（4）所有需求的表述是一致的，且能为后续设计和测试提供相关依据。

需求确认可以按以下步骤进行。

（1）非正式需求评审。非正式需求评审可以邀请一名或多名同事仔细查验需求文档，旨在找出需求中明显的错误和分歧。

（2）正式需求评审。正式需求评审一般会邀请同行的专家和用户一起评审需求，使得需求文档能尽量满足用户需求。

（3）获取需求承诺。正式评审后，需要对评审过程中提出的问题进行跟进处理，直到客户满意后，开发方负责人和客户需要对需求文档做出书面承诺，使之具有商业合同的效力。

## 2.11 本章小结

本章第 1 节概述了软件需求开发的 4 个环节：需求获取、需求分析、需求定义和需求确认。需求开发是一个循环迭代、持续更新的过程，由于软件开发项目和团队文化的差异，需求开发过程迄今为止没有公式化的套路。第 2 节到第 10 节详述了需求开发中的重要步骤，以供读者参考。

通过对本章的学习，读者能够理解和掌握软件需求开发的基本概念、流程和方法，了解如何制订需求开发计划，如何进行需求获取、需求分析、需求定义、需求确认等关键步骤。

## 习题

1. 使用本章介绍的关键字模板写下你负责的项目的愿景声明。
2. 简述干系人、客户、用户三者之间的区别和联系。
3. 除了可以从用户的访问权限和安全级别对用户进行划分，还可以从哪些方面识别出不同的用户类型？
4. 使用“发散后聚拢”的方法，识别项目中的用户类型，并与之前的用户类型进行比较，看是否有遗漏的地方。
5. 在对一个电子商务平台进行需求分析时，从典型性和多样性方面考虑如何选择用户代表。
6. 假设你希望通过用户访谈的方式获取一个电子商务平台的需求，请简述访谈前、访谈中、访谈后需要准备的内容及注意事项。
7. 列举 3 个获取用户需求的方法并简述其应用的局限性。
8. 客户在描述需求时常常把各种需求混杂在一起，请至少列举 3 种客户描述的需求类型，并举例说明。

# 第3章 软件需求规格说明书

需求开发的结果就是各方干系人针对所要开发的产品形成一个协议文档——需求规格说明书。业务需求包含在愿景和项目范围之中，用户需求可以以用例的形式捕捉，产品的功能需求和其他非功能性需求也都记录在其中。需求规格说明书是后续项目的实施基础，因此需求规格说明书需要组织有序，能供主要项目干系人评审，使他们知晓在哪些方面达成了一致意见。

## 本章学习目标

（1）了解优秀的需求陈述及需求集合的特点，牢记这些特点并将其运用到需求规格说明书的编写中。

（2）学习需求规格说明书的编写技巧和细化程度，确保编写的需求规格说明书结构清晰、内容完整、易于理解和实现。

（3）了解需求规格说明书的编写目的、结构和内容，为所在团队制定一份需求规格说明书模板。

优秀需求特性

## 3.1 优秀需求的特征

理想情况下，在陈述每一个业务需求、用户需求、功能需求和非功能性需求时，优秀需求都应该具备以下特征。

### 1．完整性

为了便于读者理解，每一个需求都必须包含所有的必要信息。对于功能需求，则意味着需要提供的信息可以使开发人员正确实现它。如果发现缺少特定信息，则可以设置待定（或 to do）标识，以便后期进一步跟踪。在开发人员准备开发之前，所有待定的需求都需要明确下来。

### 2．正确性

每一项需求都必须准确地陈述其要开发的功能及特性，设计人员须从需求来源检查需求的正确性。它可能源自提供最初需求的用户，或是源自更高一级的系统需求、用例、业务规则、其他文档。若用户需求与业务需求相抵触也是不正确的。为了评估用户需求的正确性，用户代表应该参与需求审查。

### 3．可行性

通常在项目实施之初会有一个可行性分析的环节，最终会形成可行性分析报告，该报告中包含对整个项目的可行性分析。

这里提到的可行性，针对的是每一项具体需求。每一项需求都必须是在已知能力、系统限定、运行环境和限制范围内可以实施的。在需求提取过程中，开发人员可以从技术的角度检查它的实现可能性，还可以检查出哪些需求只有在超预算或超资源的情况下才能实现。

**4．必要性**

每一项需求都应把客户真正所需要的和最终系统所需遵从的标准记录下来。“必要性”也可以理解为每项需求都是用来授权你编写文档的“根源”。要使每项需求都能回溯至某项客户的输入，如使用实例或别的来源。

**5．划分优先级**

对每个功能需求、用户要求、用例流程或者产品特性，应按照实施的先后顺序来标明它们对于某个产品版本发布的重要性。如果把所有的需求都看得同样重要，那么项目管理者在开发、节省预算或调度中就会丧失控制权。

**6．无二义性**

所有需求说明都只能有一个明确、统一的解释。由于自然语言极易导致二义性，因此应尽量将每项需求用简洁、明了的用户性语言表达出来。避免二义性的有效方法包括对需求文档的正规审查、编写测试用例、开发原型以及设计特定的方案脚本。

**7．可验证性**

检查每项需求是否能通过设计测试用例或其他的验证方法，如用演示、检测等来确定产品是否确实按需求实现了。如果需求不可验证，则确定其实施是否正确就只能靠主观臆断，而非客观分析了。前后矛盾、不可行或有二义性的需求也是不可验证的。

仅仅每个独立需求都有完美表述是不够的。需求集合是因某一个特定发布的基线或者迭代而产生的，下面是这些需求集合应该具有的特征。

**1．完整性**

不能遗漏任何必要的需求信息，遗漏需求将很难查出。注重用户的任务而不是系统的功能将有助于避免出现需求不完整的问题。如果知道缺少某项信息，应用待定标识来标明这项缺漏。在开始开发之前，必须解决需求中所有的待定项。

**2．一致性**

一致性是指需求不能与同类型的需求或更高一层的业务、用户、系统需求发生冲突。如果需求之间的冲突在实现之前不能解决，开发人员就会很困惑。记录下需求的来源，当不同需求不一致时，可以找相关干系人进行沟通。

**3．可修改性**

当需求有变更时，应该及时修订需求规格说明书，这样就要求做好需求的版本管理。为了利于修改，每项需求要独立标出，并与别的需求区分开来，且要避免重复的需求说明。因逻辑关系而在多个地方重述需求，虽然可以增强需求规格说明书的可读性，但也增加了维护的难度。另外，使用目录、索引和相互参照列表可使软件需求规格说明书更容易修改。

**4．可追溯性**

可追溯性是指应该能够回溯到需求的来源，以及需求的设计元素、源代码、测试用例等。这种可追溯性要求对每项需求以结构化的、细粒度的方式来写，而不是一段较长的叙述段落。

我们写的需求规格说明书永远不可能完美到其中所有需求统统都具备这些理想的特征。但如果在编写、评审需求时牢记这些特征，将得到更好的需求规格说明书，进而开发出更好的软件。

# 3.2 需求编写技巧

如何写优秀的需求？没有固定的套路。实践经历和来自需求相关者的反馈是“最好的老师”。有些同事有敏锐的眼光，来自他们的建设性回馈意见将大有裨益，因为从中你可以了解自己所写的内容是否切中要点。这也是需求同行审查如此重要的原因。有关如何写出读者可以清楚理解的需求，下面将给出编写技巧方面的建议。

## 3.2.1 写作风格

需求编写技巧-写作风格

写需求不同于写小说或其他文学作品。写需求一般会先列出要点，要点是我们要表述的需求或功能，紧接着陈述细节（依据、缘由、优先级和需求的其他特点），这样的组织方式对于那些仅需要略读文档的人将很有帮助。使用表格、结构化的列表、图表和其他可视化元素，可以使枯燥冗长的需求文档变得生动起来。

需求规格说明书不是让你练习创意写作技巧的，不要为了让文档读起来更有趣而把主动语态和被动语态混杂着使用。对于同一个概念，不要为了避免重复而使用不同的术语。精心写成的文档，易于阅读和理解才是根本，无须太多的趣味性。为了达到更好的沟通效果，在编写需求时，需记住以下几点提示。

**1．可读性建议**

以下可读性建议对于编写任何文档都是有用的。

（1）使用适当的模板来组织所有必要的信息。

（2）章、节的编号应统一。

（3）可以对重要的内容使用粗体、斜体、颜色标记等进行视觉强调。

（4）使用图表辅助文字表述，给所有图表编号，列出标题，并根据编号进行引用。

（5）文档中可以适当地增加一些超链接，让读者可跳转到相关章节。

**2．清晰和简洁**

写文档时请以正确的语法、拼写和标点符号构成完整的句子，句子和段落应尽量简短、明了。此外，应多用用户业务领域内的简单、直接的词语，而不是专业术语。对于专业术语，要定义词汇表。

**3．主动语态**

用主动语态可以清楚地表述谁是使动者。许多商务写作和科技写作都用被动语态来表述，但被动语态不如主动语态表述得清楚、直接，如下所示。

当产品升级上市发布的时候，序列号应该在合同里面被更新。

短语“被更新”是一个被动语态的表述，它表明动作的受动者是序列号，但是没有表明动作的使动者，如是系统自动执行更新，还是由某个期望的用户完成更新？使用主动语态来表述可以突出更新的执行者，并且可以说明更新的触发事件，如下所示。

当实施者确认发布了产品的升级版本时，系统应该用新产品的序列号来更新客户的合同。

**4．独立需求**

避免用大段的叙述来表述多个需求，不应该让读者在大段零乱的语句中厘清各个需求。需求中的

“和”“或者”“另外”“也”这些词表明可能存在多个需求合并表述的情况。如果需要用不同的测试来验证一个需求的不同部分，请将之拆分成各自独立的需求。

### 3.2.2 细化程度

需求规格应该细化到所包含的信息刚好够开发人员和测试人员正确实现的程度，不要因为信息过少而让开发人员和测试人员无所适从，也不应该出现不必要的内容和说明。

“应该把需求细化到什么程度？”这个问题是没有简单而正确的答案的。需求细化的目标是让需求理解错误的风险最小化，因此需求编写的细化程度可以根据团队成熟度来决定。团队成熟度高或有前例可循，则包含的细节可以少一些；如果团队成熟度相对较低，比如说新员工较多或出现跨地域团队等情形，需求中应该包含更多细节。

同一份软件需求规格说明书中，对于相关联的需求应尽量采用相同的粒度。如果测试人员能够预见到需要大量的测试用例来测试一条需求或无法评估测试用例，则说明将多条需求描述到了一条需求中，应该将它们分开。

出现在同一份需求规格说明书中的需求描述的示例如下。

（1）对于组合键 Ctrl+S，系统会解释成保存文件。

（2）对于组合键 Ctrl+P，系统会解释成打印文件。

（3）产品应该响应输入的编辑指令。

前两条需求的粒度是非常恰当的，用不了多少测试用例就可以完成测试验证。第三条需求的描述看似没有多少文字，但实际却涉及复杂的语音识别子系统，针对这个需求编写的测试用例可能需要上百个。这个需求也许可以作为一个高层次的抽象而被描述在背景说明或业务需求中，但对于语音识别还需要更多的功能需求细节。

### 3.2.3 功能需求的描述

功能需求的描述

对于功能需求，我们可以从系统运行或用户使用的角度来编写。我们的目的是有效地表述，只要能把需求描述得更清楚，运用综合表述方式也是可以的。用一致的风格来表述需求，如“系统应该”或者“用户应该”后跟一个行为动词，再跟一个明了的结果。对于某些功能的前置操作和条件，也要表述出来。

下面是从系统角度进行的描述。

【可选的前置条件】【可选的前置事件】系统应该【期望的系统响应】

如“老师登录毕设管理系统，系统就应该列出该老师当年所代管的学生列表”。

下面是从用户角度进行的描述。

【可选的前置条件】【可选的前置事件】某个【用户类别或角色名称】应该能够【对某个对象】【做某事】

如“毕设开始后，学生应该能够查看该学期参与毕设代管的老师名单”。

除了文字表述，功能需求的描述常常会借助一些可视化的工具进行，如用例图、用例表等。第 2 篇对此有专门的描述，这里就不赘述了。

## 3.3 需求规格说明书模板

需求规格说明书模板

软件需求规格说明书应阐述软件系统必须具备的功能、特征和必须遵循的约束，必须尽可能完整地描述系统在各种条件下的行为、预期的系统属性，包括运行状况、安全性和易用性等。软件需求规格说明书是后续项目规划、设计和编码的基础，也是系统测试和用户文档的基础。很多人都离不开软件需求规格说明书。以下列举了软件需求规格说明书的相关使用人员及其用途。

（1）客户、市场部、销售人员需要知道要交付什么产品。

（2）项目经理需以需求规格说明书为基础，估算需求的日程安排、工作量，并协调必要的资源。

（3）软件开发团队需用需求规格说明书来指导开发产品。

（4）测试人员需用需求规格说明书来开发基于需求的测试、测试计划及测试程序。

（5）维护和支持人员需用需求规格说明书来了解产品各部分的用途。

（6）文档编辑人员需以需求规格说明书为基础，完成用户手册和帮助文档等的编写。

（7）培训师需使用需求规格说明书来制作培训材料。

（8）法务人员需确保需求遵守对应的法律法规。

每个软件开发组织都会为自己的项目选用合适的需求规格说明模板。图 3-1 所示为一个软件需求规格说明书的模板，可供参考。

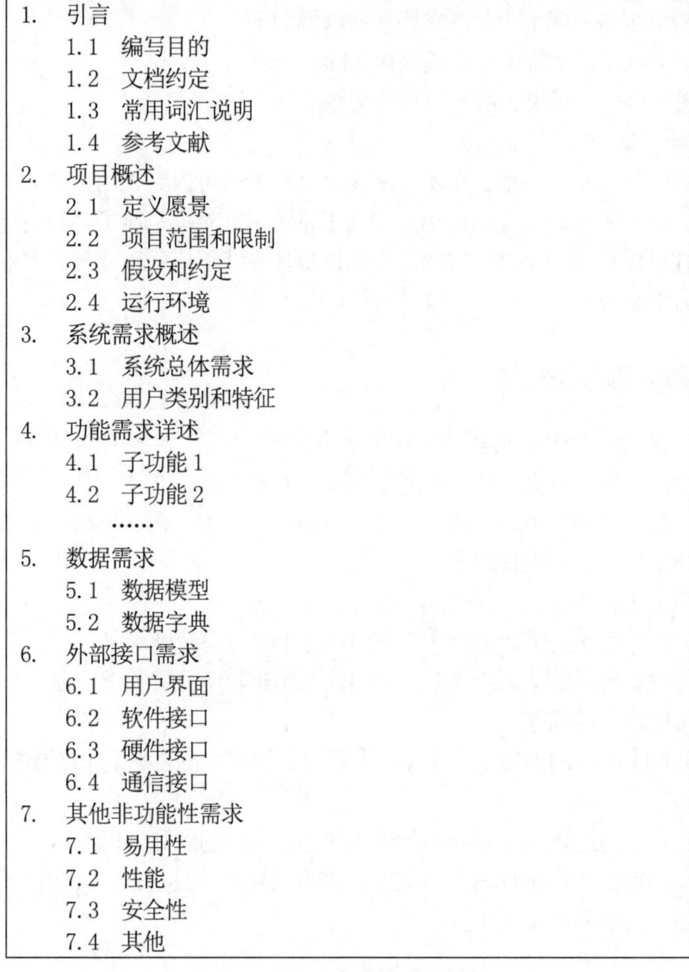

1. 引言
   1.1 编写目的
   1.2 文档约定
   1.3 常用词汇说明
   1.4 参考文献
2. 项目概述
   2.1 定义愿景
   2.2 项目范围和限制
   2.3 假设和约定
   2.4 运行环境
3. 系统需求概述
   3.1 系统总体需求
   3.2 用户类别和特征
4. 功能需求详述
   4.1 子功能 1
   4.2 子功能 2
   ……
5. 数据需求
   5.1 数据模型
   5.2 数据字典
6. 外部接口需求
   6.1 用户界面
   6.2 软件接口
   6.3 硬件接口
   6.4 通信接口
7. 其他非功能性需求
   7.1 易用性
   7.2 性能
   7.3 安全性
   7.4 其他

图 3-1　软件需求规格说明书模板

上述软件需求规格说明书的具体内容如下。

1. 引言

引言给出的是一个整体介绍，有助于读者了解需求规格说明书是如何组织的，以及如何使用它。

1.1 编写目的

对产品或应用进行定义，说明产品或应用程序的需求，包括修订或发行版本号。如果这个需求规格说明书只与某个复杂系统的一部分或子系统有关，就只定义这部分或子系统。描述文档所针对的不同读者类型，如开发人员、项目经理、用户、测试人员等。

1.2 文档约定

描述所用的标准或排版约定，包括具体的文本风格、高亮标记或某些符号的含义等。

1.3 常用词汇说明

列出该文档中用到的专业术语及其定义、外文缩略词的原词组等。这部分也可以以附录的形式放到需求规格说明书的最后。

1.4 参考文献

列举该需求规格说明书所参考的文件和其他资源。如果参考文献的位置确定，则可以列出其超链接。

2. 项目概述

这一部分高度概述产品及其适用的环境、预期的用户和已知约束、假设及依赖等。

2.1 定义愿景

描述产品的背景和起源。该产品是仍在发展中的产品系列中的下一个成员、成熟系统的下一个版本，还是现有应用程序的替代品，或是一个全新的产品。如果这是一个大型系统的组成部分，那么就要说明该软件是如何与整个系统相关联的，并且要确定两者之间的主要接口。

2.2 项目范围和限制

描述当前项目或当前版本需要实现的功能，以及实现这些功能会有些什么限制；还可以列举该项目或当前版本不包含的内容。

2.3 假设和约定

列举出在对软件需求规格的说明中影响需求陈述的假设因素（与已知因素相对立）。这可能包括你打算要用的商业组件或有关开发、运行环境的问题对需求实现的影响，也可能是需求或业务规则对设计与实现方法的影响，还可能是来自经费、投资方面的限制，来自法律法规或政策方面的限制，或者可利用的资源和信息的限制。

2.4 运行环境

描述软件的运行环境，包括硬件平台、操作系统和版本，还有其他的软件组件或与其共存的应用程序等。

3. 系统需求概述

这一部分概述系统总体需求、用户类别和特征等内容。

3.1 系统总体需求

概述项目需要实现的主要功能。其详细内容将在功能需求中描述，所以在此只需要概略地总述。建议以图表形式描述功能结构，并加入必要的文字说明，使读者易于理解。

3.2 用户类别和特征

最终用户的特点，以及本软件的预期使用频度，确定可能使用该产品的不同用户类别并描述其相关特征。有一些需求可能只与特定的用户类别相关，一般来说至少有以下几类。

（1）一般操作者。

（2）系统管理者。

（3）最终用户。

4. 功能需求详述

描述系统包含的所有功能需求，并且可以分小节描述每一个子功能。

4.1 子功能 1

针对每个确定的功能描述其定义、业务规则，详细叙述如何从输入转变到输出并且如何获得、处理和产生相关信息。设计者可以参考以下信息有条理地阐述。

（1）业务定义/描述。

（2）适用的用户类型，操作本功能所需的授权。

（3）业务规则/业务要素。

（4）功能项的主要页面或样式。

（5）提供所有与本功能相关的输入描述，包括输入数据类型、媒体、格式、数值范围、精度、单位等。

（6）提供所有与本功能相关的输出描述，包括输出数据类型、方式、格式、精度、单位，以及图形或显示报告的描述等。

（7）业务操作流程。

（8）描述正常业务流程，列举异常情况和处理流程。建议使用图示，并配合必要的文字说明。

（9）约束条件/特殊考虑。

（10）列出在各个工作领域不需计算机化的功能，并提供其原因以及特殊条件等。

4.2 子功能 2

……

5. 数据需求

信息系统通过处理数据来提供价值。该部分用于描述系统需要作为输入的各种数据。

5.1 数据模型

数据模型从视觉上呈现了系统要处理的数据目标和集合以及它们之间的关系。数据模型中含有大量的图表，包括实体关系图和类图等。

5.2 数据字典

数据字典是对数据模型中的数据对象或者项目的描述的集合，这有利于程序员和其他相关人员参考。数据字典通常会以表格的形式呈现，包括数据字段名、数据类型、长度、组成这些结构的数据元素的允许值、字段属性及字段说明等（示例见表 3-1）。

**表 3-1 数据字典示例**

| 字段名 | 数据类型 | 是否允许为空 | 字段属性 | 字段说明 |
| --- | --- | --- | --- | --- |
| access_id | int(11) | NO | 主键 | 访问编号 |
| user_id | bigint(20) | NO | 唯一值 | 用户 ID |
| level | int(11) | NO | | 访问等级，按位操作 |
| start_time_for_validity | int(11) | NO | | 起始有效期时间戳，为 0 则表示从当前日期起始有效 |
| end_time_for_validity | int(11) | NO | | 起始有效期时间戳，为 0 则表示结束有效期无限制 |

6. 外部接口需求

这部分内容是为了保证系统与用户、外部硬件或软件元素之间的正常通信。如果一个复杂系统有多个组成部分，则应给出独立的接口规范说明。

6.1 用户界面

描述系统所需的用户界面的逻辑特征。该部分无须给出功能完备的界面设计图，只需画出概念性的草图，也可参考以下信息给出相关说明。

（1）用户界面的风格说明。

（2）字体、图标、配色、产品 Logo 的展示及版权和隐私声明等。

（3）屏幕大小、布局或分辨率约束，是否需要同时支持在计算机、平板电脑、手机上运行，是否需要屏幕自适应等。

（4）是否有参考的页面布局，如每一屏的标准按钮或导航链接。

（5）快捷键。

6.2 软件接口

描述该产品与其他软件之间的关联，包括输入和输出的接口等。

6.3 硬件接口

描述可能支持的设备类型、软硬件之间的数据和控制交互，以及将会用到的通信协议等。

6.4 通信接口

陈述与产品通信相关的所有需求，包括电子邮件、浏览器、网际协议和电子表单等。定义任何相关的信息格式，规定通信安全和加密方式、数据传输速率、信号交换方式、同步机制等。陈述对这些接口的约束，如电子邮件中特定的附件类型等。

7. 其他非功能性需求

该部分描述的非功能性需求必须是确定的、定量的、可验证的。

7.1 易用性

易用性需求涉及易学程度、易用程度、错误的规避和恢复、交互效率和可理解性等。这里所规定的易用性需求将帮助用户界面设计师开发出最佳的用户界面。

7.2 性能

陈述针对各种系统操作的具体性能需求。如果不同的功能需求或特性有不同的性能需求，则也可将性能目标列在相应的功能需求部分。

7.3 安全性

陈述产品在使用过程中可能遭受的损失、破坏和伤害，规定必须采取的安全保障措施或行动，以及必须预防的有潜在危险的行动，确定产品必须遵守的安全证书、政策或法律法规。

7.4 其他

定义软件需求规范说明中没有涵盖的其他需求。

不必在项目开发初期就为整个产品编写完整的软件需求规格说明书，但在开发每个增量之前，要针对每个增量捕捉需求。在开始项目开发前，大家要对需求规格说明书中的内容达成一致意见。因此，需求规格说明书也是不断迭代的，开发时可以使用有效的版本控制工具确保所有参与者都知道自己在阅读哪一个版本的需求。

## 3.4 本章小结

本章第 1 节讲述了优秀的需求陈述及需求集合的特征。第 2 节主要讲述了需求编写的一些技巧，包括写作风格、需求的细化程度以及如何描述功能需求。第 3 节给出了一个需求规格说明书的模板，读者可以依据该模板进行增删，设计出更符合自己团队或项目风格的需求规格说明书。

通过对本章的学习，读者能够理解需求规格说明书的重要性和作用，掌握需求规格说明书的编写技巧和方法，使用需求规格说明书模板编写出结构清晰、内容完整、易于理解和实现的需求规格说明书。需求规格说明书是沟通需求、确认需求和控制需求变更的重要工具，是后续项目规划、设计和编码的基础，也是系统测试和用户文档的重要依据。因此，做好软件需求规格说明书的编写，不仅可以提高需求分析和编写的效率与质量，还可以减少项目的开发、测试和运维成本。

## 习题

1. 列举优秀的需求陈述和需求集合的特征。

2. 为了提高需求的可读性，在编写需求时可以从哪些方面进行优化？

3. 查看自己之前编写的需求规格说明书中需求编写的粒度是否适当，尝试将一些粗粒度的需求进行细化。

4. 编写需求时，常使用主动语态还是使用被动语态？为什么？

5. 请从系统角度描述一个ATM（自动柜员机）取款系统的需求。

6. 请从用户角度描述一个电子商城系统的需求。

7. 研究你常用的一款App，如微信、支付宝等，对照图3-1所示的需求规格说明书模板，编写一份需求规格说明书初稿。

# 第2篇

# 可视化需求建模

可视化需求建模是描述软件需求最有效的方法之一。可视化的方式不但能够让项目利益相关者对项目更感兴趣、更乐于参与，还能够帮助他们理解解决方案将交付什么结果和不包含什么，更易于审查和发现缺失的需求。

本篇的第 4 章可视化需求建模概述将介绍 UML 和 RML 的相关概念和主要图形。第 5～10 章将围绕可视化需求建模的主题，介绍常用的 6 种模型。其中第 5 章组织结构图可以帮助识别项目的所有干系人，确定用户角色及提供需求的人员名单，为需求获取做好准备。第 6 章用例建模主要用于系统功能需求的描述，通过用例建模能准确地描述系统与用户角色之间的交互，识别出主要的功能需求。第 7 章角色权限矩阵可帮助明确每个角色的权限范围和访问能力，对于确保系统安全性和保护用户隐私等都起着关键作用。第 8～10 章讲述了功能需求分析中较复杂的用于流程分析的 3 种可视化建模图形——顺序图、活动图和状态机图，可以帮助读者完善对关键流程的分析。

学习完本篇，希望读者能够应用不同的可视化建模技术描述需求，更加准确地捕捉和表达需求，与利益相关者进行更有效的沟通，帮助利益相关者更好地理解需求，提高需求工程的质量和效率。

# 第4章 可视化需求建模概述

需求文档的模糊性和歧义性是导致很多软件项目最终无法满足用户需求的主要原因。针对这一现状，可视化需求建模能够帮助需求分析师以视觉化的方式来表达软件需求。这些可视化的模型有助于项目干系人快速、准确地理解项目需求。

**本章学习目标**

（1）了解 UML 图的分类及其包含的主要图形。
（2）了解 RML 模型及其分类，以及 RML 和 UML 的关系。
（3）熟悉并掌握一种可视化建模工具。

## 4.1 UML

UML

### 4.1.1 UML 简介

UML（Unified Modeling Language，统一建模语言）是软件工程领域的一种通用开发建模语言，旨在提供一种可视化系统设计的标准方法。

UML 是一种支持模型化和软件系统开发的图形化语言，可为软件开发的所有阶段提供模型化和可视化支持。使用 UML 可以帮助项目团队成员沟通、探索潜在的需求，设计和验证软件的架构设计等。

UML 是在 1994—1995 年由 Rational Software 公司发布的。1996 年，他们又领导组织了进一步的开发完善。1997 年，UML 被 OMG（Object Management Group，对象管理组）采用为标准，并一直由该组织管理。2005 年，UML 被 ISO（International Organization for Standardization，国际标准化组织）作为 ISO 标准发布。从那时起，该标准定期修订，以涵盖 UML 的最新修订版。UML 2.0 是 UML 标准最主要的修订版本，相比 UML 1.x，UML 2.0 在语言定义方面更加精确。2015 年 6 月，UML 2.5 正式发布。2017 年 12 月，UML 2.5.1 发布。

UML 因其简单、统一的特点，而且能表达软件设计中的动态和静态信息，目前已成为可视化建模语言的工业标准。

### 4.1.2 UML 分类

UML 规范定义了两类主要的 UML 图：结构图（Structure Diagram）和行为图（Behaviour Diagram）。

结构图用于描绘系统及其各个部分在不同抽象层和实现层上的静态结构，以及它们之间的相互关联关系。结构图通常被用来对那些构成模型的元素（如类、对象、接口和物理组件）及元素间关联和依赖关系进行建模。行为图用于描绘系统中对象的动态行为，可以描述随着时间的推移对系统进行的一系列更改。图 4-1 展示了 UML 图的组织结构。其中灰色方框是后文会重点介绍的图。

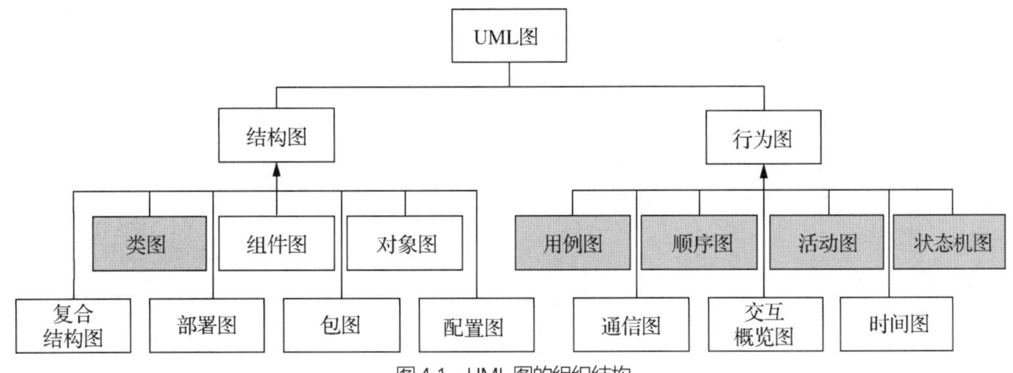

图 4-1　UML 图的组织结构

（1）类图

类图（Class Diagram）用于展示面向对象系统的构造模块，描绘模型的静态视图。它通过显示系统的类的集合，类的属性、操作（或方法）以及类之间的关系来描述系统的结构。

（2）组件图

组件图（Component Diagram）用于描绘组成一个软件系统的模块和嵌入控件。组件图比类图具有更高的抽象层次，通常一个组件被一个或多个类（或对象）实现。它们像积木那样使组件能最终构成系统的绝大部分。

（3）对象图

对象图（Object Diagram）可以看作类图的特例，用于强调在某些时刻类的属性，以及类的实例间的关系，这对理解类图很有帮助。对象图在构成元素上与类图没有不同，但是可以更好地反映出类的多样性和作用。

（4）复合结构图

复合结构图（Composite Structure Diagram）显示类元的内部结构，包括它与系统其他部分的交互点，也显示各部分的配置与关系，这些部分一起执行类元的行为。

（5）部署图

部署图（Deployment Diagram）是对系统运行时的架构进行建模。它可显示硬件元素（节点）的配置，以及软件元素与工件（软件开发过程的产物，如用例图、流程图、源文件和用户手册等）是如何映射到相应节点上的。

（6）包图

包图（Package Diagram）是用来表现包和它所包含元素的组织。当用来组织类元素时，包图可提供对命名空间的可视化。包图最常见的用途是组织用例图和类图，尽管它不局限于这些 UML 元素。

（7）配置图

配置图（Profile Diagram）提供了定义一种轻量扩展 UML 规范的可视化方式。UML 配置图首次在 UML 2.0 中引入，通常使用域专用的或平台特定的属性和限制，用来定义一组构建体，这扩展了潜在的 UML 元素。

（8）用例图

用例图（Use Case Diagram）用来记录系统的需求，它以一种可视化的方式理解系统的功能需求，包括基于基本流程的角色关系，以及系统内用例之间的关系。

（9）顺序图

顺序图（Sequence Diagram）是一种交互图，它显示对象沿生命线的发展，对象之间随时间的交互表示为从源生命线指向目标生命线的消息。顺序图能很好地显示对象会与其他哪些对象进行通信、什么消息触发了这些通信，但顺序图不能很好地显示复杂过程的逻辑。

（10）活动图

活动图（Activity Diagram）用来展示活动的顺序，可显示从起始点到终点的工作流，描述事件进程的判断路径。活动图可以用来详细阐述某些活动执行中发生并行处理的情况。

（11）状态机图

状态机图（State Machine Diagram）是对一个单独对象的行为建模，指明对象在它的整个生命周期里，响应不同事件时执行相关事件的顺序。

（12）通信图

通信图（Communication Diagram）也是一种交互图，又叫作协作图。与顺序图相似，但是它更侧重于对象间的联系。

（13）交互概览图

交互概览图（Interaction Overview Diagram）与活动图很类似。大多数交互概览图的标注与活动图一样，但交互概览图引入了两种新的元素：交互发生和交互元素。

（14）时间图

时间图（Timing Diagram）用来显示随时间变化，一个（或多个）元素的值或状态的更改。也可显示时控事件之间的交互，以及管理它们的时间和期限约束。

UML 可用于从业务需求到软件设计、部署的多个软件工程的环节。因为本书主要讲述软件需求分析，故会主要介绍需求分析中常用到的类图、用例图、顺序图、活动图以及状态机图。

RML

## 4.2 RML

### 4.2.1 RML 简介

RML（Requirements Modeling Language，需求建模语言）是为建立需求视觉模型而专门设计的语言。微软技术丛书 *Visual Models for Software Requirements* 一书中，对 RML 有详细的介绍。RML 不是一种学术上的建模语言，而是微软团队在不断的项目实践中总结出来的，是专门为软件需求建模而设计的。

为什么有了 UML，还需要介绍 RML？正如 *Visual Models for Software Requirements* 一书中提到的那样，一方面，UML 虽然为需求建模奠定了合理基础，但是并不能满足需求建模的全部需求，因为它缺少有关需求与业务价值的模型，缺少从最终用户的角度展示系统结构的模型；另一方面，UML 对完全不懂软件开发的用户来讲，还是比较复杂和难以理解的。而 RML 模型则是用更简单的语法设计出来的，相比 UML 模型更容易理解。

### 4.2.2 RML 分类

如图 4-2 所示，RML 模型包含 4 类模型：目标模型、人员模型、系统模型和数据模型。RML 模型使你能够查看解决方案的目标、正在使用解决方案的人员、系统本身的结构和正在处理的数据。

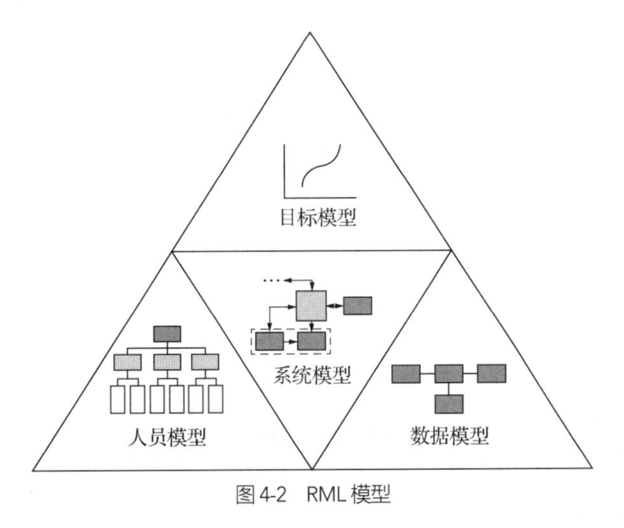


图 4-2　RML 模型

从概念上讲，目标模型最接近于传统的需求，不过用在更早期的意向阶段，关注于业务目标是什么，以及如何满足这些业务目标。

人员模型是看哪些人会对设计中的系统感兴趣，他们将如何使用系统，以及需要系统做什么等。

系统模型描述了系统本身，包括系统看上去是什么样的、系统与用户或其他系统的交互行为等。

数据模型定义业务用户所需要的数据信息，以及探索在系统内如何使用这些数据信息。

RML 的 4 类模型包含的所有模型如表 4-1 所示，总共 22 种。

**表 4-1　RML 模型的分类**

| 模型类型 | 描述 | 包含的模型 |
| --- | --- | --- |
| 目标模型 | 描述系统的业务价值，基于价值帮助确定功能和需求的优先级 | 业务目标模型、目标链、关键绩效指标模型、特性树、需求映射矩阵 |
| 人员模型 | 描述使用系统的人员，以及业务流程和目的 | 组织结构图、处理流、用例、角色权限矩阵 |
| 系统模型 | 描述存在什么系统、用户界面什么样、系统间如何交互、系统的性能怎么样 | 生态系统图、系统流、用户界面流、显示—操作—反应、决策表、决策树、系统接口表 |
| 数据模型 | 描述三者的关系：从用户角度看到的业务数据对象、数据的生命周期、报告中的数据对决策的影响 | 业务数据图、数据流图、数据字典、状态表、状态机图、报告表 |

RML 中的模型较多，在每一次需求分析中，无须运用所有模型。本书将以 UML 模型为主、RML 模型为辅，介绍常用的组织结构图、角色权限矩阵、数据流图、数据字典等。

可视化建模工具

# 4.3 可视化建模工具

## 4.3.1 可视化建模工具简介

可视化建模工具有很多种，例如 IBM 公司的 Rational Software Architect、StartUML、BOUML、

Enterprise Architect 等。近年来还诞生了很多在线的可视化建模工具，如 ProcessOn、亿图等。本书中大部分可视化建模的图是使用 Enterprise Architect 绘制的。Enterprise Architect 是 Sparx Systems 公司推出的建模工具，内置需求管理，是一款不断进步和完善的可视化工具。

Enterprise Architect 建模图形比较美观，且帮助文档和视频也比较全。它具有从业务需求到软件设计，直至部署的全过程跟踪能力，以及强大、高效的可视化能力，可满足大型建模高标准协作的需求。读者可以通过官网下载并安装 Enterprise Architect。

## 4.3.2 用 Enterprise Architect 创建项目

### 1. 打开主界面

双击桌面上的 Enterprise Architect 图标，打开 Enterprise Architect 的主界面，如图 4-3 所示。

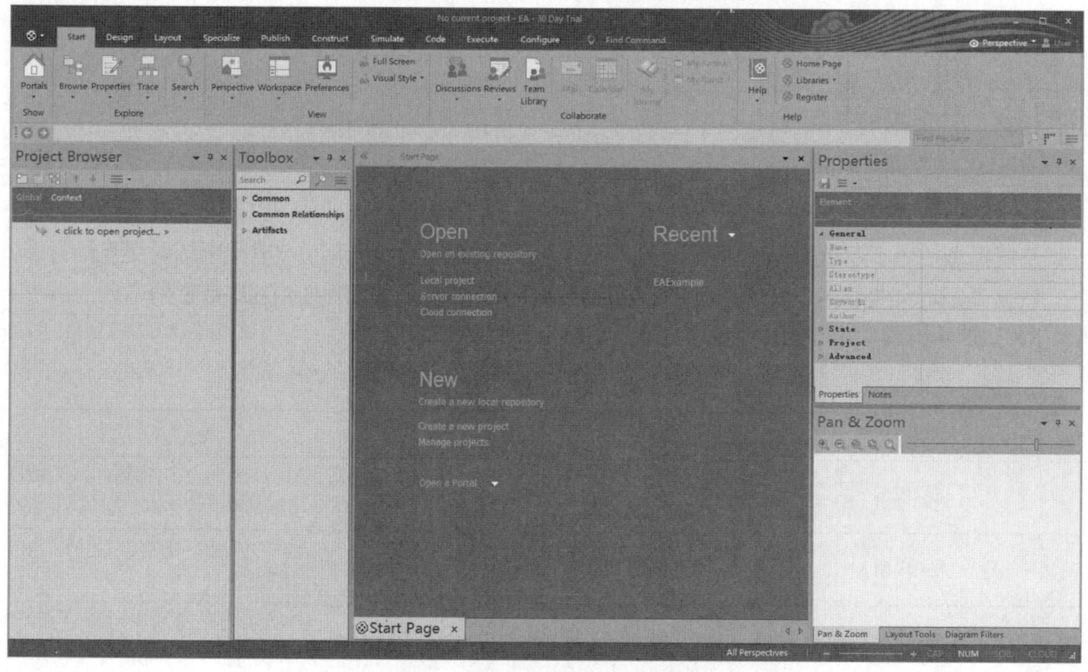


图 4-3 Enterprise Architect 主界面

在 Enterprise Architect 主界面中，单击“New”选项，将打开新建项目对话框，你可以在其中指定项目的名称和位置。如果你想与其他团队成员一起工作，则可以将此项目放在网络驱动器上。

创建成功后，在项目导航窗格中会出现一个默认的根元素，如图 4-4 所示，按快捷键 F2 可以修改项目名称。

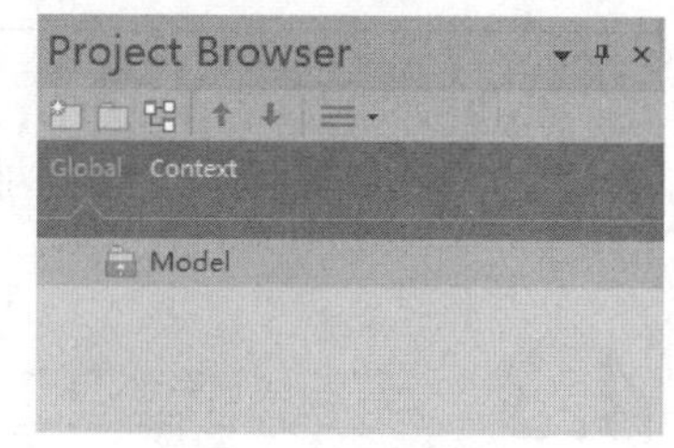


图 4-4 项目导航窗格

在 Enterprise Architect 中，所有模型都存储在非常详细且丰富的存储库中。这里需要说明以下几点。

（1）Enterprise Architect 中的图表是底层模型的某些部分的视图。

（2）模型元素可以出现在多个图表中。

（3）更新一个图表中的元素后，将更新其所在的所有其他图表。

（4）建模语言中的元素具有特殊属性、特征和链接限制。

### 2. 设置你的蓝图

Enterprise Architect 是一个功能丰富的工具，可为几乎任何建模上下文提供全方位的功能，包括战略建模、需求建模、业务建模、企业和解决方案构建、信息和系统工程构建及系统数据库工程构建等。Enterprise Architect 中的蓝图是放置在工作空间中的约束，仅显示一组有限的技术，可让你专注于当前的建模。使用应用程序窗口右上角的按钮可以直接选择和更改蓝图，如图 4-5 所示。

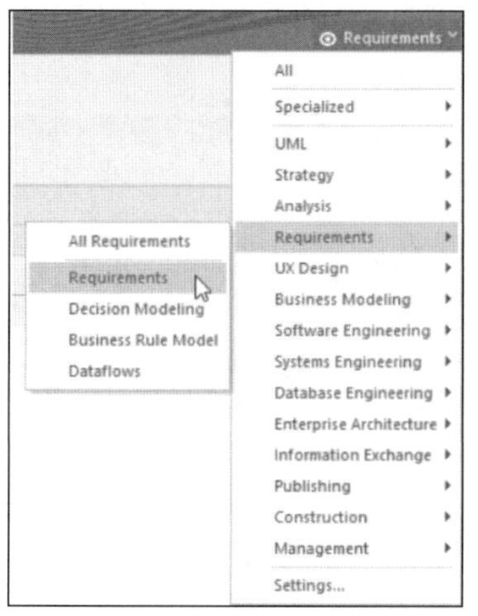


图 4-5 设置蓝图

如果你想做一些需求建模，那么可以选择需求蓝图，它可以让你聚焦需求建模和管理。每当你添加图表时，只会看到需求图表选项，但请记住所有其他工具都近在咫尺——你需要做的就是更改蓝图。你甚至可以创建自己的蓝图，包含需求功能、业务流程建模、思维导图等。

### 3．使用模板创建图形

如果你不知道如何创建可视化图形，你可以使用模板创建图形。执行此操作会让模型向导出现在设计区域中，如预先设置为显示所有 UML 模型模式，找到“Use Case Diagrams”部分，并选择“Basic Use Case Model”用例模型，会看到类似图 4-6 所示的内容。

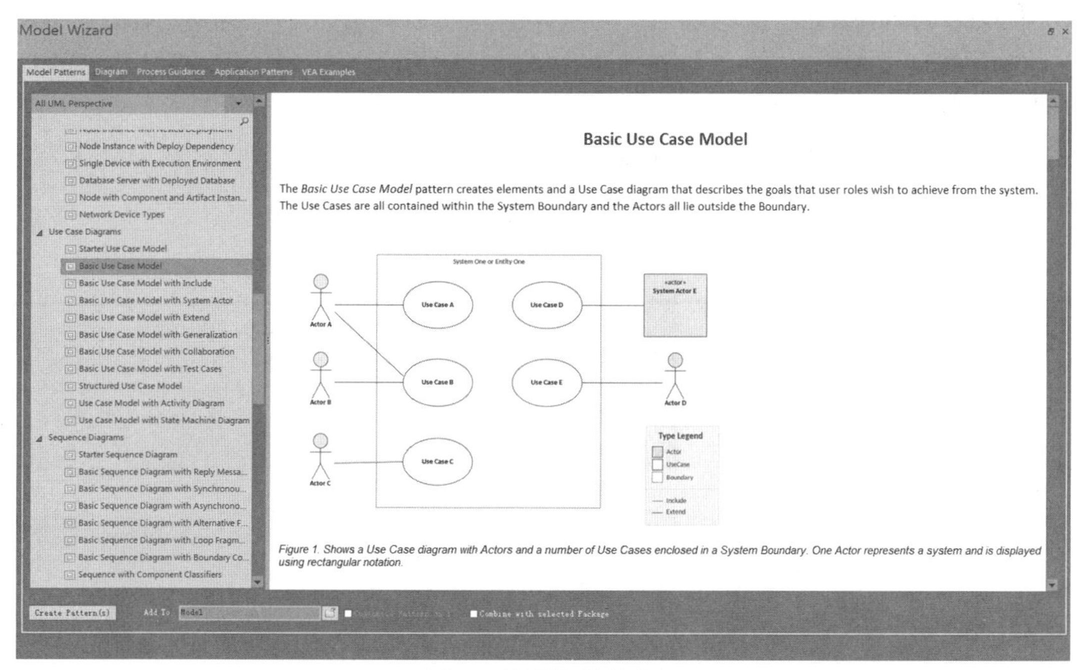


图 4-6 使用模板创建图形

右侧是关于该图形的一些介绍，包括你将获得的图形，讨论何时应使用此模式及其他参考资料等，新用户可以仔细阅读一下。

单击图 4-6 左下角的“Create Pattern(s)”，Enterprise Architect 将根据需要创建新的模型元素、图表和包。图 4-7 所示为创建的基本用例图。在这个基本用例图中，你可以增加元素、更改属性等，将之修改成你实际需要的图形。

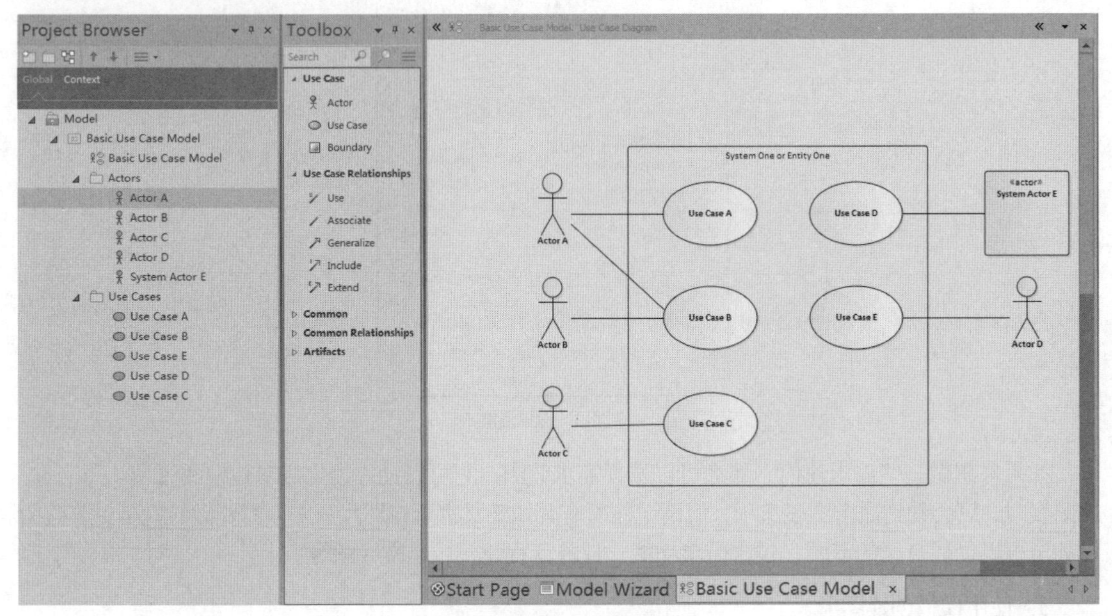

图 4-7　创建基本用例图示例

“Toolbox”中将显示与当前模式相关的工具栏，拖动“Toolbox”中的元素到图形中，会增加新的元素，在“Project Browser”中也会显示新的元素。

**4．设置元素属性**

如图 4-8 所示，单击“Start→Properties→Properties”，将打开属性对话框。默认情况下会呈现当前图的属性信息。

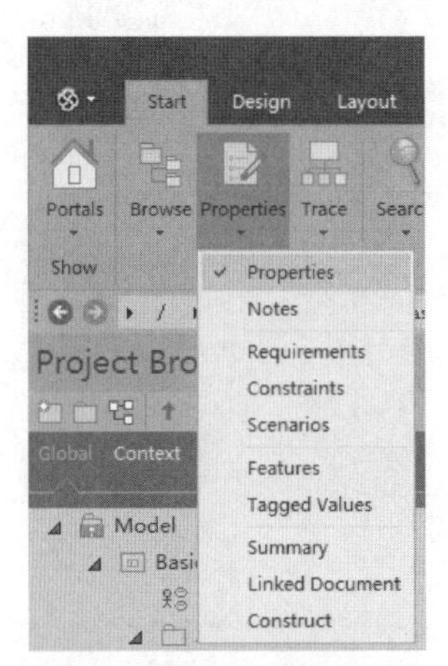

图 4-8　打开属性对话框的操作

选中图中的元素，会出现对应元素的属性信息，如图 4-9 右侧所示，你可以通过右侧的属性栏修改元素的属性。

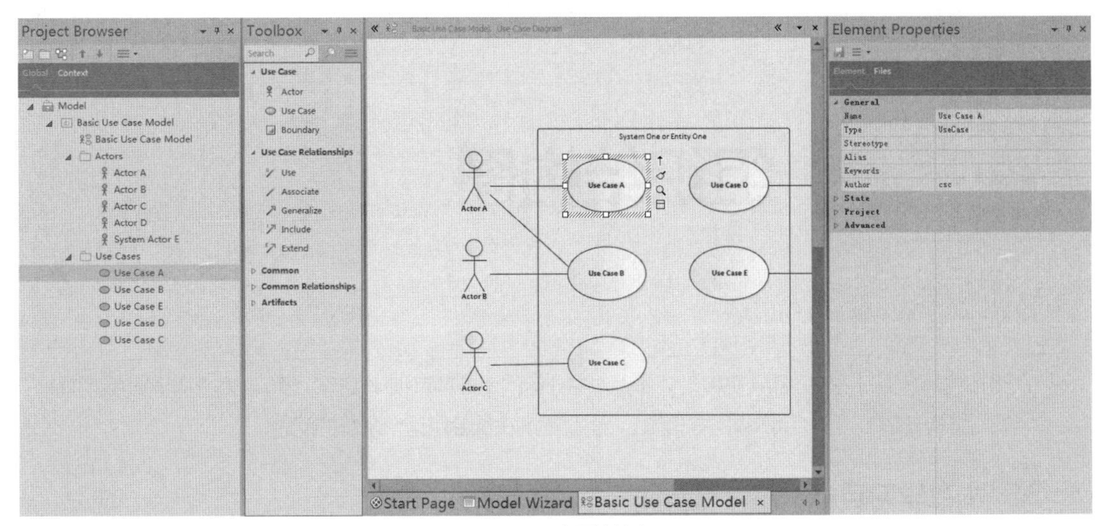


图 4-9 元素属性信息

# 4.4 本章小结

本章前两节主要介绍了 UML 和 RML 的相关概念和主要图形。UML 是软件工程领域的一种通用开发建模语言，旨在提供一种可视化系统设计的标准方法。UML 中收录了 2 类（14 种）模型。RML 是为建立需求视觉模型而专门设计的语言。RML 中包括目标模型、人员模型、系统模型和数据模型 4 类（22 种）模型。

第 3 节介绍了一款可视化建模工具 Enterprise Architect。对任何工具的使用都需经历熟能生巧的过程。Enterprise Architect 中集成的功能模块较多，初学者在打开 Enterprise Architect，看到复杂的用户界面后可能会一头雾水。但本书的重点不在于学习 Enterprise Architect 的全部功能，而在于能借助 Enterprise Architect 完成一些软件需求中常用的分析模型的创建。

通过对本章的学习，读者应该能够理解可视化需求建模的基本概念和方法，认识 UML 和 RML 中涉及的多种模型，熟悉并掌握一种可视化建模工具，为后续的需求建模打下基础。

## 习题

1. 什么是 UML？列举 UML 常用的图形。
2. 为什么有了 UML，还需要 RML？
3. 简述 RML 中的 4 类模型。
4. 去官网下载 Enterprise Architect，并安装试用。
5. 打开 Enterprise Architect，熟悉 Enterprise Architect 的工具栏和功能区。
6. 在 Enterprise Architect 中创建一个项目，选择 UML 视图，在 Model Patterns 中选择“Basic Use Case Model”，阅读该模型的相关介绍。
7. 使用模板创建一个用例图，并尝试修改用例图中的用例名称。
8. 尝试不使用模板创建一个用例图。

# 第 5 章 组织结构图

组织结构图属于 RML 的人员模型。作为本书介绍的第一种可视化模型，组织结构图能帮助我们确认与项目需求有关的所有组织或相关干系人，也就是解决谁会用这个系统的问题。

## 本章学习目标

（1）了解组织结构图的概念及部门、角色、人员 3 种组织结构图的关联。

（2）了解角色的拆分与合并。

（3）掌握组织结构图和角色表的制作方法。

## 5.1 组织结构图简介

组织结构图简介

许多组织都使用组织结构图，所以大多数人可能都已经对之很熟悉了。很多人也许认为组织结构图不可以作为需求模型。然而，对许多类型的项目而言，它应该是项目中最先使用的模型之一。

组织结构图是由线连接的分层结构，每个节点用方框表示，如图 5-1 所示。方框中包含组织部门、角色或者人员名称。方框之间的线显示该组织内部的上下级关系。在结构中，较高级别被放置在图的较上层，上下层之间呈现隶属关系。

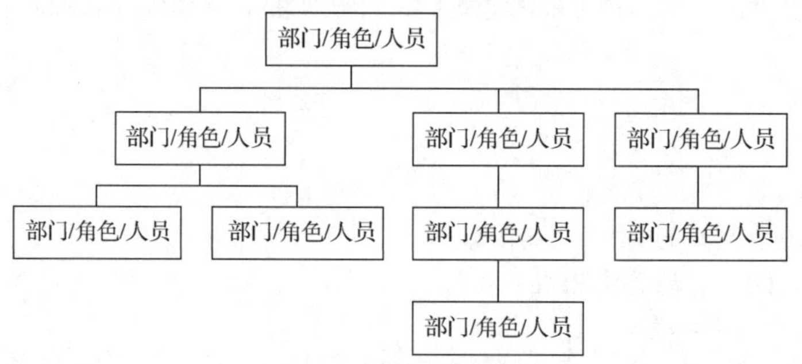


图 5-1 组织结构图示意

我们可以通过颜色来强调组织结构图以提供更多的信息，如可以使用不同的颜色来区分对项目有特殊类型影响的不同群体。除了颜色，还可以使用一些可视化的差异，如用不同的色调、图案和边框来代表不同的群体，以便在黑白打印后也能区分。图 5-2 所示为具有不同颜色和边框的组织结构图。

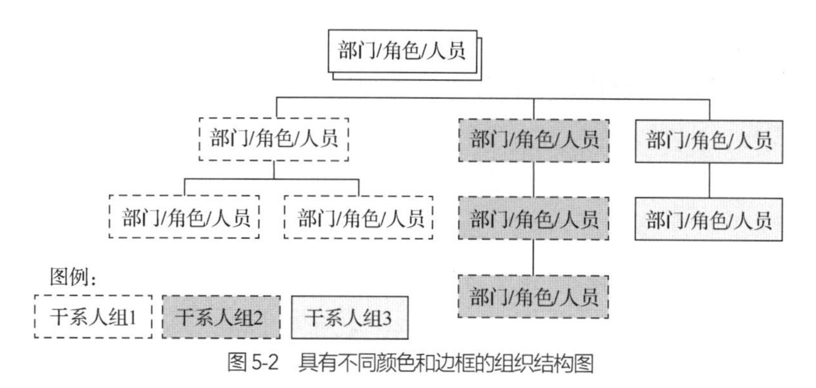


图 5-2　具有不同颜色和边框的组织结构图

# 5.2 3 种组织结构图

一个项目可以有 3 个层次的组织结构图：部门组织结构图、角色组织结构图和人员组织结构图。部门组织结构图显示企业中组织实体的层级关系，角色组织结构图显示部门内部角色的层级关系，人员组织结构图显示部门中实际人员的层级关系。

## 5.2.1 部门组织结构图

部门组织结构图中的组织一般原本就有，公司或企业官网上的机构设置、组织架构等页面常会显示相应组织的部门组织结构图。部门组织结构图会显示整个组织的所有职能部门，通过分析部门组织结构图可以帮助我们筛选项目的所有干系人。为防遗漏，我们可以针对部门结构图中的每一个方框（部门）仔细推敲或询问对应部门的负责人是否与项目相关。

企业每个部门通常都有许多的人，从部门组织结构图开始创建，可缩短组织结构图的创建时间。特别是如果正在为一个大公司创建组织结构图，更应该从部门组织结构图开始，建立基于组织或部门的组织结构图，而不是一开始就建立角色组织结构图或人员组织结构图。在建立部门组织结构图时，建议包含整个组织（即使该组织十分庞大）。从该组织的最高级别，自顶向下跟踪每个下属，画出第 2 级的方框。

在记录第 2 级的部门组织结构图之后，对第 2 级上与你的项目具有关系或者可能有关系的每一个方框继续跟踪其下属，重复同样的过程。对与项目无关的部门可以删除或进行标记，后续不再继续跟踪其下属，这有助于迅速消减组织结构图，只包括有用的方框，为其提供进一步的细节，维护其信息。如果不确定某方框中的部门是否与项目相关，建议先保留，直到以后确定无关时再删除。用同样的方式继续完成剩下的层级，直到把所有相关部门都包括在组织结构图中。

图 5-3 所示为一个学院的部门组织结构图，该学院需要构建一个毕业管理系统。

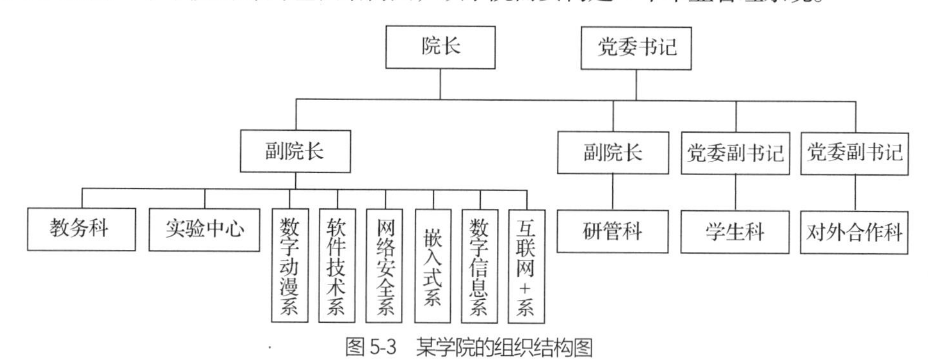


图 5-3　某学院的组织结构图

经分析，研管科和对外合作科不需要参与毕业管理系统，因此我们可以将研管科和对外合作科的方框设置为虚线框，后续不再对其进行分析，如图 5-4 所示。

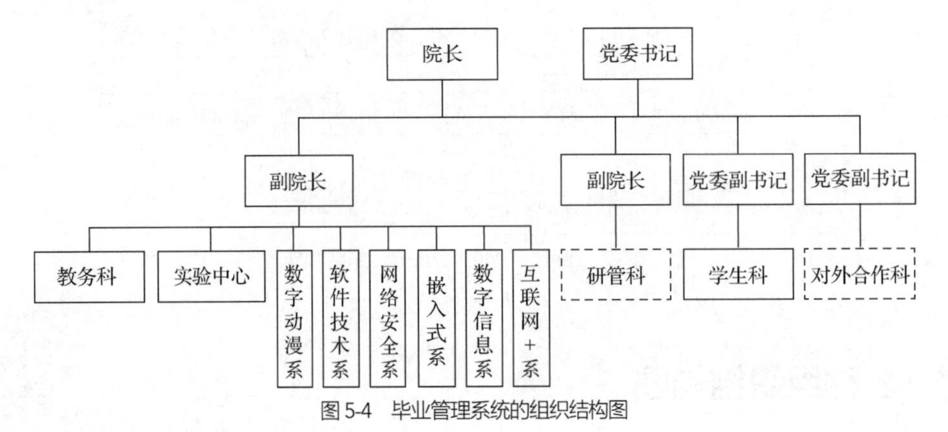


图 5-4 毕业管理系统的组织结构图

## 5.2.2 角色组织结构图

在分析部门组织结构图时，可能会发现一个部门中拥有需求不同的多个用户角色。同时，多个部门间也可能出现相同角色的用户。找出系统中涉及的所有角色并将其记录在最终的需求规格说明文档中是至关重要的。

在构建角色组织结构图时，可能涉及角色的拆分与合并。角色拆分是指同一个人扮演多个角色，而角色的合并是指不同部门的人可能扮演着相同的角色。

分析毕设管理系统的部门组织结构图，发现数字动漫系、软件技术系等院系的老师都属于教学老师，系统无须区分不同的院系，因此可以将他们合并成一个角色。所有的领导也可以合并成一个角色，如图 5-5 所示。

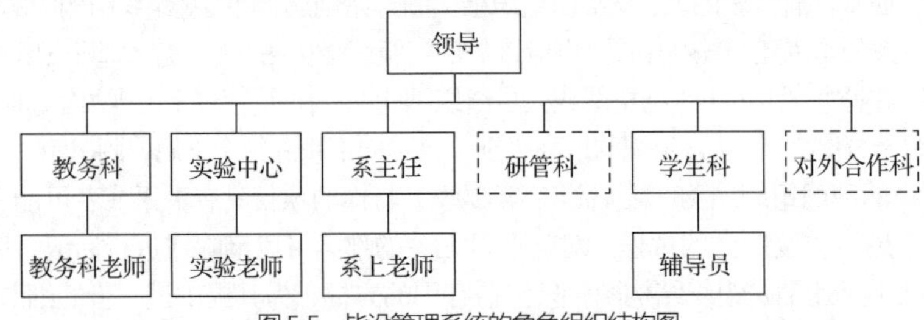


图 5-5 毕设管理系统的角色组织结构图

进一步分析，还发现以下几个问题。

（1）毕设管理系统中还有一个最重要的用户角色：学生。在以上的组织结构图中没有显示出来，需要添加。

（2）实验中心的易老师除了代管学生的毕业设计，还负责毕业设计的组织管理工作，因此，我们可以单独列一个毕设管理员的角色。

（3）实验中心的其他实验老师和教学老师都负责代管学生的毕业设计，在该系统中都扮演代管老师的角色，因此，我们可以进一步将其合并成一个角色——代管老师。

（4）除了代管老师，学生在最后进行毕设答辩时需要评审专家参与，而评审专家实际也是实验老师和教学老师中的部分老师。

基于以上几点，将毕设管理系统的角色组织结构图调整为如图 5-6 所示的样式。

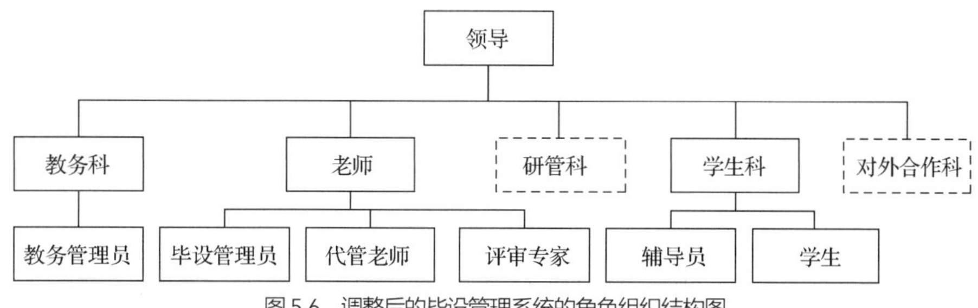

图 5-6 调整后的毕设管理系统的角色组织结构图

对于识别出来的用户角色，可以用表格的形式进行记录，列出每一类角色的名称、人数，以及主要的职责。表 5-1 所示为毕设管理系统的角色表。

**表 5-1 毕设管理系统的角色表**

| 角色名 | 角色人数/人 | 角色描述 |
| --- | --- | --- |
| 教务管理员 | 1 | 负责学生、老师信息的维护，以及各项统计工作等 |
| 毕设管理员 | 1 | 负责配置毕业设计的阶段流程、评分标准等，以及负责发布各项毕业设计公告等 |
| 代管老师 | 100+ | 负责代管学生的毕业设计 |
| 评审专家 | 60+ | 负责评审学生的毕业设计 |
| 辅导员 | 10+ | 负责线下材料的分发与收集 |
| 学生 | 700+ | 大四的学生，参与毕业设计的整个过程 |
| 领导 | 5 | 院长和书记，负责查看学生毕设情况和老师代管情况 |

### 5.2.3 人员组织结构图

在角色组织结构图中加入具体的人员姓名可创建人员组织结构图，用于确定在整个项目过程中究竟应该与团队中的什么人进行互动。

随着人员加入或离开组织，加了人名的组织结构图需要及时更新，以保持准确。图 5-7 所示为毕设管理系统最初的人员组织结构图。

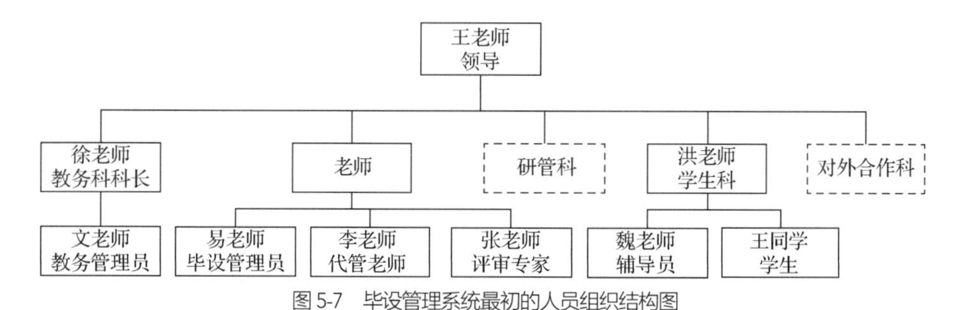

图 5-7 毕设管理系统最初的人员组织结构图

## 5.3 组织结构图实例

图 5-8 所示为某汽车制造企业的部门组织结构图。该结构图可能适用于建立网上汽车销售采购系统项目。

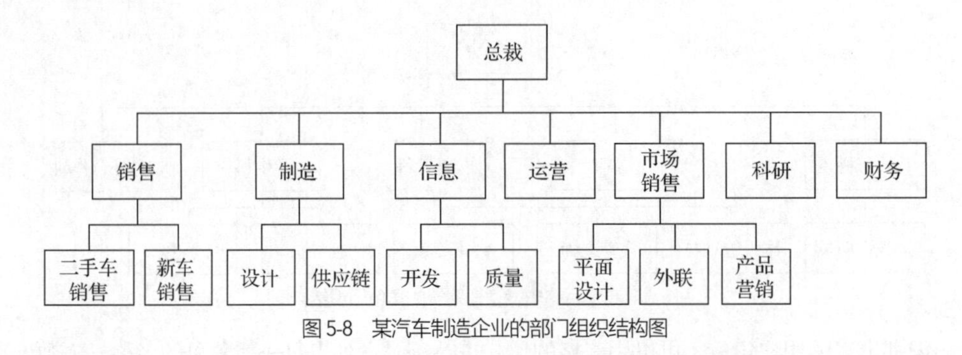

图 5-8　某汽车制造企业的部门组织结构图

通过审查部门组织结构图，可以决定是否需要为每个不同的部门获取需求。在这个例子中，所有销售、信息部门，产品营销子部门、平面设计子部门和供应链子部门将参与该项目；而制造下的设计、运营、市场销售下的外联、科研和财务等部门不参与该项目。图 5-9 所示为更新后的组织结构图，这里只包含需要参与该项目的部门，并定义了相应的角色信息。

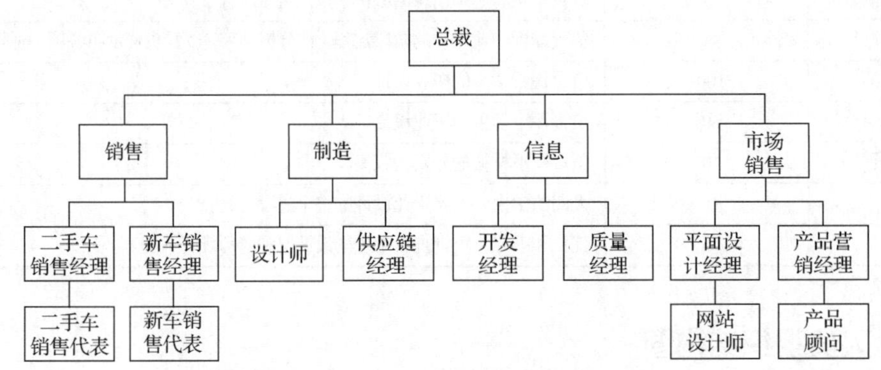

图 5-9　网上汽车销售采购系统的角色组织结构图

为了更好地进行需求沟通，可以创建人员组织结构图，定位到每个角色的负责人。在组织结构图的方框中加入负责人的名字，如图 5-10 所示。

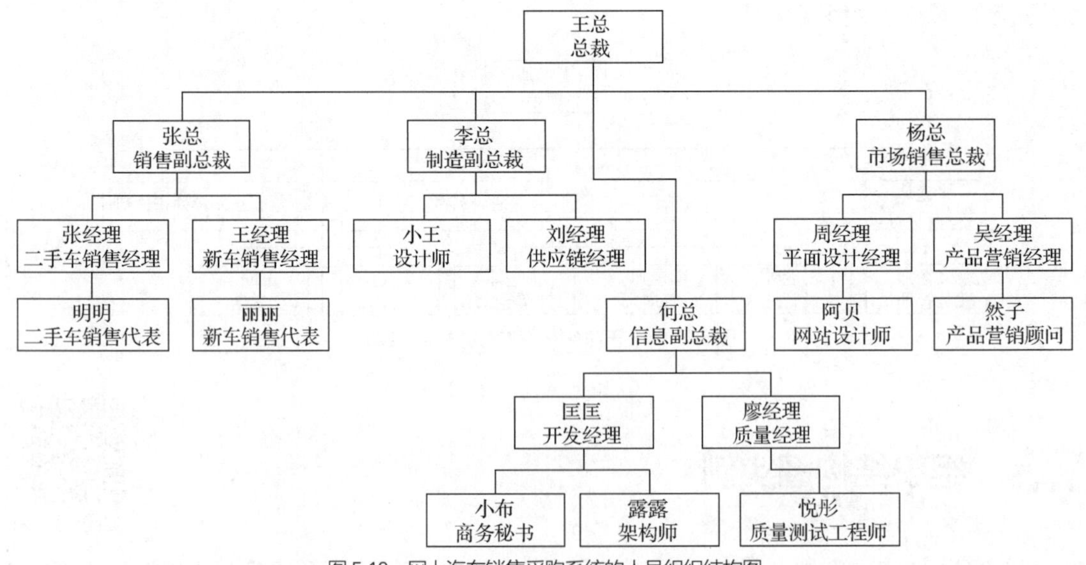

图 5-10　网上汽车销售采购系统的人员组织结构图

# 5.4 使用组织结构图

使用组织结构图

组织结构图用于显示组织结构中人员或角色是如何工作的，用来确认可能使用或对解决方案有影响的所有用户和干系人。如果使用得当，组织结构图可以帮助你确认所有的干系人。

## 5.4.1 识别有需求的人

在项目的最初阶段，组织结构图用来识别谁对项目感兴趣或谁会使用该系统。这将告诉你谁将拥有项目的需求，谁是关键性人物、需参加需求提案或需求审查的会议。此外，可以通过审查组织结构图，看看哪些人或者团体与已经确定的干系人有关系。相比干系人列表，组织结构图的可视化结构更能凸显出这些关系，帮助减少遗漏。例如，如果你已经确定要约见架构师"露露"以获取需求，通过看其在部门中与谁工作，你发现可能还需要约见质量测试工程师"悦彤"。

当有了系统的组织结构图后，你可以针对图中的每个方框，提出下面的问题，决定其是否代表干系人，这将帮助你确认所有的干系人。

（1）这个人或角色是不是一个系统用户？

（2）这个组、角色或人对系统是否有任何需求？

（3）这个组、角色或人是否会受到我们正在做的系统的影响？

（4）他们参与了过程的哪一部分？

（5）有没有无人执行的流程？

## 5.4.2 不同项目中的使用

需求通常不是直接从组织结构图中导出的。组织结构图只是用来确认你要面谈的与需求相关的所有干系人的。

如果是一个内部的管理系统（如前所述的毕设管理系统、网上汽车销售采购系统）的项目，组织结构图将非常有用，因为几乎所有可能的用户都在组织结构图中。所以只要努力审查组织结构图，你几乎可以保证找到所有用户角色，确保在分析过程中没有用户被遗漏。

你还需确定实际约见组织结构图中的多少个用户。例如，毕设管理系统中的学生有 700 多人，你可以将调查问卷发送给这 700 多个学生，以了解一些基本情况。然而，真正需要约见的可能只有其中的一位至几位代表。为确保信息的全面性，我们可以适当地增加约见的用户代表数量。

如果系统有组织外部的用户，仍然可能在组织结构图中找到干系人。例如，网上汽车销售采购系统如果要开放给购车用户使用，可以通过组织结构图中的销售代表联系到购车用户。在组织结构图中若看到这些内部人员，则要提醒自己将他们纳入需求获取的活动中。

对于只有终端客户使用的系统或是纯粹的消费者项目，组织结构图可能不适合。如果内部干系人很少与外部用户交互，或者不代表外部用户，组织结构图也没有什么帮助。在这种情况下，可能需要使用其他的干系人分析技术，如人物角色的分析。

## 5.4.3 与其他模型的关系

在组织结构图中确认的角色往往是用例图中的参与者（将在第 6 章中讨论）。组织结构图中的角色列表或人员组织结构图中的人员列表，将有助于推导出角色权限矩阵中的角色（将在第 7 章中讨论）。

在使用顺序图（将在第 8 章中讨论）或是活动图（将在第 9 章中讨论）审查处理流程的步骤时，可以针对组织结构图交叉检查相应步骤，以确认相关的部门和角色包含在你的组织结构图中，并参与审查。如果使用的是带泳道的活动图就会更加明显，泳道的名字或对象的名字常常就对应组织结构图中的角色。为了保证角色不被遗漏，可对流程的每一步提出问题，如“谁执行了这个步骤？”“我是否已经见过他们，是否从他们那里获取了需求？”。

## 5.5 本章小结

组织结构图是由线连接的分层结构，在分析系统角色时非常有用。本章逐一介绍了部门组织结构图、角色组织结构图和人员组织结构图。在分析组织结构图时，可能会发现一个部门中拥有不同需求的多个用户角色，或是多个部门间有相同角色的用户，我们可以适当地对这些角色进行拆分与合并，最终找出系统中涉及的所有角色。

对识别出来的角色还可以通过角色表的方式来表示，列出角色名、涉及的人数，以及对角色的简单描述。

在做需求分析之初可以通过组织结构图来识别项目的所有干系人，在需求分析中期组织结构图中的角色可以映射到用例图中的参与者，可以推导在角色权限矩阵中的角色，也可以对应到泳道图中泳道的名字。

## 习题

1. 组织结构图有哪 3 个层次？它们之间有什么关系？
2. 哪些项目不需要使用组织结构图来识别有需求的人？
3. 简述组织结构图与其他模型的关系。
4. 为下面的场景创建部门、角色和人员的组织结构图。

场景 1：某软件公司需要建立一个网上销售系统。该公司由大卫创立，其任总裁，其手下有多名副总裁。托尼任销售副总裁，管理着两名销售经理，玛丽负责售前服务，珍妮负责售后服务。迈克任生产副总裁，他有 3 名手下，吉姆任研发部经理，丹尼尔任产品部经理，丽萨任质量部经理。凯特任财务副总裁，手下的吉利负责财务，伯恩负责会计。琳达负责人力资源，她的部门不涉及该项目。

场景 2：某留学服务中心需要建设一个信息化管理平台，用于管理其留学事务。李洋是中心主任，另有 4 名副主任。王宇副主任主要负责来华留学部和法律部，来华留学部由王烨主管，法律部由李婷主管。张仪副主任负责出国留学选培部和在外管理事务部，出国留学选培部由刘维主管；在外管理事务部由肖宇主管，在外管理事务部由于涉及的国家和事务较多，又分了欧洲事务部（陆真分管）、亚非事务部（樊梅分管）、美洲事务部（幸心分管）和大洋洲事务部（文娜分管）。肖瑾副主任负责信息资源部和合作项目部，信息资源部由余翀主管，合作项目部由米勒主管。刘丹副主任负责财务部和办公室，财务部由何苏主管，办公室由林峰主管（不涉及该项目）。

# 第6章 用例建模

借助组织结构图的分析，我们弄清楚了谁会给我们提供需求，谁会使用目标系统，提炼出了用户角色。接下来我们需要梳理用户的需求。本章主要介绍两种常用的用户需求探索技术：用例和用户故事。

用例常常使用用例图进行建模，并辅以用例表说明用例的详细流程。通过用例说明，需求分析师可以获得开发人员必须实现的功能需求，测试人员可以确定测试方法来判断用例是否被正确实现。用户故事常用于敏捷开发或迭代开发项目，它是“从迫切需要该功能的人的角度出发的一个短小而简单的描述”。

## 本章学习目标

（1）了解两种用户需求的探索技术：用例和用户故事。

（2）了解用例图的基本元素及用例间的关联关系。

（3）掌握用例图和用例表的制作方法。

## 6.1 用例和用户故事

“用例和用户故事是一回事吗？”人们经常会问这个问题。

用例和用户故事之间存在一些相似之处，他们都是“以用户为中心”的需求获取方法。相比“以产品为中心”的需求获取方法，“以用户为中心”的需求获取方法的目的是描述用户需要使用系统执行的任务，或是能为一些干系人带来的价值成果的“用户-系统”交互。

用例和用户故事都标识用户，它们都描述目标，但它们用于不同的目的。

用例描述一系列系统和外部角色之间的交互，让相应角色能够由此获取价值。用例名通常使用动宾短语。表 6-1 所示为应用系统的用例示例。

表 6-1　应用系统的用例示例

| 应用系统 | 用例示例 |
| --- | --- |
| 电子商城 | 更新客户资料 |
| | 搜索商品 |
| | 购买商品 |
| | 跟踪发出的包裹 |
| | 取消订单 |
| 毕设管理系统 | 选择毕设代管老师 |
| | 上传毕设材料 |
| | 评审毕设材料 |
| | 查看毕设成绩 |

用户故事常用于敏捷开发或迭代开发项目，着重描述角色（谁要用这个功能）、功能（需要完成什么样的功能）和价值（为什么需要这个功能，这个功能可以带来什么样的价值）。写用户故事通常使用以下模板。

作为<用户类型>，我想要<一些目标>，以便于<某种原因>。

表 6-2 展示了如何使用用户故事来描述表 6-1 中的用例。

表 6-2 应用系统的用户故事示例

| 应用系统 | 用例示例 | 对应的用户故事 |
|---|---|---|
| 电子商城 | 更新客户资料 | 作为一个客户，我想要更新我的资料，以便在将来使用新的银行卡结账 |
| 毕设管理系统 | 上传毕设材料 | 作为一名学生，我想要上传毕设材料，以便让代管老师或评审专家跟踪我的毕设进展，评审我的毕设材料 |

用例和用户故事从类似的起点出发，朝着不同的方向演进，如图 6-1 所示。

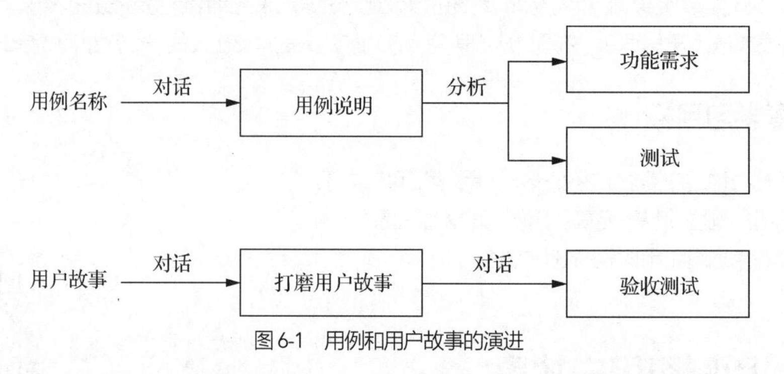


图 6-1 用例和用户故事的演进

而用于敏捷开发中的用户故事是开发人员、客户代表和需求分析师之间沟通的“桥梁”。通过打磨用户故事优选一组验收测试，用以描述故事的“满足条件”。在早期阶段就思考测试，这对所有项目来说都是很好的，可以帮助识别基本用户故事（或是用例）的变化、必须处理的异常条件、非功能性需求。如果开发人员实现的代码能满足验收测试，从而达成满意条件，就可以认为用户故事已得到正确的实现。

如果说用户故事简要说明了用户需求，用例则进一步描述了用户如何想象自己与系统的交互以达成目标。用例可为项目参与者提供用户故事所缺乏的结构和上下文，而用例图和用例表则可为用例提供可视化的表述方法。用例图和用例表能帮助项目参与者更直观地理解用户需求，为需求分析师提供一种有组织的方式来完成需求的获取与讨论。

## 6.2 用例图元素简介

用例图元素简介

用例图属于 UML 中的行为图，它可以以一种可视化的方式帮助项目参与者理解系统的功能需求。运用用例图对用户需求进行分析、抽象、整理、提炼，进而形成抽象模型的过程称为用例建模。在一个用例图中通常有 3 种元素：参与者（Actor）、用例（Use Case，UC）、系统边界（System Boundary）。下面逐一介绍。

### 6.2.1 参与者

参与者一般对应第 5 章提及的用户角色，是指与系统交互并执行某个用例的人。例如，毕设管理系统的“上传毕设材料”用例涉及一个参与者：学生。除了使用组织结构图能帮助我们提取参与者信息，还可以通过以下问题确定参与者。

（1）谁使用该系统？

（2）谁安装系统？

（3）谁启动系统？

（4）谁维护系统？

（5）谁关闭系统？

（6）还有哪些系统使用这个系统？

（7）谁从这个系统获取信息？系统内部有事情发生时，谁会收到通知？

（8）谁为系统提供信息或服务？

（9）目前有什么事情会自动发生吗？

可用简笔画人物来表示参与者，在人物下面附上参与者的名称，如图 6-2 所示。

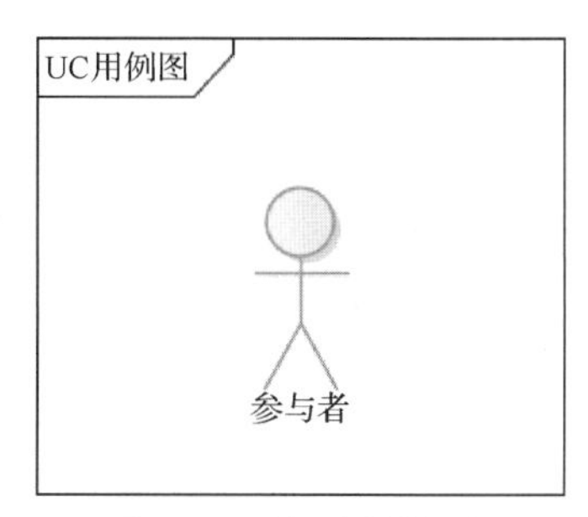


图 6-2　用例图中的参与者

## 6.2.2 用例

用例是参与者通过系统想要完成的事情，通常用椭圆表示，椭圆里是该用例的文字描述，一般使用动宾短语（“动词+名词”）。

以一个简单的购物系统为例，普通用户有 3 个用例，即“加入购物车”“支付订单”“查看订单”，如图 6-3 所示。

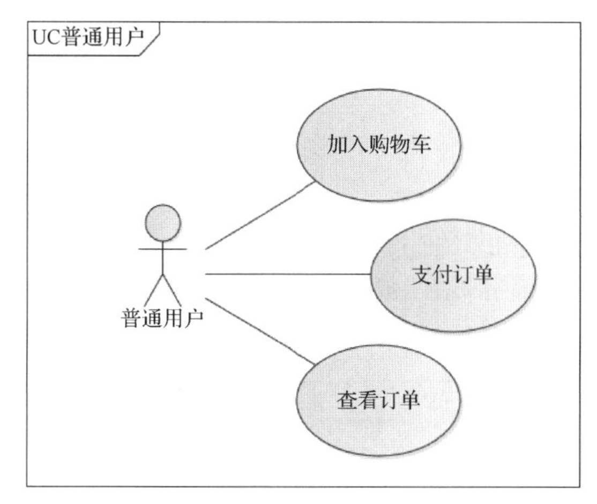


图 6-3　购物系统的部分用例图

一旦确定了参与者，可以通过以下问题来识别用例。

（1）参与者希望从系统中获得什么功能？

（2）系统是否存储信息？哪些参与者将创建、读取、更新或删除相应信息？

（3）系统是否需要通知参与者内部状态的变化？

（4）是否有任何系统必须知道的外部事件？哪个参与者将这些事件告知系统？

## 6.2.3 系统边界

系统边界用来表示正在建模的系统的边界。边界内表示系统的组成部分，边界外表示系统外部。

系统边界在图中用方框来表示，同时附上系统的名称，参与者画在边界的外面，用例画在边界里面，图 6-4 所示为增加了系统边界的用例图。并不是所有用例图都需要画出系统边界，有时候可以省略。

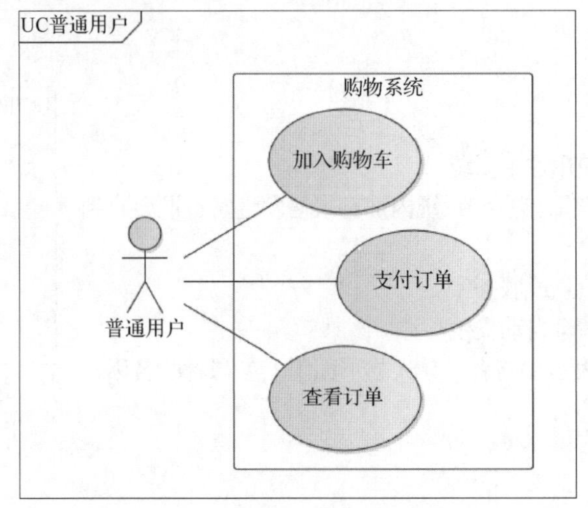


图 6-4　购物系统的部分用例图（有系统边界）

# 6.3 用例图进阶

用例图中常常会涉及的关系有关联关系、泛化关系、包含关系和扩展关系。

## 6.3.1 关联关系

参与者和系统之间的关联关系用线条来表示。线条有两种：有箭头的线条和无箭头的线条。

有箭头的线条可表示参与者和系统通过相互发送信号或消息进行交互的关联关系。箭头尾部用来表示启动交互的一方，箭头头部用来表示被启动的一方。绝大部分用例都由参与者来启动。图 6-5 所示为带箭头的用例图。

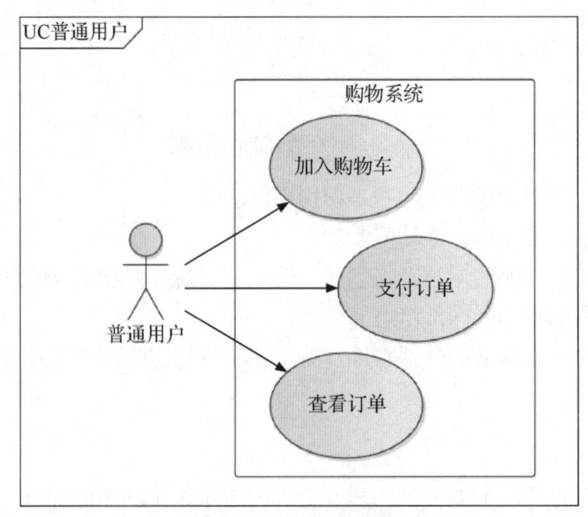


图 6-5　带箭头的用例图

但也有例外，例如留学管理系统中有一个发放奖学金的子系统，其中有一个功能是留学人员填写银行卡信息后，系统定期自动导出银行卡信息，并由稽核专员核查整理后发送给银行。定期导出银行卡信息的用例是从用例指向参与者，如图 6-6 所示。

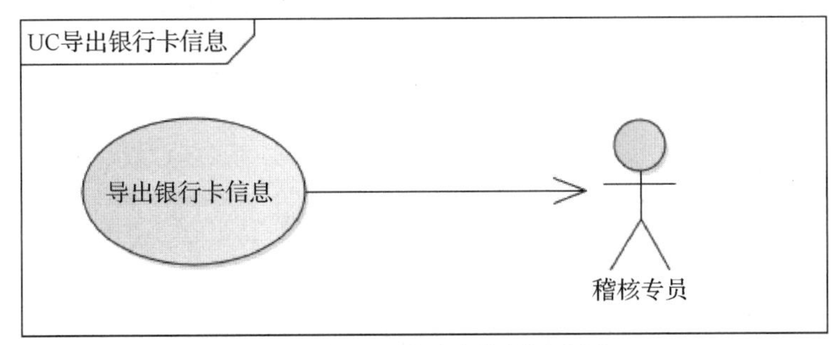


图 6-6　定期导出银行卡信息的用例图

正因为绝大部分用例总是由参与者来启动，且箭头的方向有时容易画错，所以默认情况下可以使用无箭头的线条表示关联关系。

### 6.3.2 泛化关系

泛化也就是常说的继承关系。继承可以理解为儿子具备父亲的特点，父亲可以做的事情，儿子都可以做；除了父亲可以做的事情，儿子还可以做一些其他的事情。

角色之间可以有继承关系，如图 6-7 所示，购物系统中存在普通用户和商业用户。普通用户拥有“加入购物车”“支付订单”“查看订单”的用例；商业用户除了拥有普通用户的所有用例，还拥有“定制商品”的用例，因此商业用户继承普通用户。用例之间也可以有继承关系，如图 6-8 所示，“支付宝支付订单”和“微信支付订单”都继承“支付订单”用例。

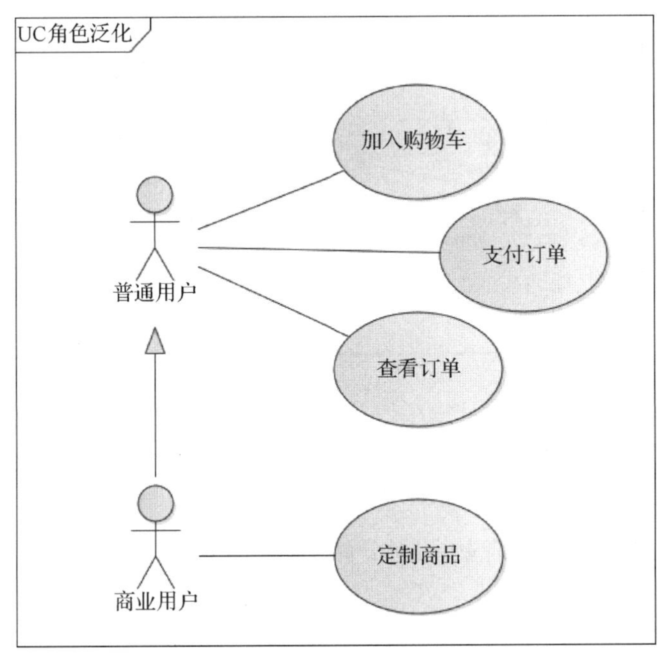


图 6-7　角色之间的泛化关系

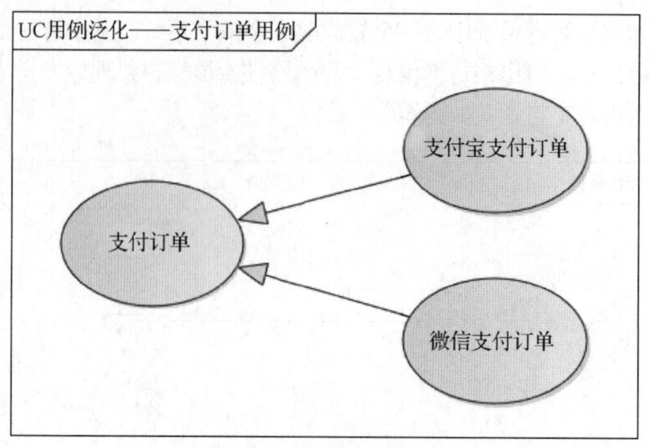


图 6-8　用例之间的泛化关系

## 6.3.3 包含关系

包含关系用来把一个较复杂用例所表示的功能分解成较小的步骤。最常见的就是数据的 CRUD 操作，即增加（Create）、读取（Read）、更新（Update）、删除（Delete），也就是常说的“增、删、改、查”。图 6-9 所示为商品管理员对商品进行的操作。因为类似的操作很多，如果都这样表示会显得用例图比较杂乱。我们可以抽象出一个“管理商品”的功能，如图 6-10 所示，使用包含关系将其与“增加商品”“查看商品”“更新商品”“删除商品”连接起来。

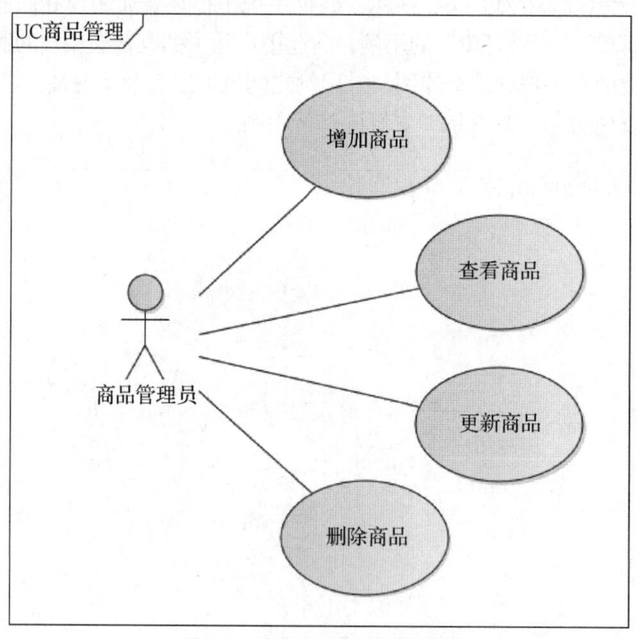


图 6-9　不使用包含关系的用例

包含关系使用带虚线的箭头，箭头指向被分解出来的用例，箭头上面有一个“<<include>>”关键字标识。

用例可以被一个或多个用例包含。通过提炼通用的行为，将它变成可以多次重复使用的用例，有助于提高功能的复用率。商品管理员的“管理商品”用例中包含“查看商品”的用例，普通用户的“加入购物车”用例也包含“查看商品”的用例，如图 6-11 所示。

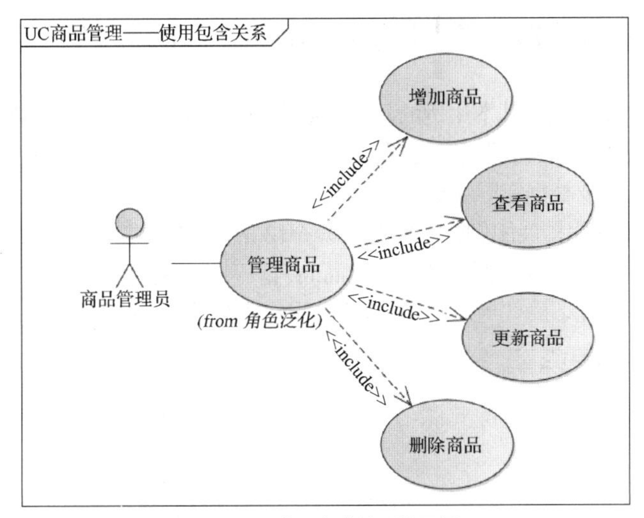


图 6-10 使用包含关系的用例

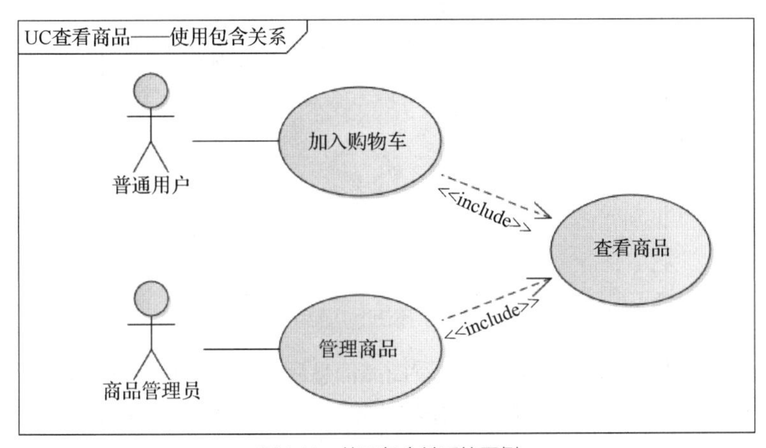


图 6-11 使用包含关系的用例

## 6.3.4 扩展关系

扩展关系是用例的延伸，相当于为基础用例提供附加功能。

商品管理员可以“查看商品”，在此基础上有可能还需要“导出商品列表”“打印商品列表”，如图 6-12 所示。

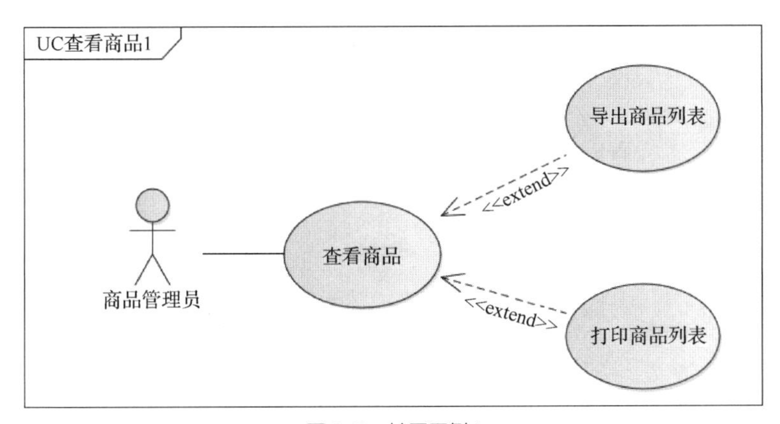


图 6-12 扩展用例 1

扩展用例也使用虚线箭头表示，箭头指向被扩展的用例。箭头上面有一个“<<extend>>”关键字标识。

需要注意的是，扩展用例是基本用例的延伸，如果缺少扩展用例，不会影响基本用例的完整性。如上述例子中没有“导出商品列表”和“打印商品列表”，“查看商品”用例还是完整的。但是扩展用例也不是可有可无的，需要根据实际情况添加。

考虑一下图 6-13 不使用扩展用例的用例图与图 6-12 的区别。想象一下系统管理员实际使用系统时的场景。管理员“查看商品”后，再选择“导出商品列表”或“打印商品列表”是比较合理的。如果在没有“查看商品”的情况下就“导出商品列表”，用户体验是不太好的。

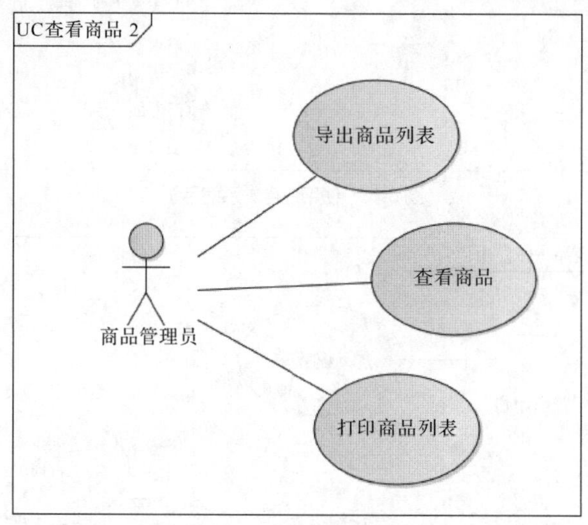


图 6-13　不使用扩展用例

当然，也有可能对某些商品管理员希望查看商品信息后再导出，而对另一些商品管理员希望通过导出的商品列表来查看商品，在这种情况下可以将用例图稍做修改，如图 6-14 所示。

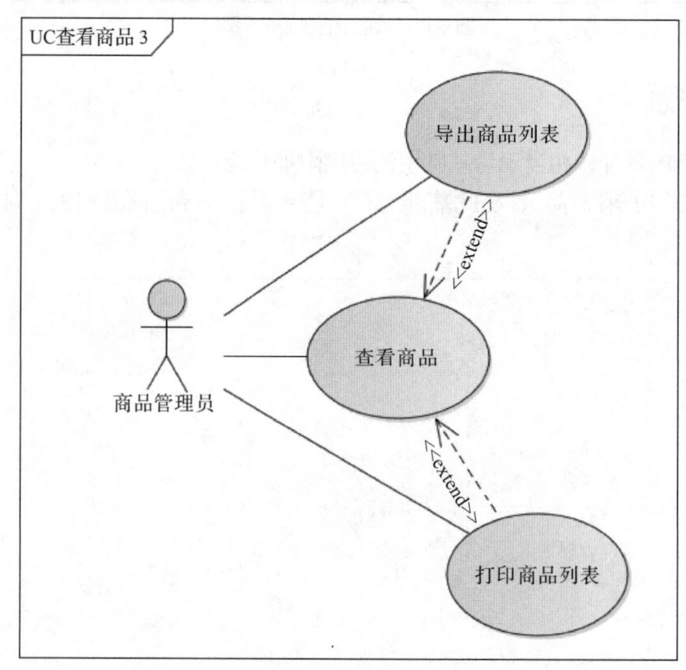


图 6-14　扩展用例 2

### 6.3.5 用例图的粒度

关于用例的粒度并没有固定的标准。如 6.3.3 小节中，商品管理员有“增加商品”“查看商品”“更新商品”“删除商品”4 个用例。为了更好地展示用例，我们提炼出了一个“管理商品”用例，将上述 4 个用例包含其中。关于“增、删、改、查”的用例其实很多，是不是每一次我们都需要全部列出呢？其实不尽然。如果对这类用例大家已达成了共识，可以只用“管理某某”来代替。但是如果“增、删、改、查”中有某个操作比较特殊，或者开发人员还不是很清楚其中的细节，那么还是分解清楚比较好。

## 6.4 用例图实例

用例图实例

毕设管理系统中有一个公告模块，系统管理员发布公告，其他用户查看公告，如图 6-15 所示。

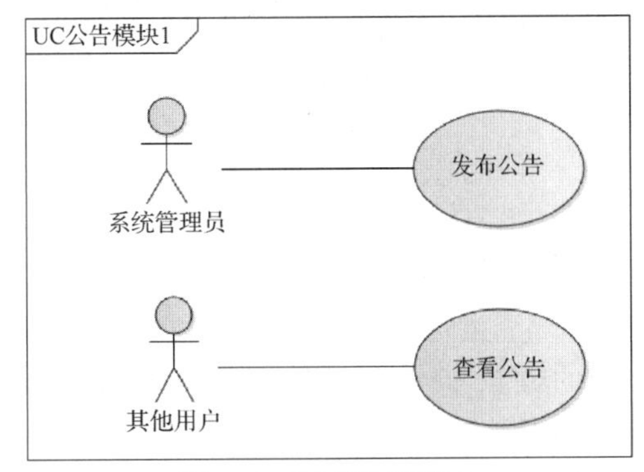


图 6-15 公告模块用例图 1

不管读者是否掌握了 UML 基础知识，看到这个用例图可能都会觉得太“粗”了，这更像是领导在阐述业务需求，对开发人员没有实际参考价值。因此这里我们就需要分解“发布公告”这个用例。按照“增、删、改、查”的原则，我们可以将“发布公告”细化成“发布公告”（增加公告）及“编辑公告”“查看公告”“删除公告”，如图 6-16 所示。

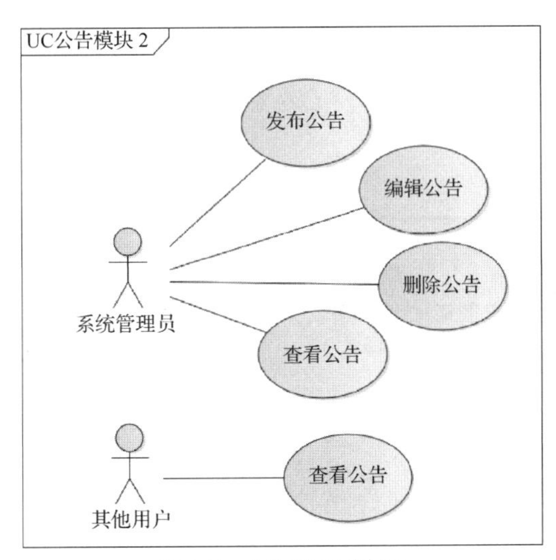


图 6-16 公告模块用例图 2

跟用户沟通后，用户提出了如下几个需求。

（1）发布公告时，需要增加一个暂存功能，暂存后可以预览，预览后觉得没有问题了，再确认发布。

（2）公告默认按照发布时间顺序显示，最新发布的公告显示在最前面。

（3）对于重要的公告需支持置顶操作，优先显示置顶的公告。

根据以上需求，更新的用例图，如图 6-17 所示。

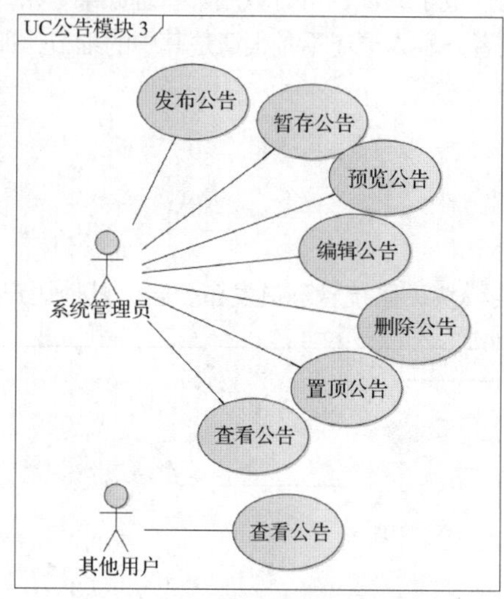


图 6-17　公告模块用例图 3

这个用例图基本囊括了所有的功能，但是系统管理员的用例看着有点挤，可以对其进行如下优化。

（1）增加一个“管理公告”的用例。

（2）“暂存公告”和“预览公告”其实是“发布公告”的延伸，可以将其作为扩展用例。

（3）系统管理员和其他用户都有一个“查看公告”用例，可以对之进行合并；或者使用泛化关系，让系统管理员继承其他用户。

优化后我们得到了图 6-18 所示的用例图。

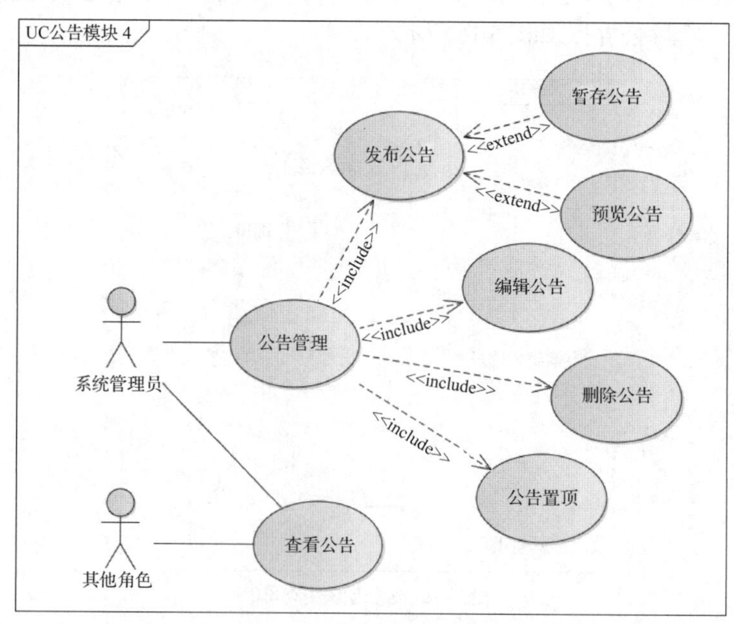


图 6-18　公告模块用例图 4

到这里，公告模块的用例图似乎比较完整了，但是用户需求中还提到一个需求：公告默认按照发布时间顺序显示，最新发布的公告显示在最前面。这一点似乎很难在用例图中表示出来。因此我们需要借助其他的表达方式：一种方式是在用例图中增加注释，另一种方式是在用例表中进行描述。

## 6.5 用例表

用例图虽然看着简单，但是没有掌握 UML 基础知识的人，对于用例图中的各种关系还是会“犯晕”。且如 6.4 节提到的，“公告默认按照发布时间顺序显示……”等的需求很难通过用例图来表述。另外，用例图还不能反映用例的前置条件、异常处理流程等，因此还需要用例表来补充表达某些不易表达的用例。表 6-3 给出了一个用例表模板。

**表 6-3 用例表模板**

| 用例编号 | 【用例编号】 | 用例名称 | 【用例名称】 |
|---|---|---|---|
| 参与者 | 【用户、角色等】 | 优先级 | □高 □中 □低 |
| 描述 | 【简单描述本用例，重点说明本用例实现的目标】 | | |
| 前置条件 | 【系统执行本用例前必须存在的状态】 | | |
| 基本流程 | 【说明在所有操作正常情况下的流程】 | | |
| 可选流程 1 | 【说明与基本流程不同的其他可能流程】 | | |
| …… | …… | | |
| 可选流程 *n* | 【说明与基本流程不同的其他可能流程】 | | |
| 异常流程 | 【说明出现错误操作或其他异常情况时的流程】 | | |
| 说明 | 【对本用例的补充说明】 | | |

表 6-4 是“支付订单”的用例表。

**表 6-4 “支付订单”用例表**

| 用例编号 | UC_003 | 用例名称 | 支付订单 |
|---|---|---|---|
| 参与者 | 普通用户 | 优先级 | ☑高 □中 □低 |
| 描述 | 用户勾选需要支付的商品，进行支付 | | |
| 前置条件 | 用户购物车里面有待支付的商品 | | |
| 基本流程 | 1. 进入购物车；<br>2. 显示购物车中的商品；<br>3. 选择需要支付的商品；<br>4. 计算需要支付的金额；<br>5. 提交支付请求；<br>6. 判断用户是否登录，如已登录则显示支付方式；<br>7. 选择支付方式；<br>8. 显示支付页面；<br>9. 输入密码并提交；<br>10. 提示支付成功 | | |

续表

| 可选流程 1 | 6. 如果用户未登录，则跳转登录页面 |
|---|---|
| 可选流程 2 | 7. 取消支付；<br>8. 提示支付失败 |
| 异常流程 | 选择需支付商品时，如果商品缺货，系统应提示用户所选商品缺货 |
| 说明 | 1. 支付方式包括微信支付和支付宝支付两种；<br>2. 支付失败后，在待支付页面可以查看未支付的订单 |

基本流程是用例表中最关键的信息，展示用户与系统的交互流程。可选流程是基本流程的分支，可选流程可以有多个。异常流程不同于可选流程，它一般是指用例的某些条件不满足时发生了异常而触发的流程。如在上例中，用户在加入购物车的时候商品有货，但在支付的时候商品已经下线了或是缺货了，系统就应该予以提示。

另外，需要注意的一点是，基本流程和可选流程一般采用以下书写规范。

（1）以阿拉伯数字编号。

（2）参与者的操作顶格写。

（3）系统的操作空两格写。

需要说明的是无须对每个用例都填写对应的用例表。例如之前的公告管理模块，最终的用例图中有 8 个用例，如果为每一个用例都编写一个用例表，会比较臃肿。尤其是对添加、查看、编辑、删除这类的用例，如果都填写用例表，会把大部分时间浪费在重复的工作上。这种情况下，我们可以参考表 6-5 所示的表述方式。

**表 6-5 “公告管理”用例表**

| 用例编号 | UC_004 | 用例名称 | 公告管理 |
|---|---|---|---|
| 参与者 | 公告管理员 | 优先级 | □高 □中 □低 |
| 描述 | 用于毕业设计期间发布各类公告 | | |
| 前置条件 | 无 | | |
| 基本流程 | 1. 公告管理员登录；<br>2. 切换到公告模块；<br>3. 显示公告列表；<br>4. 单击“添加”按钮，添加公告；<br>5. 显示公告编辑页面；<br>6. 编辑公告的标题；<br>7. 编辑公告的内容；<br>8. 单击“保存”按钮，保存公告；<br>9. 单击“预览”按钮；<br>10. 显示预览公告；<br>11. 单击“发布”按钮，发布公告；<br>12. 提示公告发布成功；<br>13. 选择公告，单击“置顶”按钮；<br>14. 将对应公告置顶 | | |
| 其他流程 | 15. 单击“删除公告”按钮；<br>16. 系统提示用户可以选择将公告设置为不可见状态，或是彻底删除；<br>17. 用户选择不可见则公告数据依然保留，只是对其他用户不可见（之后还可以将其恢复为可见状态）；用户选择彻底删除，则删除公告数据（不可恢复） | | |

续表

| | |
|---|---|
| 异常流程 | 1. 保存公告时如标题为空需要提示“标题不能为空”；<br>2. 删除公告时如用户选择彻底删除，需要提示用户再次确认 |
| 说明 | 1. 公告默认按照发布时间排序；<br>2. 公告内容支持富文本编辑 |

## 6.6 本章小结

本章主要介绍了用例图。用例图是用来记录什么角色能做什么事情的，以清晰易懂的方式表达系统的需求。

用例图中的主要元素如表 6-6 所示。

表 6-6 用例图中的主要元素

| 用例元素 | 说明 | 表示符号 |
|---|---|---|
| 参与者 | 参与者是用户在使用系统或与系统交互时所扮演的角色 | uc 用例图<br>参与者 |
| 用例 | 用例是参与者通过系统想要完成的事情 | uc 用例图<br>用例 |
| 系统边界 | 边界内表示系统的组成部分，边界外表示系统外部 | uc 用例图<br>系统边界 |

用例图中主要涉及关联、泛化、包含和扩展 4 种关系，如表 6-7 所示。

表 6-7 用例关系表

| 用例关系 | 使用范围 | 表示符号 |
|---|---|---|
| 关联 | 参与者与用例间的关系 | ———————— |
| 泛化 | 参与者之间或用例之间的关系 | ————————▶ |
| 包含 | 用例之间的关系 | <<include>><br>- - - - - - - - -> |
| 扩展 | 用例之间的关系 | <<extend>><br>- - - - - - - - -> |

绘制用例图时，应该注意用例图的粒度。在用户能准确、全面理解的基础上，用例越精简越好。但对于重点、难点用例，应该尽量详细描述。除了用例图，还可以使用用例表描述用例。

通过对本章的学习，读者能掌握用例图和用例表的基本概念及制作技巧；能分析和设计系统的功能需求，将需求转化为用例图，准确地描述系统与外部参与者之间的交互；并能识别用例图中的主要用例，理解它们之间的关系和依赖。

需要提醒的是，用例图和用例表都只是一种表现形式，是我们分析系统角色和功能需求的一种手段。不要为了绘制用例图而绘制，而应立足于用户的利益，深入分析用户的实际需求，以提出更有价值的解决方案。

## 习题

1. 用例和用户故事有什么区别，什么时候会用到用户故事？

2. 用例之间有哪些关联关系，分别代表什么意思？请举例说明。

3. 参考表 6-1 和表 6-2，使用用例图和用户故事描述一个简单的在线购物系统。该系统应该能够让用户浏览商品、将商品添加到购物车、输入送货地址和付款信息、确认订单，以及查看订单状态。

4. 创建用例图描述一个在线预订机票的应用程序。该应用程序应该能够让用户搜索航班、选择航班、输入旅客信息、支付并获取电子票、修改订单，以及取消订单。

5. 创建用例图描述一个社交媒体应用程序。该应用程序应该能够让用户注册账户、创建个人资料、查看其他用户的资料、搜索和添加好友、发布和查看帖子，以及发送私人消息。

6. 创建用例图描述一个简单的银行系统。该系统应该能够让客户登录账户、查看余额、转账、支付账单、申请贷款，以及修改个人信息。

7. 为以下场景创建用例图。

实验教学管理系统的功能需求包括如下内容。

（1）系统管理员负责系统的管理维护工作，包括对实验课程信息和学生信息进行管理，对课程信息可进行批量导入、添加、删除和修改，对学生基本信息可以批量导入、添加、修改、查询和删除。

（2）每一门实验课程有一名实验管理员（一般是该实验课程的负责人，也是一名实验老师），负责维护实验课程的基本信息（包括上传实验教案、实验指导书，设置平时成绩和报告成绩的占比）、创建实验项目、创建实验班级（设置每个班级对应的学生和实验老师）。

（3）实验班级分配完成后，需要由排课管理员进行排课。排课管理员还负责维护实验室信息。

（4）实验老师可以查看自己的实验课程及班级，且须对学生提交的实验报告进行评分。

（5）学生可以通过系统查看实验的基本信息（如实验内容、上课时间和地点）。每次实验结束后，需要通过系统上传实验报告。

8. 挑选习题 1～习题 7 中的两个用例图，编写相应的用例表。

# 第7章 角色权限矩阵

角色权限矩阵是 RML 的人员模型，它用于定义角色类型及角色在系统中执行操作的相关权限。角色权限矩阵常常用在基于角色的安全模型的应用软件项目中。它可以帮助需求分析师和系统设计人员准确地识别每个角色的功能和操作要求，从而更好地满足用户的期望。

## 本章学习目标

（1）了解角色权限矩阵的作用。
（2）掌握角色权限矩阵的创建过程。
（3）掌握定义了数据范围的角色权限矩阵的表示方法。

角色权限矩阵简介

## 7.1 角色权限矩阵简介

许多项目都需要定义用户的目录及其对系统的访问权限。用户对系统操作的访问依赖于用户在系统中的角色。

角色是分享共同功能和访问系统的用户的集合名称。操作可以是系统中独立的功能或者一组功能，也可以是用户界面中的元素。图 7-1 显示了用户、角色和操作之间的关系。图 7-1 中的“*n*”表示用户和角色之间、角色和操作之间都存在多对多的关系。

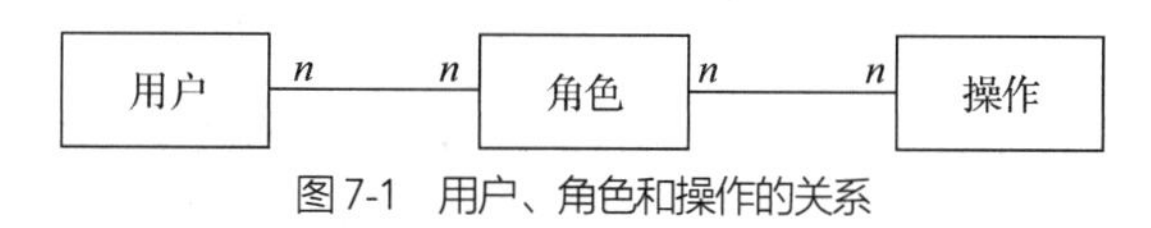

图 7-1　用户、角色和操作的关系

角色权限矩阵是定义所有可能的用户角色、系统操作和角色执行操作的特定权限的表格。角色名称标注在表格的列上，系统操作标注在行上。角色和操作如果很多，可以对它们进行分组。如角色可以按内部用户、外部用户分组，操作可以根据功能模块的划分进行分组。列和行的交叉单元格表示相应角色是否具有对应的操作权限。图 7-2 所示为角色权限矩阵的模板。

表格中的每个单元格指示交叉角色是否具有该操作权限。“×”表示该列的角色有权限执行对应行的操作，空白单元格表示该列的角色没有权限执行对应行的操作。例如，图 7-2 中的角色 1 拥有操作 1 的权限，但是没有操作 2 的权限。

| | 角色组1 | 角色1 | 角色2 | …… | 角色组2 | …… | 角色$n$ |
|---|---|---|---|---|---|---|---|
| 操作组1 | | | | | | | |
| 操作1 | | × | × | | | | |
| 操作2 | | | | × | | × | |
| 操作3 | | × | × | | | | |
| …… | | × | | | | | |
| 操作$n$ | | | × | | | | × |
| 操作组2 | | | | | | | |
| …… | | × | × | | | | × |
| 操作$n$ | | | × | | | | |

图7-2　角色权限矩阵的模板

## 7.1.1 确认角色

角色权限矩阵简介—确认角色、确认操作、标注权限

角色的组织结构图标识出了所有角色类型，可以通过审查角色组织结构图，确定它们在系统中需要的权限是否不同。

（1）如果不同角色的所有权限都相同，可以考虑合并角色。

例如，毕设管理系统中，学院有一个院长和一个书记，以及多个副院长和多个副书记。经过分析发现，院长和书记都只需要“查看学生毕设情况”和“查看老师毕设情况”这两个操作，所以可以赋予他们一个“领导”的角色。这样就不需要对每一个院长和书记单独创建一列，减少了矩阵的冗余。

（2）如果不同角色的部分权限相同，则可以考虑创建复合角色。

例如，毕设管理系统中，院长、书记、实验老师和教学老师都可以代管学生的毕业设计；同时，除了代管毕业设计，他们各自还可能存在一些其他操作。因此，我们可以创建一个“代管教师”的复合角色。需要注意的是，人员与角色之间的映射关系应该是多对多的。也就是说，每种角色包含多个人员，每个人员也可以拥有多种角色。

## 7.1.2 确认操作

为了确定矩阵中应该包含哪些操作，我们可以利用现有的用例图，通常一个用例即为一个操作。但是用例图中可能没有展示所有的操作。为此，我们还可以参考第 13 章会讲到的数据字典，考虑对特定属性的操作是否需要赋予不同的权限。

随着操作被定义，我们可以考虑与这些操作相关的其他操作。学习用例图的时候，我们讲过最常见的就是数据的“增、删、改、查”。例如，在思考“查看代管老师”的操作时，还要考虑是否还有“增加代管老师”“更新代管老师”“删除代管老师”等操作，再逐一查看它们是否是有效的系统操作。除此之外，对数据还可能有移动、复制、状态改变等操作。

## 7.1.3 标注权限

定义角色和操作后，将权限标注在表格中，每个权限都用“×”来表示。为了完成矩阵，应查看矩阵中的每一个格子，一次一格，考虑每一组角色和操作的结合。

我们可以与客户讨论，决定哪些角色可访问哪些操作。利用角色权限矩阵，可以帮助需求分析师思考没有想到的其他权限。此外，还需要考虑对数据访问有限制的任何隐私声明或法律限制，以此来推动权限的确定。例如，大多数的角色不应该访问用户的身份证号码。如果没有用户可以访问某些数据，这些数据就应该屏蔽掉，且应该在数据字典中对该字段的属性加以指定，而不应该把它们包含在角色权限矩阵中。

角色权限矩阵进阶

# 7.2 角色权限矩阵进阶

## 7.2.1 操作的权限

针对相同的数据，有的角色可以编辑该数据，而其他角色只能查看该数据，常见的处理方案是对作用到数据上的每一个动作创建不同的操作。例如，公告管理员可以“编辑公告信息”，但是其他人员只能“查看公告信息”，如图 7-3 所示。

| | 教务管理员 | 毕设管理员 | 公告管理员 | 代管老师 | 评审专家 | 评审组组长 | 领导 | 学生 |
|---|---|---|---|---|---|---|---|---|
| **公告模块** | | | | | | | | |
| 编辑公告信息 | | | × | | | | | |
| 查看公告信息 | × | × | × | × | × | × | × | × |

图 7-3　根据操作类型设置权限

## 7.2.2 数据范围的权限

在建立角色权限矩阵时常常会遇到一种情况：用户仅对业务数据对象的一定范围有权限，诸如存在地理范围的限制。如一个区域的销售经理只能查看该区域内的客户信息。为了处理这种情况，我们可以在单元格中使用文字而不是“×”来表示该角色可访问的数据范围。图 7-4 所示为一个集团公司销售网站的部分角色权限矩阵，客户端管理员（子公司的管理员）只能看到与他们公司有关的数据，而不是所有客户数据。因此，在单元格内标记“自己公司”。针对“更新个人信息”和“更新个人密码”这两个操作，内部管理员可以操作所有数据，客户端管理员可以更新自己公司的数据，其他用户则只能更新自己个人的数据，所以在单元格内标记“自己个人”。

| | 内部用户 | 管理员 | 标准用户 | 销售人员 | 外部用户 | 客户端管理员 | 客户端用户 |
|---|---|---|---|---|---|---|---|
| **账户模块** | | | | | | | |
| 创建用户账户 | | × | | | | | |
| 创建客户端账号 | | × | | | | | |
| 分配角色 | | × | | | | 自己公司 | |
| 更新个人信息 | | × | 自己个人 | 自己个人 | | 自己公司 | 自己个人 |
| 更新个人密码 | | × | 自己个人 | 自己个人 | | 自己公司 | 自己个人 |
| 查看账户信息 | | × | × | | | 自己公司 | 自己个人 |

图 7-4　定义数据范围的角色权限矩阵

如果一个特定的角色在数据范围内对每一个操作有相同的权限，不用在每列中的所有单元格都添加文字标记，可以为其定义缩写标记。例如，“OC=自己公司”，“OP=自己个人”；为了更明确“×”表示的数据范围，将其定义为“ALL=所有人”，如图 7-5 所示。

| | 内部用户 | 管理员 | 标准用户 | 销售人员 | 外部用户 | 客户端管理员 | 客户端用户 |
|---|---|---|---|---|---|---|---|
| **账户模块** | | | | | | | |
| 创建用户账户 | | ALL | | | | | |
| 创建客户端账号 | | ALL | | | | | |
| 分配角色 | | ALL | | | | OC | |
| 更新个人信息 | | ALL | OP | OP | | OC | OP |
| 更新个人密码 | | ALL | OP | OP | | OC | OP |
| 查看账户信息 | | ALL | ALL | | | OC | OP |
| **ALL=所有人** | | | | | | | |
| **OC=自己公司** | | | | | | | |
| **OP=自己个人** | | | | | | | |

图 7-5　定义缩写标记的角色权限矩阵

### 7.2.3 相关操作的通用权限

有些操作虽然不同，但是它们具有相关性，且操作权限相同，则可以把这些操作合并为一行。例如，“创建报告”“编辑报告”“删除报告”在所有角色上拥有相同的权限，如图 7-6 所示。因此可以合并为一行，即“创建、编辑、删除报告”，如图 7-7 所示。

| | 内部用户 | 管理员 | 标准用户 | 销售人员 | 外部用户 | 客户端管理员 | 客户端用户 |
|---|---|---|---|---|---|---|---|
| **报告模块** | | | | | | | |
| 创建报告 | | × | × | × | | × | × |
| 编辑报告 | | × | × | × | | × | × |
| 删除报告 | | × | × | × | | × | × |

图 7-6　相关操作的权限标记

| | 内部用户 | 管理员 | 标准用户 | 销售人员 | 外部用户 | 客户端管理员 | 客户端用户 |
|---|---|---|---|---|---|---|---|
| **报告模块** | | | | | | | |
| 创建、编辑、删除报告 | | ×× | × | × | | × | × |

图 7-7　合并相关操作后的权限标记

## 7.3 角色权限矩阵实例

图 7-8 所示为毕设管理系统的角色权限矩阵，其中显示了 8 个角色和 31 个操作的权限对应关系。在这个例子中，所有人都有“更新个人信息”和“更新个人密码”的操作权限，但是只有教务管理员拥有“更新用户邮箱”的权限。

只有学生拥有“查看代管老师”“申请代管老师”“变更代管老师”3 个操作的权限，为了简化表格，我们可以将这 3 个操作合并在一行里——“查看、申请、变更代管老师”。

| | 教务管理员 | 毕设管理员 | 公告管理员 | 代管老师 | 评审专家 | 评审组组长 | 领导 | 学生 |
|---|---|---|---|---|---|---|---|---|
| **用户管理模块** | | | | | | | | |
| 更新个人信息 | × | × | × | × | × | × | × | × |
| 更新个人密码 | × | × | × | × | × | × | × | × |
| 更新用户邮箱 | × | | | | | | | |
| **毕设配置模块** | | | | | | | | |
| 阶段信息管理 | | | | | | | | |
| 文件信息管理 | | × | | | | | | |
| 评分规则管理 | | × | | | | | | |
| 毕设人员管理 | × | | | | | | | |
| **通知公告模块** | | | | | | | | |
| 公告信息管理 | | | × | | | | | |
| 查看公告 | × | × | × | × | × | × | × | × |
| **毕设流程管理模块** | | | | | | | | |
| 查看、申请、变更代管老师 | | | | | | | | × |
| 审核学生代管申请 | | | | × | | | | |
| 查看代管学生列表 | | × | | × | | | | |
| 自动分配代管老师 | | × | | | | | | |
| 查看、编辑、提交定岗选题申请表 | | | | | | | | × |
| 查看、编辑、上传定岗选题文件 | | | | | | | | × |
| 审核定岗选题材料 | | | | × | | | | |
| 上传初期报告、中期报告 | | | | | | | | × |
| 上传企业导师评分 | | | | | | | | × |
| 审核初期报告、中期报告 | | | | × | | | | |
| 审核企业导师评分 | | | | × | | | | |
| 查看评审结果 | | | | × | | | | × |
| 管理毕设答辩分组 | | × | | | | | | |
| 上传毕设答辩材料 | | | | | | | | × |
| 查看答辩时间和地点 | | | | | × | | | × |
| 审核答辩材料 | | | | × | | | | |
| 复核毕设论文 | | | | | × | | | |
| 上传答辩成绩 | | | | | × | | | |
| 查看毕设总成绩 | | | | | × | | | × |
| 设置主审老师 | | | | | | × | | |
| **毕设统计模块** | | | | | | | | |
| 查看学生毕设情况 | | × | | × | | | × | |
| 查看老师代管情况 | | × | | × | | | × | |

图 7-8 毕设系统的角色权限矩阵

注意代管老师进行“审核定岗选题材料”等操作时，只针对自己代管的学生，对于其他学生是没有该权限的。同样地，企业导师没有任何操作权限，因此其不作为矩阵中的一个角色列出。为此，可以将角色权限矩阵进行优化，引入数据范围。图 7-9 是增加了数据范围的毕设角色权限矩阵。在表格中，不再使用“×”表示角色访问的数据范围，而是使用缩写标记来表示。其中，“OP”表示只对自己个人的数据拥有相关权限，“OAS”表示对自己代管的学生有相关权限，“OVS”表示对自己评审的学生有相关权限。

| | 教务管理员 | 毕设管理员 | 公告管理员 | 代管老师 | 评审专家 | 评审组组长 | 领导 | 学生 |
|---|---|---|---|---|---|---|---|---|
| **用户管理模块** | | | | | | | | |
| 更新个人信息 | OP | OP | OP | OP | OP | | OP | OP |
| 更新个人密码 | OP | OP | OP | OP | OP | | OP | OP |
| 更新用户邮箱 | ALL | | | | | | | |
| **毕设配置模块** | | | | | | | | |
| 阶段信息管理 | | ALL | | | | | | |
| 文件信息管理 | | ALL | | | | | | |
| 评分规则管理 | | ALL | | | | | | |
| 毕设人员管理 | ALL | | | | | | | |
| **通知公告模块** | | | | | | | | |
| 公告信息管理 | | | ALL | | | | | |
| 查看公告 | ALL | ALL | ALL | ALL | ALL | | ALL | ALL |
| **毕设流程管理模块** | | | | | | | | |
| 查看、申请、变更代管老师 | | | | | | | | OP |
| 审核学生代管申请 | | | | OAS | | | | |
| 查看代管学生列表 | | ALL | | OAS | | | | |
| 自动分配代管老师 | | ALL | | | | | | |
| 查看、编辑、提交定岗选题申请表 | | | | | | | | |
| 查看、编辑、上传定岗选题文件 | | | | | | | | |
| 审核定岗选题材料 | | | | OAS | | | | |
| 上传初期报告、中期报告 | | | | | | | | OP |
| 上传企业导师评分 | | | | | | | | OP |
| 审核初期报告、中期报告 | | | | OAS | | | | |
| 审核企业导师评分 | | | | OAS | | | | |
| 查看评审结果 | | | | OAS | | | | OP |
| 管理毕设答辩分组 | | ALL | | | | | | |
| 上传毕设答辩材料 | | | | | | | | OP |
| 查看答辩时间和地点 | | | | | OP | | | OP |
| 审核答辩材料 | | | | OAS | | | | |
| 复核毕设论文 | | | | | OVS | | | |
| 上传答辩成绩 | | | | | OVS | | | |
| 查看毕设总成绩 | | | | | OVS | | | OVS |
| 设置主审老师 | | | | | | OVS | | |
| **毕设统计模块** | | | | | | | | |
| 查看学生毕设情况 | | ALL | | OAS | | | ALL | |
| 查看老师代管情况 | | ALL | | OP | | | ALL | |
| **ALL=所有人** | | | | | | | | |
| **OP=自己个人** | | | | | | | | |
| **OAS=自己代管的学生** | | | | | | | | |
| **OVS=自己评审的学生** | | | | | | | | |

图7-9　增加了数据范围的毕设角色权限矩阵

# 7.4 本章小结

项目的角色权限矩阵是迭代创建的，随着需求分析的深入，角色权限矩阵也会不断更新。角色权限矩阵适合用来描述基于角色的安全模型。仔细查看角色权限矩阵的每一个单元格，可以保证你没有忽略任何角色的对应权限。

通过对本章的学习，读者能够理解角色权限矩阵的基本概念，能够根据系统需求和角色的权限要求设计和创建适当的角色权限矩阵，明确每个角色的权限范围和访问能力。角色权限矩阵的创建对于确保系统安全性和保护用户隐私等都起着关键作用。

## 习题

1. 请举例说明可以利用哪些模型帮助确认角色权限矩阵中的角色和操作。
2. 什么是数据范围的权限？它在创建角色权限矩阵时有什么用处？
3. 哪些系统无须使用角色权限矩阵？
4. 为在线购物系统设计一个角色权限矩阵。该系统包括以下角色：普通用户、客户服务代表、销售经理、管理员等。确认系统涉及的操作，创建角色权限矩阵，为每个角色标注权限。
5. 为在线预订机票的应用程序设计一个角色权限矩阵。该系统包括以下角色：旅客、客服人员、航空供应商、管理员等。确认系统涉及的操作，创建角色权限矩阵，为每个角色标注权限。
6. 为社交媒体应用程序设计一个角色权限矩阵。该系统包括以下角色：普通用户、内容编辑、广告商、管理员等。确认系统涉及的操作，创建角色权限矩阵，为每个角色标注权限。
7. 为银行系统设计一个角色权限矩阵。该系统包括以下角色：客户、柜员、经理、系统管理员等。确认系统涉及的操作，创建角色权限矩阵，为每个角色标注权限。
8. 为实验教学管理系统创建角色权限矩阵。该系统包括以下角色：学生、老师、实验管理员、排课管理员、系统管理员等。确认系统涉及的操作，创建角色权限矩阵，为每个角色标注权限。

# 第8章 顺序图

通过用例建模可以分析出系统的角色和主要用例，相对复杂的用例可以借助用例表来补充说明。但是用例表对用例中涉及的流程表述仍不够清楚，针对系统中涉及的重要流程可以使用顺序图、活动图或状态机图进行分析。本章先讨论顺序图。

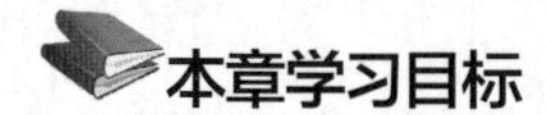


（1）了解顺序图的基本概念及使用场景。

（2）掌握顺序图的基本元素及消息种类。

（3）掌握顺序图对象间各种消息的表示方法。

顺序图简介

## 8.1 顺序图简介

顺序图又名序列图或时序图，是 UML 中行为图的一种，属于动态模型。常用于对用例中对象之间的交互进行建模。顺序图能较好地说明系统中的不同对象如何交互以执行功能，以及执行特定功能时交互发生的顺序。简而言之，顺序图可显示系统中不同对象如何按“顺序”完成某项工作。

顺序图主要由对象和对象之间的消息构成，下面逐一介绍。

### 8.1.1 对象

顺序图中的对象可以是类和实例，它们是交互的主体，用来接收和发送消息，是最基本的元素，如图 8-1 所示。图 8-1 中 Name 为对象的实例名，Type 为类名。这里说的类和实例实际上来自面向对象编程，其中类是一种抽象的概念，描述了对象的共同特征和行为；实例是类的具体化表现，是根据类创建的具体对象。

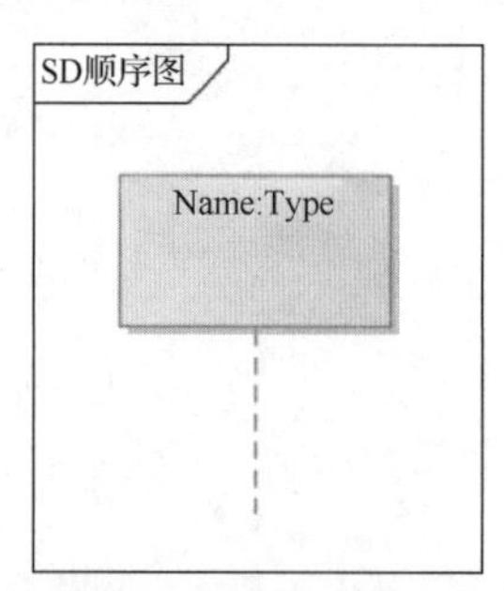


图 8-1　对象的基本表示法

实例名和类名都是可选的，但是至少要存在一个。学生类和其实例张三，如图 8-2 所示。

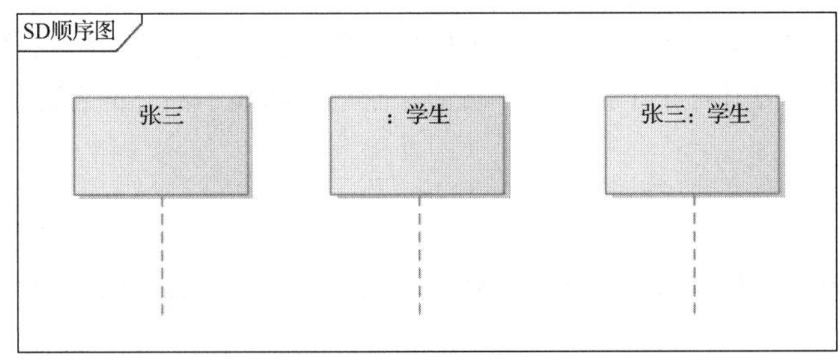


图 8-2 对象中的类和实例

对象还有另外一种表示方法——图标表示法，即用不同的图标表示“参与者”“边界”“控制”“实体”，如图 8-3 所示。

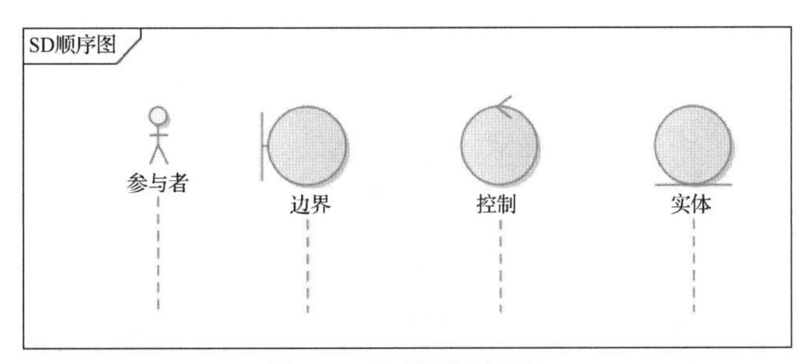


图 8-3 对象的图标表示法

参与者：用户角色。

边界：用于描述外部参与者与系统之间的交互，如用户界面、数据库网关或用户与数据库交互的菜单等。

控制：用于描述一个用例所具有的事件流控制行为。它组织和调度边界与实体之间的交互，并充当它们之间的中介。我们可以把控制理解为应用程序处理。

实体：用于存储和管理系统内部的信息，如持久化的数据、文件等。

对象下方的垂直虚线是对象的生命线，只要对象存在，其生命线就会延伸。两条生命线不应相互重叠，它们代表系统中相互影响的不同对象。

当一个对象向另一个对象发送消息时，两个对象之间就会发生交互。在发送消息的对象和接收消息的对象的生命线上使用激活框表明两者都处于活动状态，如图 8-4 所示。激活框使用条状矩形表示，附着于对象生命线上，矩形的长度表示对象保持活动状态的持续时间。

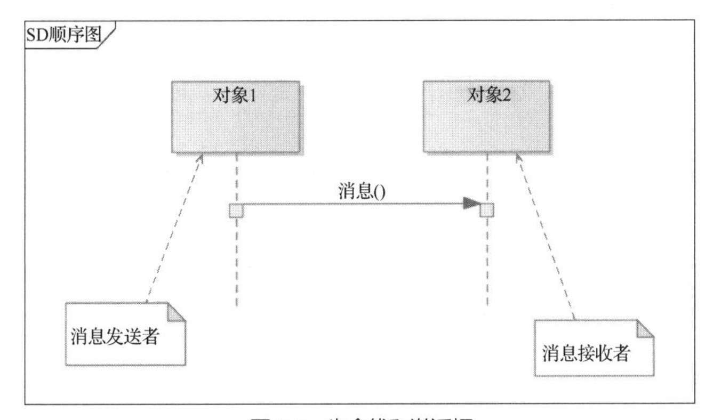


图 8-4 生命线和激活框

## 8.1.2 消息

消息是对象与对象之间的交互。当一个对象向另一个对象发送消息时，它会在对象的生命线之间显示箭头。箭头始于发送方并终止于接收方。在箭头附近，将显示消息的名称。消息的种类有很多，下面逐一介绍。

### 1．同步消息

同步消息指发送方需等待接收方完成消息处理才能处理其他消息。同步消息使用封闭的实心箭头表示，如图 8-5 所示。

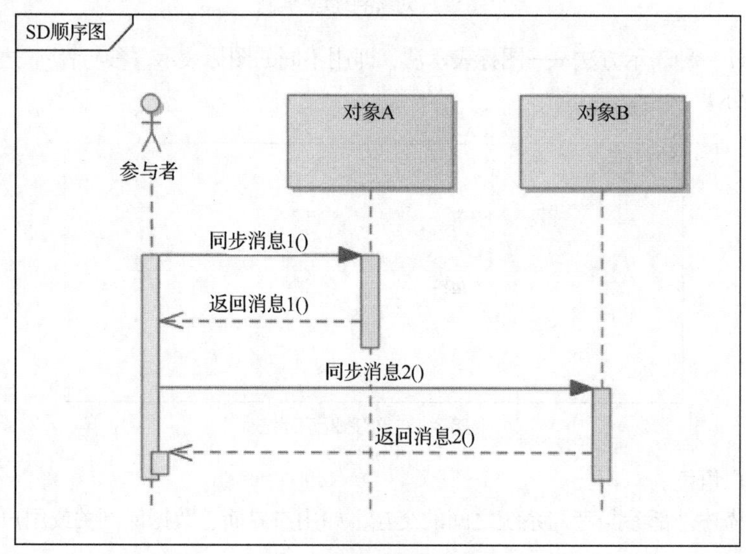


图 8-5　同步消息和返回消息

### 2．异步消息

异步消息中的发送方不用等待接收方完成消息处理，便可以继续发送下一条消息。异步消息使用打开的箭头表示，如图 8-6 所示。

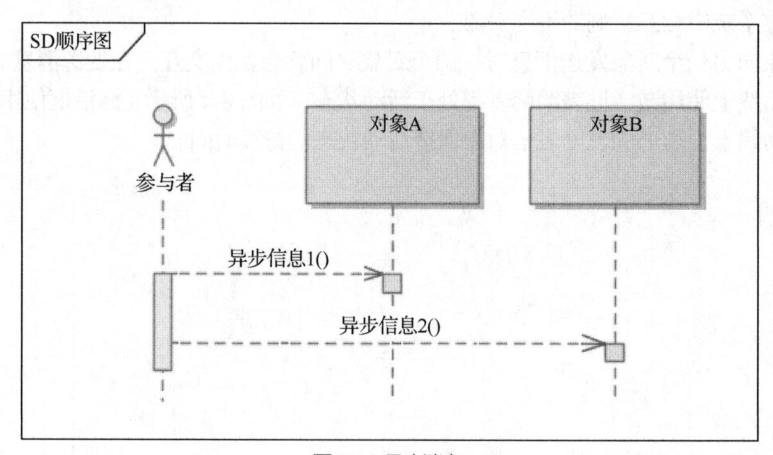


图 8-6　异步消息

### 3．返回消息

如果要显示接收方已完成消息处理并将控制权返回给发送方，可以从接收方向发送方绘制虚线箭头，如图 8-5 所示。返回消息是可选的。为了便于阅读，如果不需要显示返回值，我们可以隐藏返回消息。

**4．自关联消息**

自关联消息是对象向自己发送的消息，如图 8-7 所示。自关联消息表示方法的递归调用，或者一个方法调用属于同一对象的另一个方法。

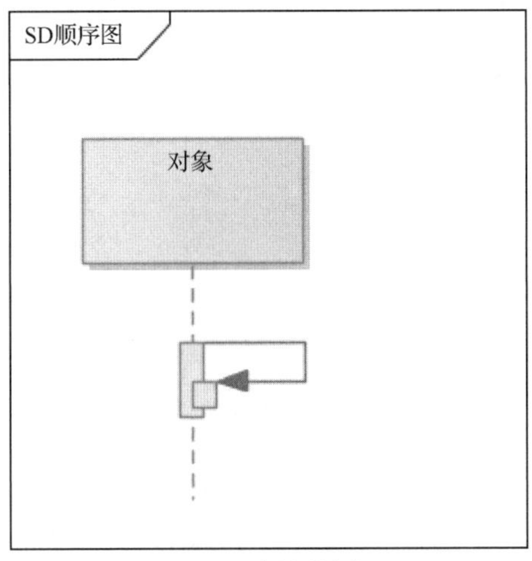


图 8-7　自关联消息

**5．丢失的消息和找到的消息**

丢失的消息是那些已发送但未到达预期接收者的消息，或者发送给当前图表上未显示的接收者的消息；找到的消息是来自未知发送者或来自当前图表中未显示的发送者的消息，如图 8-8 所示，未知的（或当前图表中未显示的）接收者和发送者使用实心的圆圈表示。

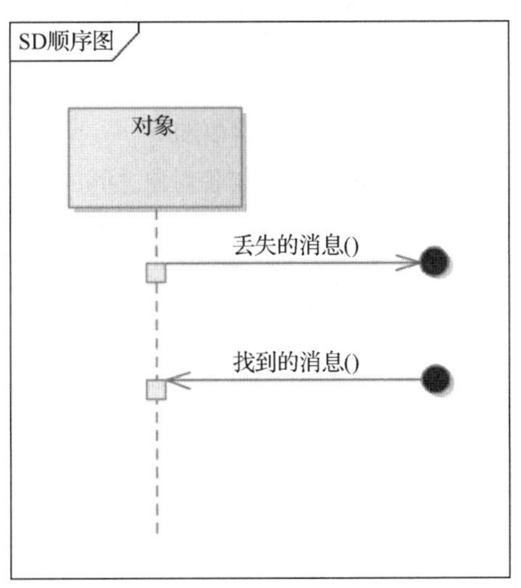


图 8-8　丢失的消息和找到的消息

**6．有延迟的消息**

默认情况下，消息显示为水平线。由于生命线代表了屏幕上的时间流逝，在建模实时系统甚至是有时间限制的业务流程时，考虑执行操作所需的时间长度非常重要。通过为消息设置持续时间约束，消息将显示为斜线，如图 8-9 所示。

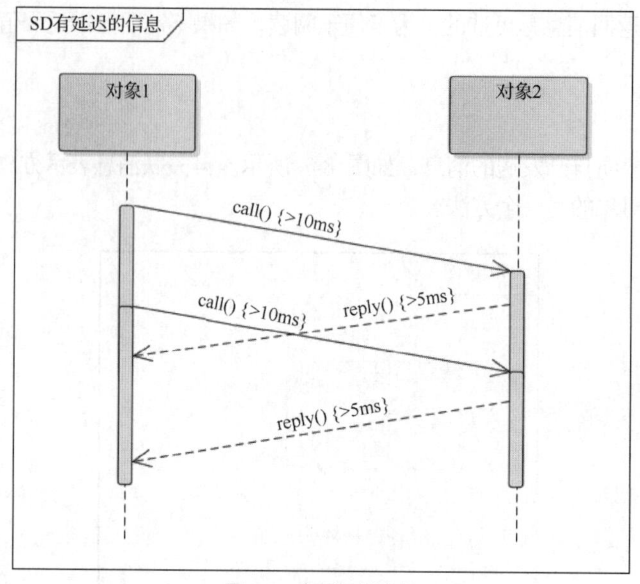


图 8-9　有延迟的消息

# 8.2 创建顺序图

## 8.2.1 顺序图创建步骤

创建顺序图时，第一步是识别参与流程的所有对象。如果你描述的是用户使用系统的某个用例，那么顺序图中至少应该包含参与人和系统这两个对象。如前所述，在顺序图中有两种表示对象的方式，一种是使用矩形框表示一个基本对象，另一种是使用图标表示对象。如果你想强调不同的对象主体，如希望用不同的图标区分参与人、系统边界、数据实体等，建议你使用后者（带图标的表示方式）。如果你无须强调对象类别，那使用基本的矩形框表示对象即可。

确定好所有参与者和对象后，需要厘清参与者与各对象之间的交互流程，这涉及完成流程的所有步骤，一开始可以越详细越好。

对象和交互流程都整理清楚后，就可以将流程中每一步对应的消息绘制到顺序图中，注意消息的发送方和接收方，可以选择不同的箭头表示不同种类的消息，最后不要忘记给消息加上适当的名字。

这里说明一点，使用 Enterprise Architect 绘制顺序图时，不需要单独绘制生命线，生命线会随着消息的增加而自动延长。

## 8.2.2 顺序图创建实例

回顾一下第 6 章用例建模中购物系统的例子，普通用户包含“加入购物车”“支付订单”“查看订单”3 个用例。这里我们来讨论一下“加入购物车”用例。刚开始我们收集到的需求如下所示。

（1）用户打开购物网站进行浏览。

（2）用户单击商品列表页中的“加入购物车”按钮，商品被添加到购物车中。

仔细思考一下，用户打开购物网站，实际上隐含着“系统会显示商品列表页”的操作。而用户单击商品列表页中的“加入购物车”按钮，也是“系统”将商品添加到购物车中。

因此我们可以将该用例的基本流程做如下调整，并使用缩进的方式进行表示。

1. 用户打开购物网站。
2. 系统显示商品列表页。
3. 用户单击商品列表页中的“加入购物车”按钮。
4. 系统将商品添加到购物车中。

整个过程如图 8-10 所示，虽然这种方式比之前的表述更为清晰，也能区分参与者和系统调用，但是它们之间的交互关系并不能很直观地显示出来。下面来看一看如何使用顺序图表示该流程。

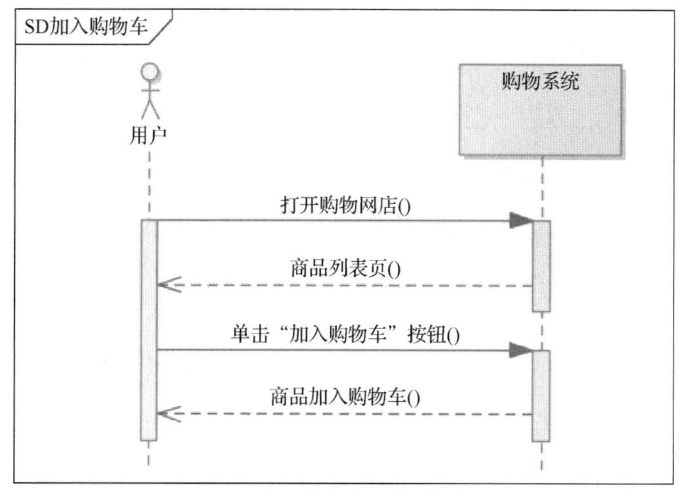


图 8-10 加入购物车的顺序图 1

## 8.2.3 三层交互模式的顺序图

图 8-10 中所有的交互都集中在用户和购物系统之间，没能清晰地显示出购物系统中包含的对象主体。我们可以使用图标法进行细化，增加“商品列表页”作为边界对象，并增加“购物车”作为实体对象，如图 8-11 所示。

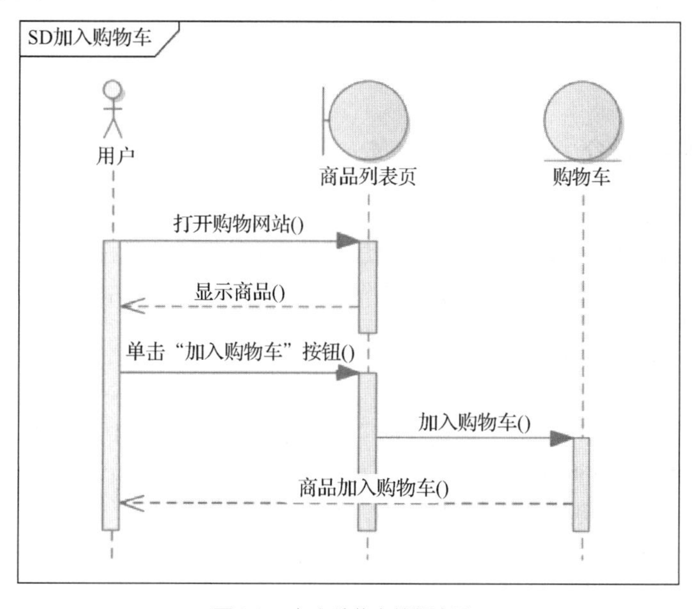


图 8-11 加入购物车的顺序图 2

但图 8-11 中隐含着一个顺序图表示的常见错误。实际上消息是不会从边界对象直接指向实体对象的，这中间还隐藏着控制对象。控制对象接收并转发请求，负责业务规则的处理和数据操作，它是系统的主体部分。因此需要在“商品列表页”和“购物车”之间增加一个“控制对象”，把图 8-11 所示的顺序图修改成图 8-12 所示的顺序图。

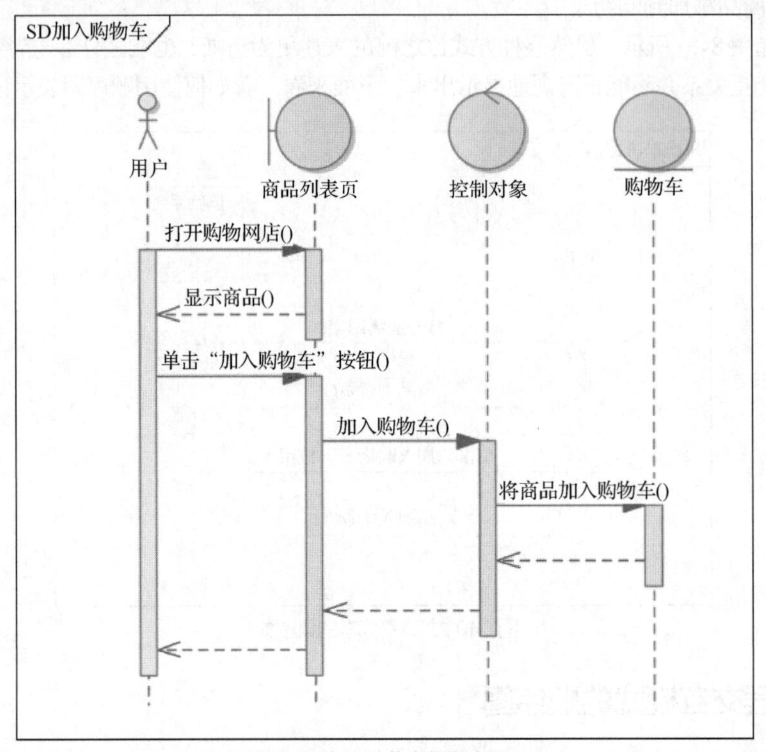


图 8-12　加入购物车的顺序图 3

这种从人机界面（边界）、应用程序处理（控制）到持久化数据或对象（实体）的三层交互模式的顺序图，通常用在设计或实现阶段。当然在需求分析的后期，需求分析师与开发或测试人员核对需求时也可以使用。

## 8.3 顺序图进阶

前面讨论的流程都是顺序执行的，这也是顺序图最适用的领域。但顺序图也可以表达满足某种条件才能执行的流程和循环执行的流程。这就需要先介绍一下顺序图中的片段。

### 8.3.1 顺序图中的组合片段

顺序图中的组合片段

在顺序图中，可以创建组合片段，以便采用可视化方式来表示交互中的控制结构（如循环语句或条件语句）。组合片段是由矩形框表示的逻辑分组，组合片段的类型由交互运算符确定，包含会影响消息流的条件结构，如图 8-13 所示。

顺序图中的组合片段种类很多，使用组合片段可以以一种紧凑而简洁的方式描述多种控制和逻辑结构。这里介绍常用的 3 种组合片段：选项片段、多选片段和循环片段。

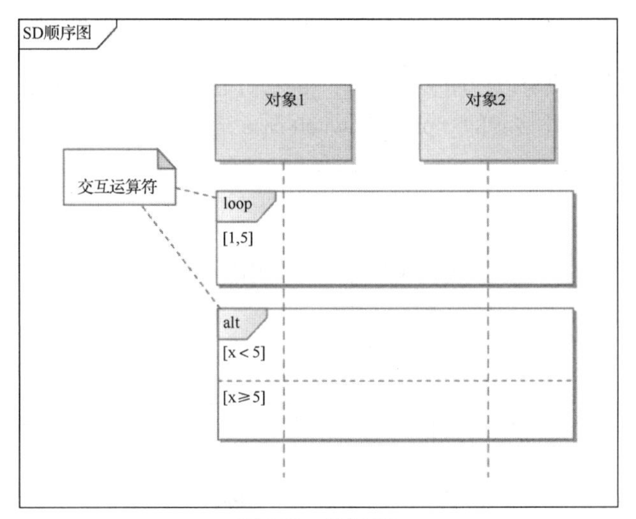


图 8-13　组合片段

## 1．选项片段

如果需要在某个条件满足时发送消息，则可以在消息前面加一个[condition]条件，如图 8-14 所示。

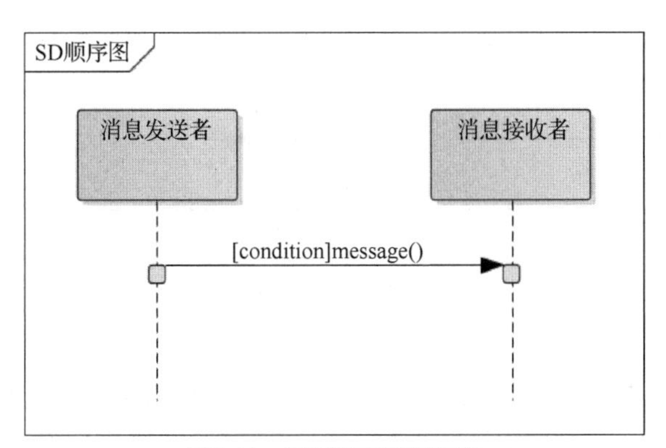


图 8-14　条件满足时发送消息

如果在同条件下有多条消息要发送，就需要使用选项片段，选项片段的交互运算符用 opt 表示，如图 8-15 所示。选项片段类似于编程语言中的 if(condition)。

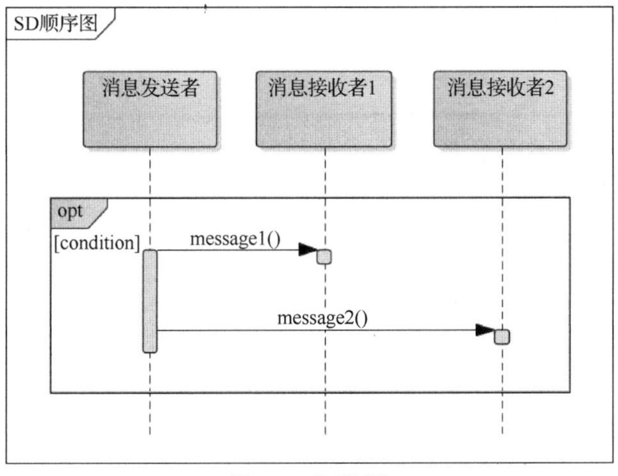


图 8-15　选项片段

**2．多选片段**

如果有多个选择条件，则可以使用多选片段，多选片段的交互运算符用 alt 表示，如图 8-16 所示。alt 组合片段类似于编程语言中嵌套的 if-else 和 switch-case 结构。

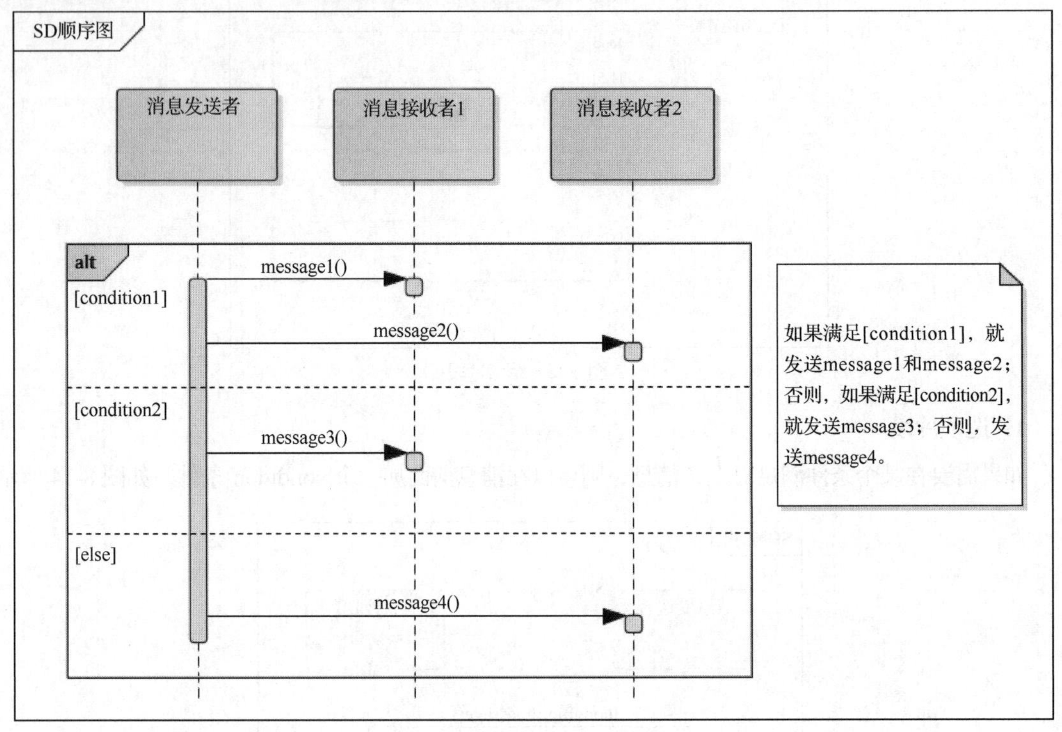


图 8-16　多选片段

**3．循环片段**

当消息以星号（*）为前缀时，表示消息是重复发送的，如图 8-17 所示。在发送消息之前需查看是否满足条件。通常情况下，条件用于从集合中过滤元素（例如，“所有人”“成人”“新客户”作为 sender 对象集合的过滤器），只有满足条件的元素才会收到消息。

如果同一次迭代中要发送多个消息，则可以使用循环片段。循环片段的交互运算符用 loop 表示，如图 8-18 所示。

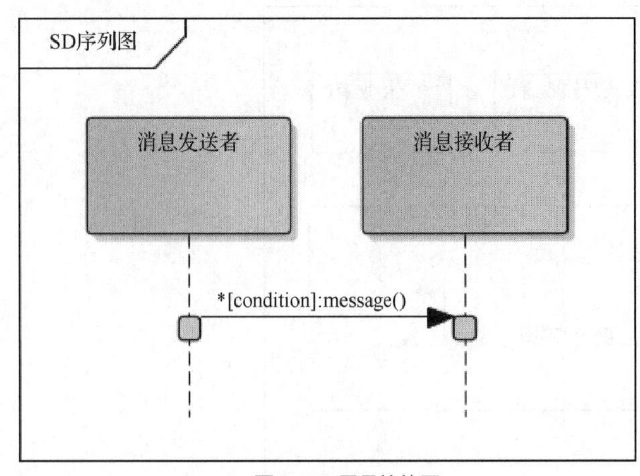


图 8-17　星号的使用

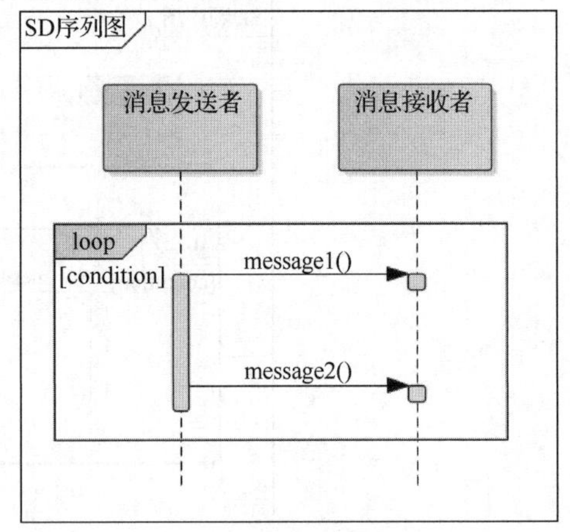


图 8-18　循环片段

## 8.3.2 ATM 取款流程的顺序图

用户通过 ATM 取款是流程分析中的一个经典案例。假设用户已验证完密码信息，开始取款，大致流程如下：

（1）用户按“取款”按钮请求取款；

（2）ATM 显示取款界面，提示用户输入取款金额；

（3）用户输入取款金额；

（4）ATM 验证取款金额，如果超过 2500 元，提示“单次取款金额不能超过 2500 元”；如果当日取款总额超过 20000 元，提示“当日取款金额不能超过 20000 元”；

（5）ATM 点钞；

（6）ATM 给银行反馈并生成交易信息；

（7）银行生成交易记录；

（8）ATM 送款到提取口；

（9）用户取款。

该流程中涉及的参与者和对象有用户、ATM 和银行，涉及的流程交互关系可以通过图 8-19 表示。

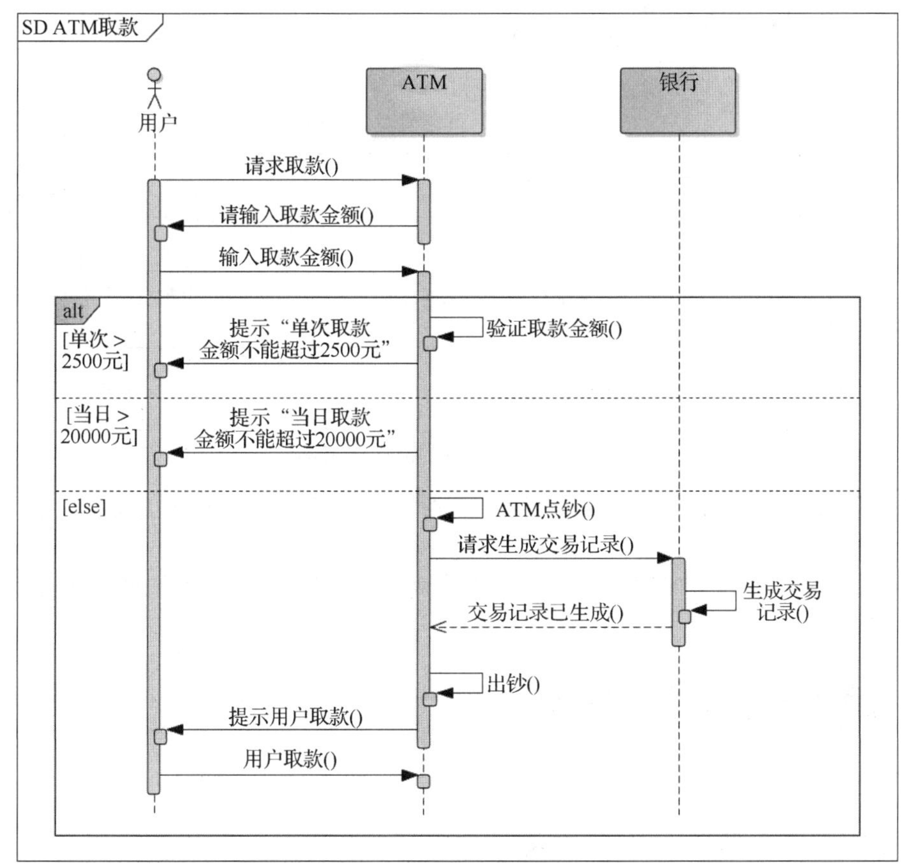


图 8-19　ATM 取款流程的顺序图

## 8.3.3 更换代管老师流程的顺序图

考虑毕设管理系统中的更换代管老师流程，这是一个审批类的流程。学生的毕业设计都有一个代管老师，代管老师被选定后会指导学生的毕业设计，直至结束。但是中途可能有学生需要更换代管老师，这时需要提出申请。以下是更换代管老师的大致流程：

（1）学生提出更换代管老师申请；

（2）原代管老师同意更换；

（3）新代管老师同意更换；

（4）教务管理员复核并处理。

在该流程中，涉及的参与者有学生、原代管老师、新代管老师、教务管理员。更换代管老师的流程可以通过图 8-20 表示。

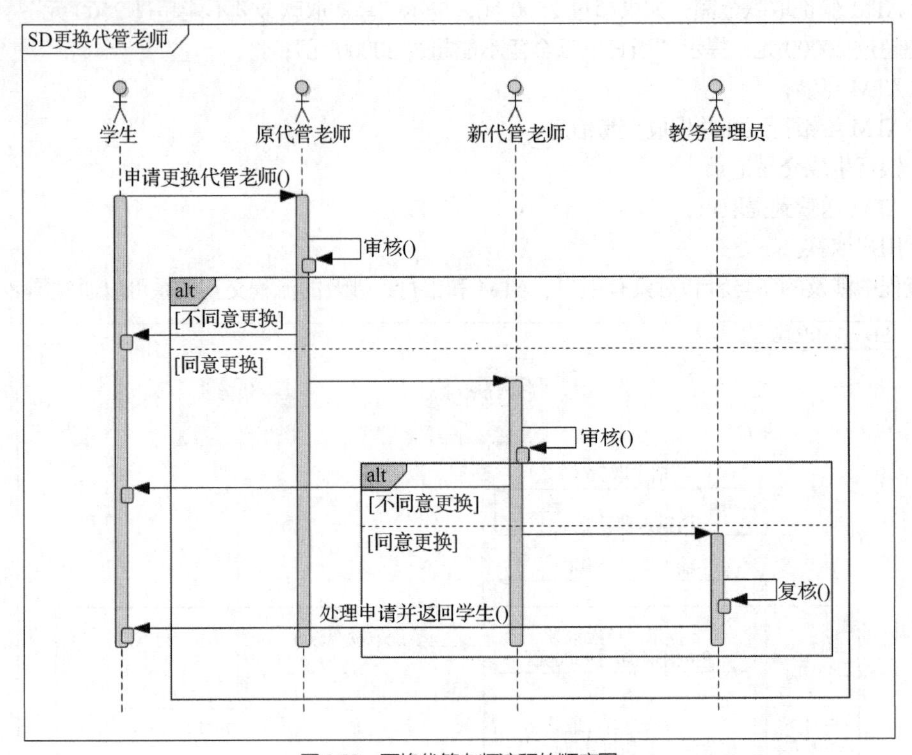


图 8-20　更换代管老师流程的顺序图

思考一下，如果希望原代管老师和新代管老师并行执行审核，需要如何描述呢？顺序图是否还适用呢？

第 9 章会介绍活动图，到时候我们再来回顾这个例子，比较用顺序图和活动图分析流程的异同。

# 8.4 顺序图常见注意事项

绘制顺序图时，常见的注意事项如下。

（1）去掉不必要的细节。

绘制顺序图常犯的一个典型错误是添加了太多细节。为所有的分支或异常处理都添加片段的话，会使顺序图杂乱无章，从而使其难以阅读和理解。适当去掉一些返回消息和异常处理，可以使顺序图更容易阅读。

（2）消息通常应该从左到右。

对于顺序图，消息流应该从左上角开始，逐渐往右。我们已经养成了从左到右的阅读习惯，因此所有对象（包括参与者、边界、控制和实体）的放置也应遵循此路线。

（3）如果你处理的是简单的逻辑，请避免使用顺序图。

大多数人常犯的另一个错误是浪费宝贵的时间为每个用例绘制过多的顺序图。实际上，最好只在你必须处理一些复杂逻辑时才设计顺序图。如果逻辑简单且易于理解，那么使用顺序图不会增加任何价值。

## 8.5 本章小结

本章主要介绍了顺序图。顺序图能较好地说明系统中的不同对象如何交互以执行功能，以及执行特定功能时交互发生的顺序。顺序图中的主要元素有对象、生命线、激活框和消息。对象有两种表示方法：一种是基本的表示方法；另一种是通过图标进行表示。对象的表示方法如表 8-1 所示。

**表 8-1　对象的表示方法**

| 对象元素 | 说明 | 表示示例 |
| --- | --- | --- |
| 对象 | 对象的基本表示方法 | SD顺序图<br>Name:Type |
| 参与者 | 用户角色 | SD顺序图<br>参与者 |
| 边界 | 用于描述外部参与者与系统之间的交互，如用户界面、数据库网关或用户与数据库交互的菜单等 | SD顺序图<br>边界 |
| 控制 | 用于描述一个用例所具有的事件流控制行为。它组织和调度边界与实体之间的交互，并充当它们之间的中介 | SD顺序图<br>控制 |
| 实体 | 用于存储和管理系统内部的信息，如持久化的数据、文件等 | SD顺序图<br>实体 |

生命线是对象下方的垂直虚线，只要对象存在，其生命线就会延伸。激活框用于表明对象执行操作时处于激活的状态，使用条状矩形表示，附着于对象生命线上。消息是对象与对象之间的交互。常用的消息有同步消息、异步消息、返回消息和自关联消息，如表 8-2 所示。

**表 8-2 常用消息类型**

| 消息类型 | 说明 | 表示符号 |
| --- | --- | --- |
| 同步消息 | 发送方需等待接收方完成消息处理才能处理其他消息 | ——▶ |
| 异步消息 | 发送方不会等待接收方完成消息处理，便会立即继续处理下一条消息 | - - - - -> |
| 返回消息 | 接收方已完成消息处理并将控制权返回给发送方 | <- - - - - |
| 自关联消息 | 对象向自己发送的消息。如递归调用或方法调用同一对象的另一个方法 | |

在执行消息的过程中，可以附加一些条件或使用组合片段。表 8-3 中列举了常用的带条件的消息。

**表 8-3 常用的带条件的消息**

| 条件标识 | 表示方式一 | 表示方式二 |
| --- | --- | --- |
| 有条件的执行 | 在消息前增加[condition] | 选项片段，使用 opt 标识 |
| 多重条件 | 无 | 多选片段，使用 alt 标识 |
| 循环执行 | 在消息前增加* | 循环片段，使用 loop 标识 |

通过对本章的学习，读者应该能够掌握顺序图的基本元素和常用消息的表示方法，能够利用顺序图分析和设计系统的交互流程，描述系统中的交互过程和消息流动，识别对象之间的消息传递和时序关系。希望读者能够借助顺序图与开发团队和相关干系人进行有效沟通，准确地捕捉和表达用户需求及系统功能。

## 习题

1. 用“参与者”“边界”“控制”“实体”图标为用户查看历史订单的流程创建顺序图。

2. 为如下退货流程创建顺序图。

（1）单击“我的商品”按钮。

（2）选择需要退款的商品，单击“退款”按钮。

（3）填写退款理由，并提交。

（4）客服审核退款申请，如果没问题就审核通过，如果有问题就退回给用户。

3. 为如下用户设置新密码的流程创建顺序图。

（1）用户单击“忘记密码”按钮。

（2）用户输入邮箱，用于设置新密码。

（3）系统发送验证信息到邮箱。

（4）用户登录邮箱，单击找回密码的邮件中的超链接。超链接 30min 内有效，超过 30min 提示超链接失效，此时需重新发送验证信息。

（5）提示用户输入新密码。

（6）提示用户确认密码。

（7）如果两次输入的密码一致，则提示用户成功设置新密码；若两次输入的密码不一致，则提示用户重新输入密码。

4. 为如下实验教学管理系统的排课流程创建顺序图。

（1）系统管理员导入课程，并设置每门课程的实验管理员。

（2）实验管理员创建实验项目、创建实验班级。

（3）实验管理员选择可以进行实验的教室和希望排课的时间段。

（4）排课管理员进行排课，如果课程时间和教室有冲突，需通知实验管理员，协商新的排课教室与时间。

（5）排课管理员排定课程并发布，学生和实验老师可以查看实验排课情况。

5. 思考图书馆管理系统的借书流程，并绘制一个顺序图，包括读者查询图书是否可借、发送借书请求、管理员验证图书可借、修改图书状态等步骤。

6. 思考在线订餐系统的下单流程，并绘制一个顺序图，描述用户下单的过程，包括用户浏览菜单、选择菜品、系统计算订单总价、用户确认订单等步骤。

7. 假设有一个在线机票预订系统，请绘制一个顺序图，描述用户完成机票预订的过程，包括用户搜索航班、选择航班、选择座位、输入乘客信息、系统生成订单、用户支付订单等步骤。

8. 假设有一个在线音乐播放器，请绘制一个顺序图，描述用户搜索歌曲的过程，包括用户输入搜索关键字、系统查询歌曲库、返回搜索结果等步骤。

# 第9章 活动图

顺序图在表达对象之间的交互和时序关系方面非常实用，但是对于复杂的分支、并发流程的表达则有些吃力。活动图也常常用于系统的流程分析；相比顺序图，活动图可以清晰地展示系统中的并发操作和条件判断。

## 本章学习目标

（1）了解活动图的基本概念及使用场景。
（2）掌握活动图的基本元素及表示方法。
（3）能够绘制简单的活动图，并运用活动图进行系统流程分析与设计。

活动图简介

## 9.1 活动图简介

活动图是 UML 图中另一个重要的行为图，用于描述系统的动态行为。活动图跟我们熟悉的流程图很相似，或者可以说活动图是流程图的高级版本，它对从一个活动到另一个活动的流程进行建模。以下是流程图和活动图的主要区别。

（1）流程图着重描述处理过程，它的主要控制结构是顺序结构、分支结构和循环结构，各个处理之间有严格的顺序和时间关系；而活动图主要用于描述系统的行为和交互流程，它关注的是活动、决策和并行执行的过程，以及它们之间的控制逻辑和顺序关系。

（2）典型的流程图技术中缺乏表示并发活动的方法，但是活动图能够清楚地表示并发活动，活动图中常用并发表示审批流程。

（3）活动图中可以使用泳道。带泳道的活动图可明确展示哪些步骤由哪个角色完成。

构成活动图的主要元素有初始节点、终止节点、活动、控制流、对象、对象流等，下面逐一介绍。

### 9.1.1 初始节点和终止节点

每个活动图都包含初始节点和终止节点。活动图中的初始节点（Initial Node）用实心的圆点表示，如图 9-1 所示。

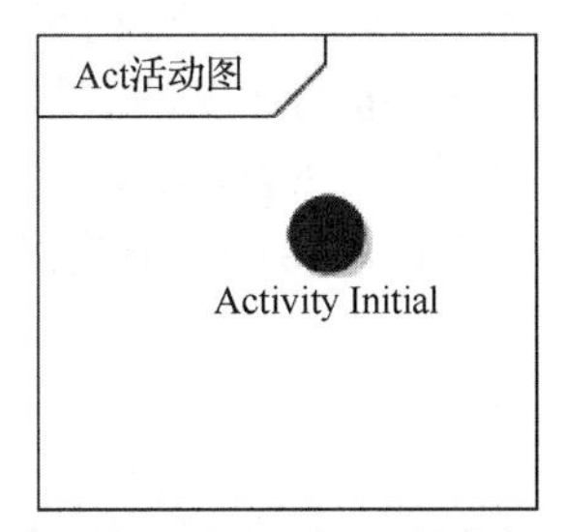


图 9-1 活动图中的初始节点

活动图中有两种终止节点：一种表示某个子流程的终止，即流程终止节点（Flow Final Node），如图 9-2 所示，用带×的圆圈表示；另一种表示整个活动图的终止，即活动终止节点（Activity Final Node），如图 9-3 所示，用带点的圆圈表示。

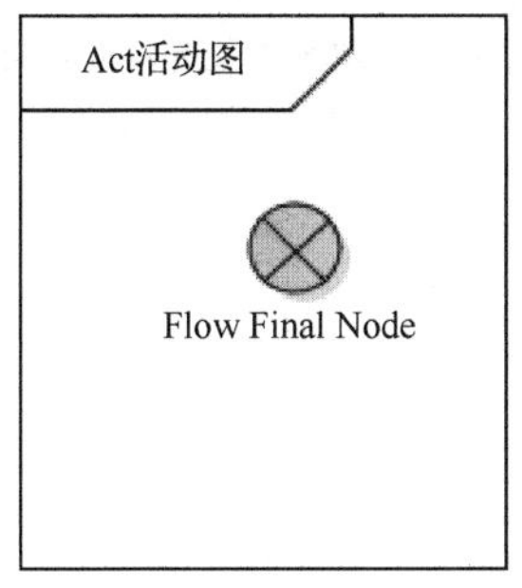


图 9-2 流程终止节点

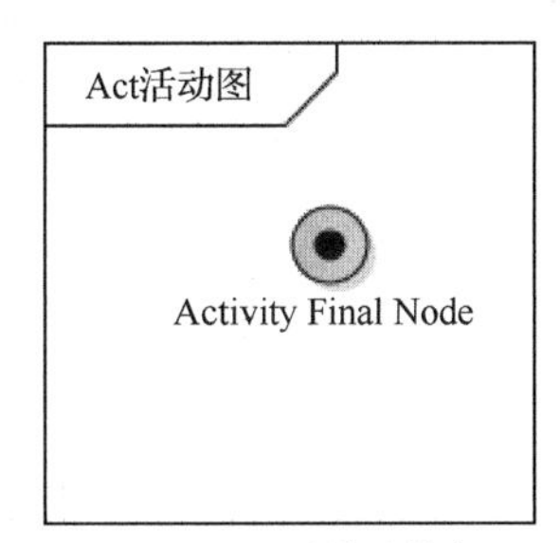


图 9-3 活动终止节点

## 9.1.2 活动和控制流

活动图中的执行步骤用动作状态（Action）或活动（Activity）表示。动作状态是活动图中的单个操作步骤，用圆角矩形表示，如图 9-4 所示。动作状态是“原子”的，是不可中断的动作。

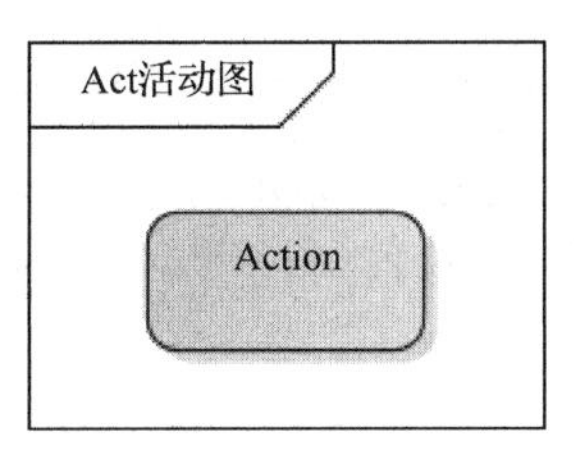


图 9-4 活动图中的动作状态

活动也表示活动图中的一个步骤，同样使用圆角矩形表示，如图 9-5 所示。不同于动作状态的是，活动可以分解成其他子活动或者动作状态。活动的内部包含构成活动的所有操作、控制流和其他元素。活动还可以包含子活动。

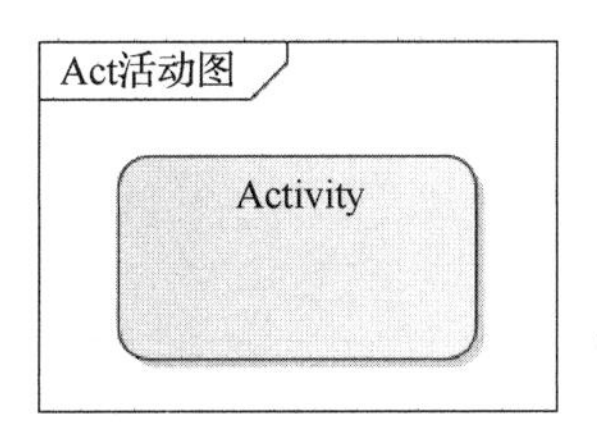


图 9-5 活动图中的活动

需求分析流程中的每个步骤可大可小，一般不涉及原子操作，因此各个步骤都可以使用活动表示。

活动最好采用主谓宾结构表达，如“收银员打印发票”“顾客付款”等。在后续介绍的泳道图中，因为泳道上已经有了执行活动的对象，所以主语可以省略。

控制流是指从一个动作/活动到下一个动作/活动的控制流程，用带箭头的线表示，如图 9-6 所示。

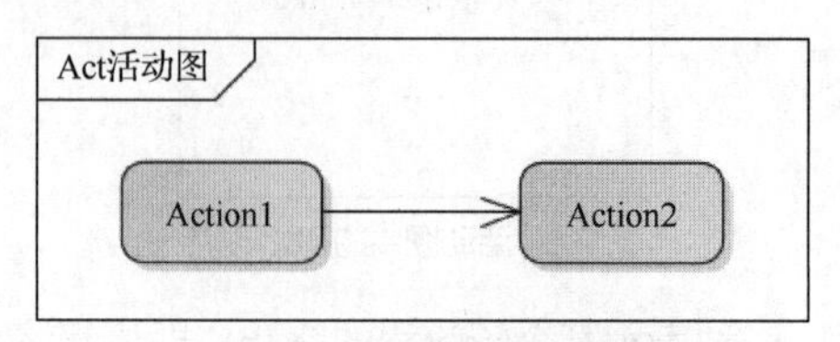


图 9-6　活动图中的控制流

## 9.1.3 对象和对象流

活动图中的对象用矩形框表示，如图 9-7 所示。数据存储对象用带“<<datastore>>”关键字的矩形框表示，如图 9-8 所示。

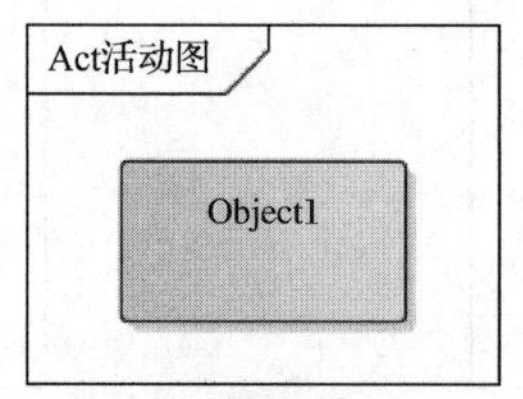


图 9-7　活动图中的对象

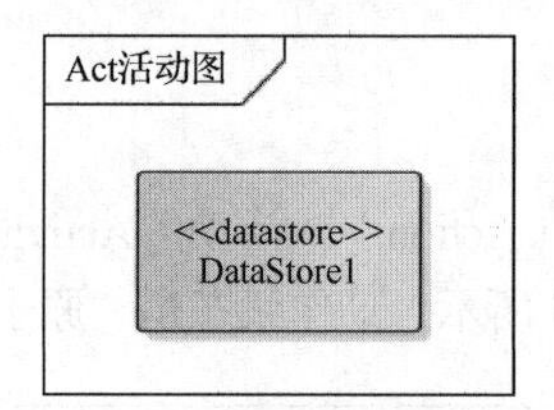


图 9-8　活动图中的数据存储对象

对象流是动作状态与对象之间的依赖关系，表示动作使用对象或动作对对象的影响，如图 9-9 所示。对象流与动作流的区别在于，对象流必须在其至少一个端点上具有对象。如果在两个动作之间添加对象流会出现引脚，如图 9-10 所示。

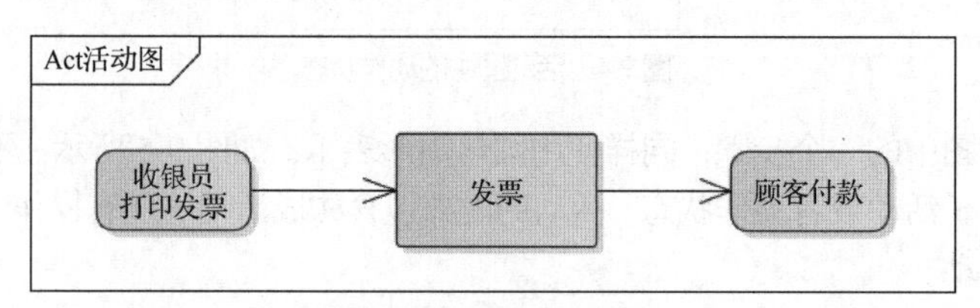


图 9-9　活动图中的对象流

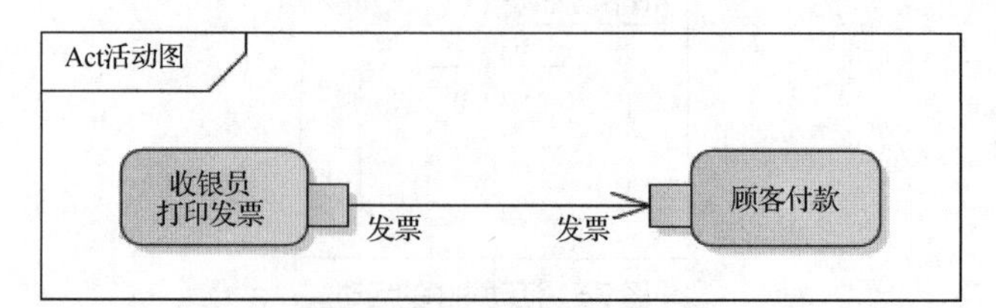


图 9-10　两个动作之间的对象流

# 9.2 活动图进阶

## 9.2.1 分支与合并

在活动图中，分支（Decision）与合并（Merge）用菱形框表示，且包含一个（或多个）指向菱形框的箭头和多个（或一个）离开菱形的箭头。类似于流程图中的判断，活动图中的分支其实也是判断，如图 9-11 所示，我们可以将具体要执行的判断条件写在菱形框的旁边，每一个离开菱形框的箭头上都有条件标识，在满足条件时进入下一个分支。

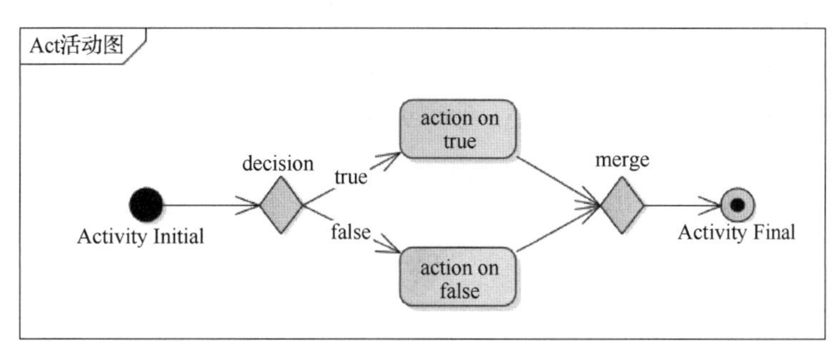


图 9-11　分支与合并

如购物支付方式，可以选择“支付宝支付”或“微信支付”，此处使用分支与合并的方式进行表示，如图 9-12 所示。

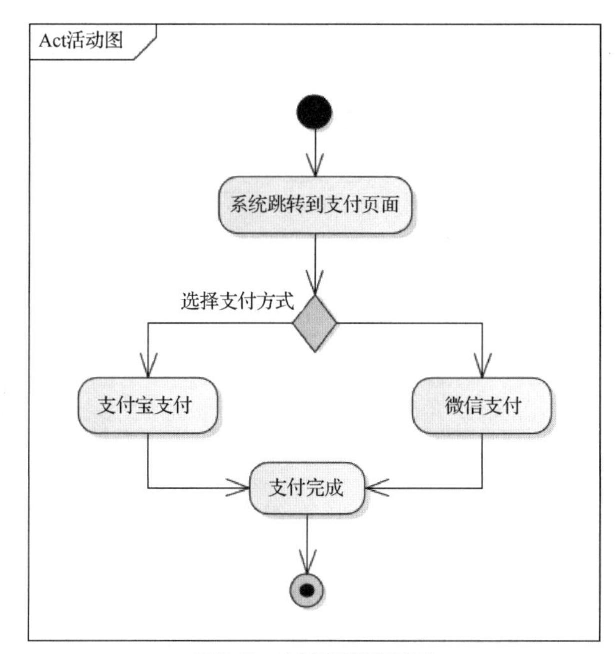


图 9-12　支付流程的活动图

## 9.2.2 分叉与汇合

分叉用于将动作流分为两个或多个并发运行的分支，而汇合则用于同步这些并发分支。分叉与汇合具有相同的符号：水平条或垂直条（方向取决于控制流是从左到右还是从上到下），它们指示并发控制流程的开始和结束，如图 9-13 所示。

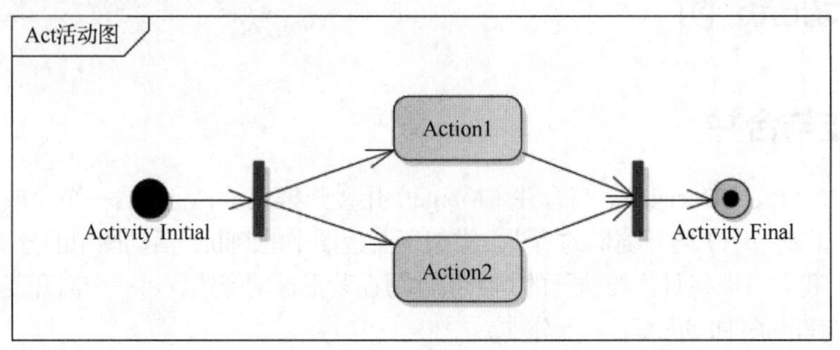


图 9-13　分叉与汇合

分叉和汇合在审核流程中常常会遇到。论文审核流程是学生提交论文后，由 3 个专家同时进行评审，审核完成后由组长确认审核结果并提交，如图 9-14 所示。

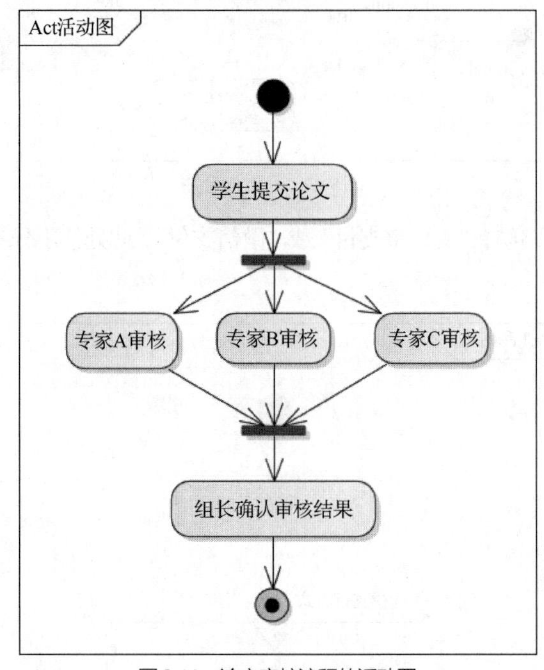


图 9-14　论文审核流程的活动图

## 9.2.3　泳道

泳道将活动图中的活动划分为若干组，并把每一组指定给负责相应活动的对象，可明确地表示哪些活动由哪些对象执行。

泳道用水平或垂直实线表示。在泳道的上方可以给出泳道的名字或对象的名字，该对象负责泳道内的全部活动。不同泳道中的活动既可以顺序进行也可以并发进行，动作流、对象流和对象允许穿越分隔线，但是活动只能明确地属于一个泳道。

图 9-15 所示为使用垂直方向的泳道图表示收银流程。图 9-16 所示为使用水平方向的泳道图表示收银流程。

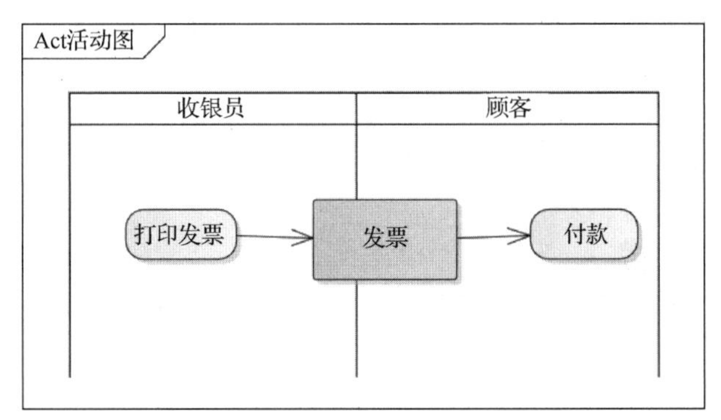


图 9-15 垂直方向的泳道图

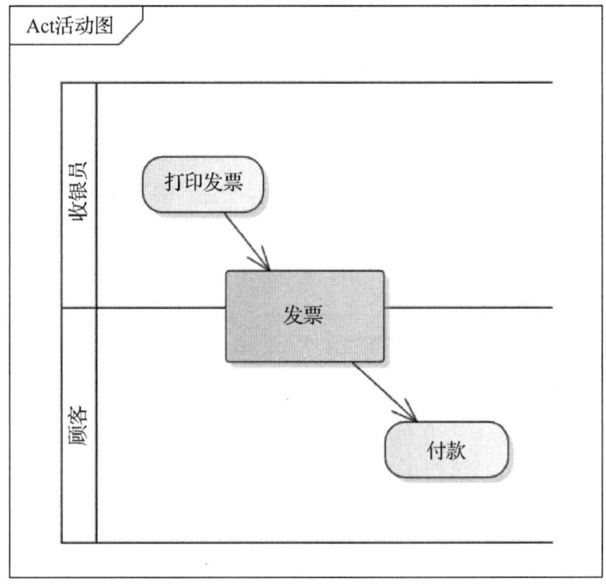


图 9-16 水平方向的泳道图

# 9.3 活动图实例

## 9.3.1 购物系统的活动图

第 6 章讲解了购物系统的例子，这里我们再来看看用户从登录到将商品加入购物车再完成支付的整个流程：

（1）用户打开购物网站；

（2）用户查看商品；

（3）用户将商品加入购物车；

（4）用户提交订单；

（5）判断用户是否登录，如未登录请用户先登录；

（6）系统跳转到支付页面；

（7）用户选择支付方式；

（8）用户支付订单。

图 9-17 中使用活动图形象地表示了上述流程。

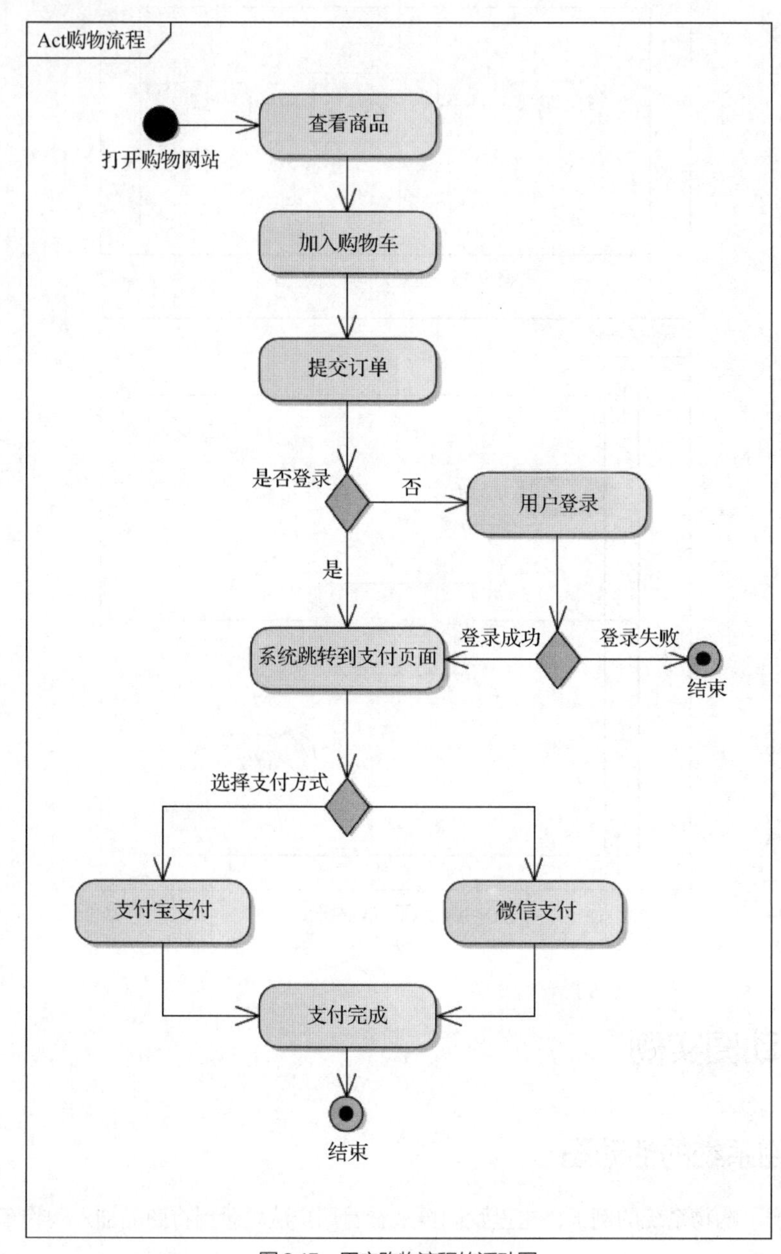


图 9-17　用户购物流程的活动图

## 9.3.2 ATM 取款的活动图

第 8 章讲解顺序图时，讨论了 ATM 取款的例子。这里我们回顾一下这个例子，看看如何用活动图来描述 ATM 取款的流程。ATM 取款流程如下：

（1）用户按“取款”按钮；

（2）ATM 显示取款界面，提示用户输入取款金额；

（3）用户输入取款金额；

（4）ATM 验证取款金额，如果超过 2500 元，提示一次取款不能超过 2500 元；如果当日取款总额超过 20000 元，提示超过当日取款限额；

（5）ATM 点钞；

（6）ATM 给银行反馈并生成交易信息；

（7）银行生成交易记录；

（8）ATM 送款到提取口；

（9）用户取款。

使用活动图也能比较清晰地呈现上述流程，如图 9-18 所示。

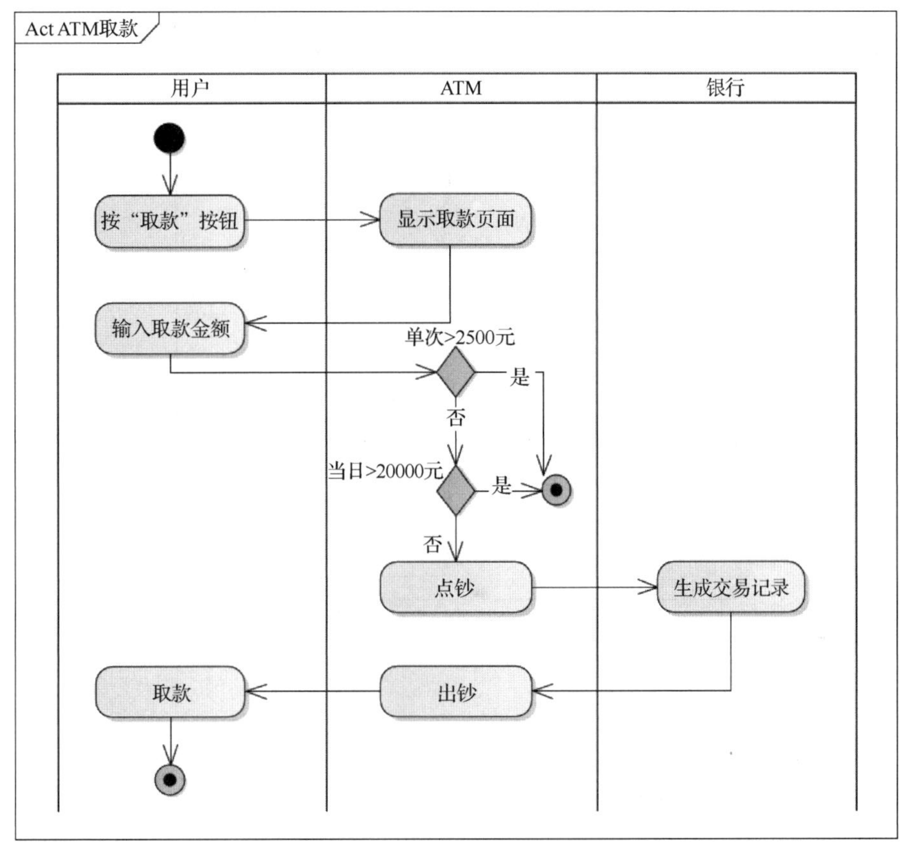


图 9-18　ATM 取款流程的活动图

## 9.3.3 更换代管老师的活动图

再回顾第 8 章更换代管老师的审批流程例子，之前的流程如下：

（1）学生提出更换代管老师申请；

（2）原代管老师同意更换；

（3）新代管老师同意更换；

（4）教务管理员复核并处理。

当学生提交更换代管老师申请后，事实上原代管老师和新代管老师是可以并行审批的，这样如果新的代管老师不同意更换，学生可以更早地联系其他代管老师。顺序图很难表示这种并发流程。活动图能比较清晰地呈现并发流程，如图 9-19 所示。

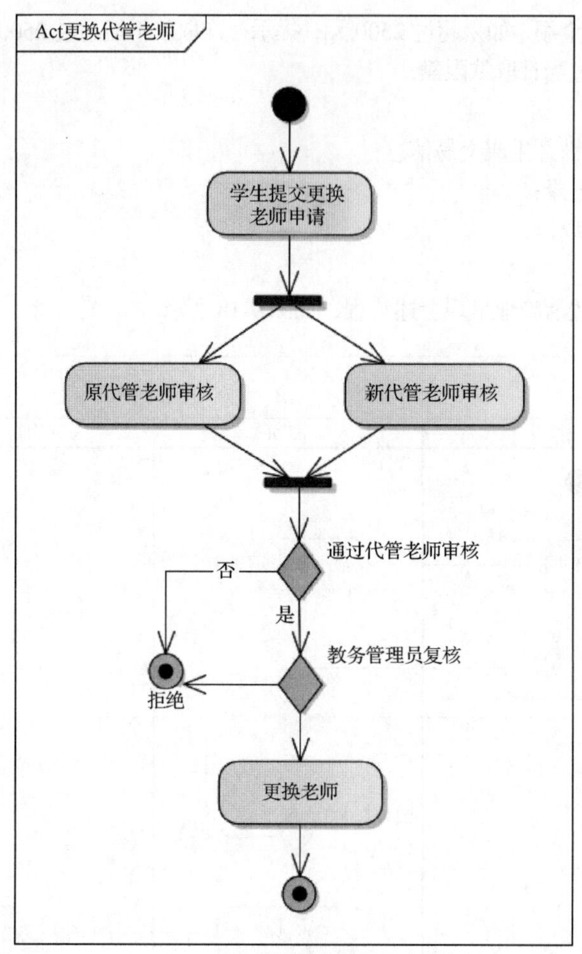


图 9-19　更换代管老师流程的活动图

# 9.4 本章小结

在需求分析中使用活动图的主要目的如下。

（1）描述用户与系统之间的业务流程或工作流。

（2）描述某一用例的具体步骤。

活动图中的主要元素如表 9-1 所示。

表 9-1　活动图中的主要元素

| 元素名称 | 说明 | 表示示例 |
| --- | --- | --- |
| 初始节点 | 活动的开始节点 | Act活动图<br>Activity Initial |

续表

| 元素名称 | 说明 | 表示示例 |
| --- | --- | --- |
| 流程终止节点 | 表示某个子流程的终止 | 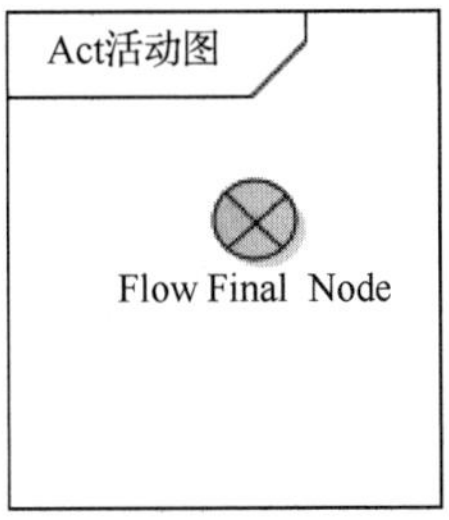 Act活动图<br>Flow Final Node |
| 活动终止节点 | 表示整个活动的终止 | 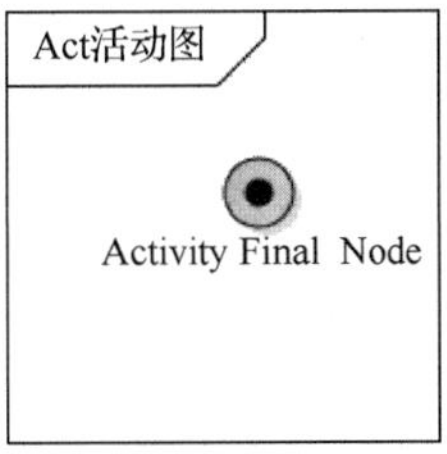 Act活动图<br>Activity Final Node |
| 动作状态 | 活动图中的单个操作步骤，是原子的 | 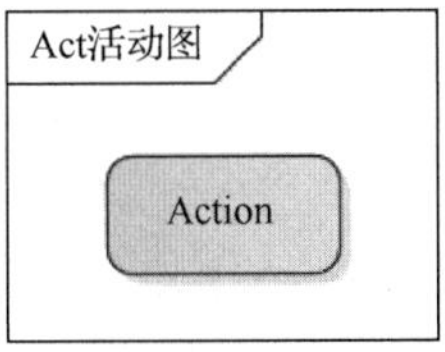 Act活动图<br>Action |
| 活动 | 活动是非原子的，活动的内部包含构成活动的所有操作、控制流和其他元素。活动还可以包含子活动 | 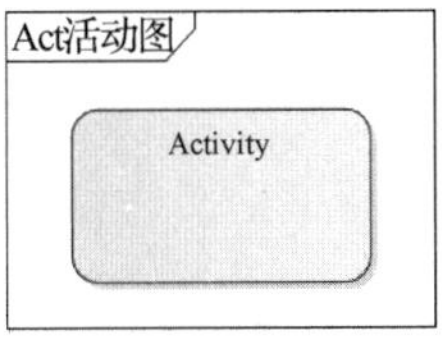 Act活动图<br>Activity |
| 对象 | 一个具体的实体或产品，如发票 | 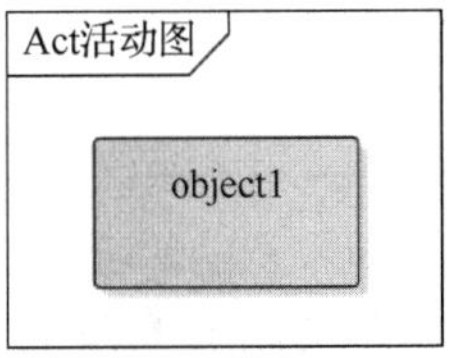 Act活动图<br>object1 |
| 数据存储对象 | 专门存储数据的对象 | 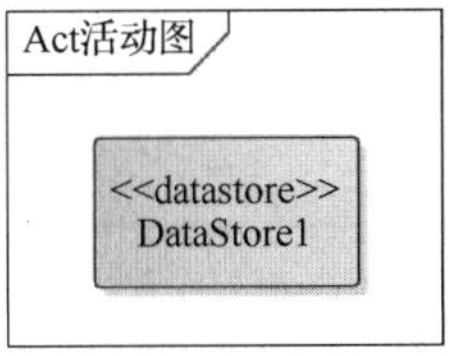 Act活动图<br><<datastore>><br>DataStore1 |
| 控制流 | 动作/活动之间的转换称为控制流，用带箭头的线表示，箭头的方向指向转入的方向 | 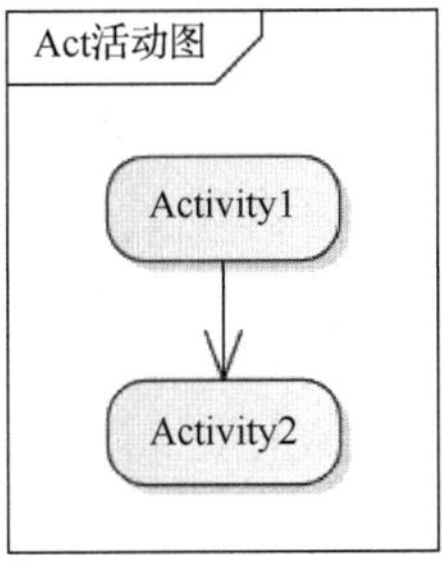 Act活动图<br>Activity1<br>Activity2 |

续表

| 元素名称 | 说明 | 表示示例 |
| --- | --- | --- |
| 对象流 | 对象流是动作状态或者活动与对象之间的依赖关系，对象流表示动作使用对象或者动作对对象的影响 | Act活动图 Activity Object |
| 分支与合并 | 主要用于判断，使用菱形框表示 | Act活动图 |
| 分叉与汇合 | 分叉用于将动作流分为两个或多个并发运行的分支，而汇合则用于同步这些并发分支 | Act活动图 |
| 泳道 | 泳道将活动图中的活动划分为若干组，并把每一组指定给负责相应活动的对象，可明确地表示哪些活动由哪些对象进行 | Act活动图 角色名 |

通过对本章的学习，读者能够提高对系统流程的把握能力，能够识别和建模用例场景中的活动和步骤，并能够利用活动图表达系统的控制流程和时序关系，描述业务流程中的活动、决策和并发执行等过程。

## 习题

1. 为以下流程绘制活动图。

（1）收到客户订单。

（2）商家发货。

（3）商家寄送发票。

（4）用户确认收到货物和发票。

（5）完成付款，订单关闭。

2. 重新绘制上述流程，将商家发货和商家寄送发票画成并发流程。

3. 在习题2的活动图中增加对象流。

4. 为用户设置新密码的流程创建活动图。

（1）用户单击“忘记密码”按钮。

（2）用户输入邮箱，用于设置新密码。

（3）系统发送验证信息到邮箱。

（4）用户登录邮箱单击找回密码的邮件中的超链接。超链接30min内有效，超过30min提示超链接失效，需重新发送验证信息。

（5）提示用户输入新密码。

（6）提示用户再次确认密码。

（7）如果两次输入的密码一致，则提示用户成功设置新密码；若两次输入的密码不一致，则提示用户重新输入密码。

5. 为习题4的活动图绘制泳道图。

6. 思考图书馆管理系统的借书流程，并绘制一个活动图，包括读者查询图书是否可借、发送借书请求、管理员验证图书可借、修改图书状态等步骤。

7. 思考在线订餐系统的下单流程，并绘制一个活动图，描述用户下单的过程，包括用户浏览菜单、选择菜品、系统计算订单总价、用户确认订单等步骤。

8. 假设有一个在线机票预订系统，请绘制一个活动图，描述用户完成机票预订的过程，包括用户搜索航班、选择航班、选择座位、输入乘客信息、系统生成订单、用户支付订单等步骤。

9. 假设有一个在线音乐播放器，请绘制一个活动图，描述用户搜索歌曲的过程，包括用户输入搜索关键字、系统查询歌曲库、返回搜索结果等步骤。

# 第10章 状态机图

顺序图和活动图对于流程分析很有帮助。但有的时候，如果流程围绕某一对象展开，我们可以选择用状态机图来进行分析。

状态机图主要用于描述一个对象在其生存期间的动态行为，表现为一个对象所经历的状态序列、引起状态转移的事件，以及因状态转移而伴随的动作。

## 本章学习目标

（1）了解状态机图的基本概念及使用场景。

（2）掌握状态机图的基本元素及表示方法。

（3）了解状态机图与顺序图、活动图的关系，能够综合运用不同的建模工具进行需求分析。

## 10.1 状态机图简介

状态机图简介

状态机图也属于 UML 图的行为图，用于对系统的动态行为进行建模。状态机图通常用于描述对象状态的相关行为，对象根据其所处的状态对同一事件做出不同的响应。状态机图主要由状态和状态转移组成。

### 10.1.1 状态

状态是对象生命周期中的约束或情况，在该约束成立时，对象执行活动或等待事件。状态用圆角矩形表示，如图 10-1 所示。

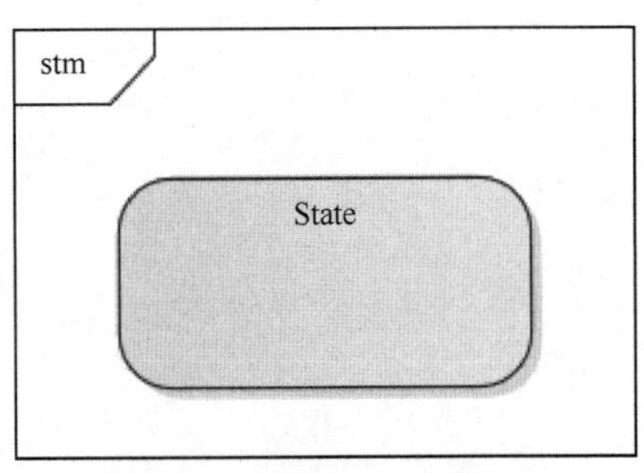


图 10-1 状态机图中的状态

状态机图中的初始状态用实心圆点表示，如图 10-2 所示。结束状态用带点的圆圈表示，如图 10-3 所示。

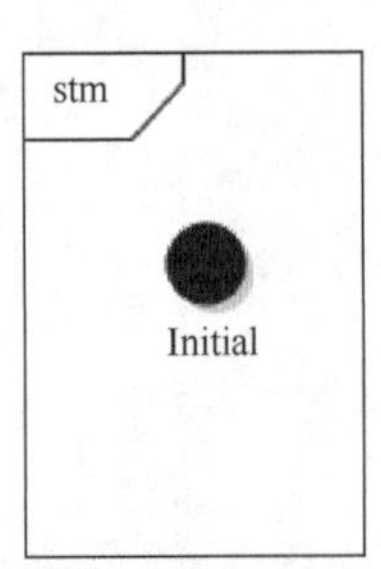


图 10-2 初始状态

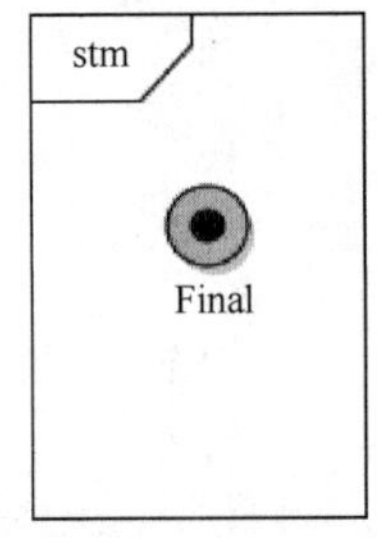


图 10-3 结束状态

## 10.1.2 状态转移

状态转移是两个状态之间的一种关系，表示对象将在原状态下执行一定的动作，并在某个特定事件发生或某个特定的条件满足时进入目标状态。

状态转移可以有一个触发器（Trigger）、一个触发条件（Guard）和一个结果（Effect），如图 10-4 所示。

触发器：转移的诱因，可以是一个信号（事件、条件变化和时间表达式）。

触发条件：当条件满足时，事件才会引发转移。

结果：对象状态转移后的结果。

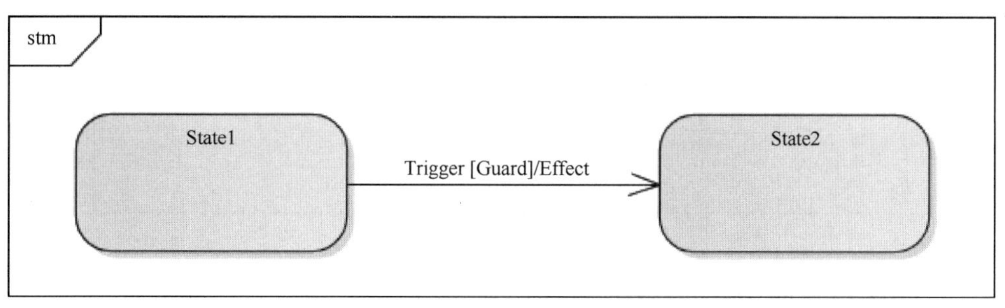


图 10-4　状态转移

## 10.1.3 自转移

状态可以有返回自身状态的转移，称为自转移（Self-Transition）。图 10-5 所示为 2s 后 poll input 事件执行，状态转移到自身状态的示例。

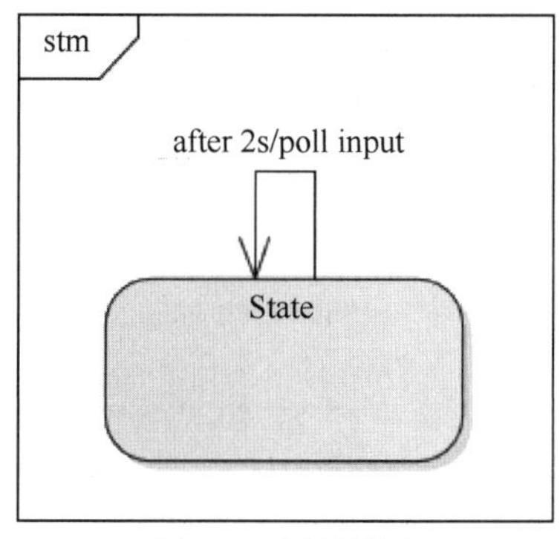


图 10-5　自转移状态

# 10.2 状态机图实例

## 10.2.1 用户登录的状态机图

用户使用 ATM 取款时需要先输入密码，验证登录。一般可以尝试输入 3 次密码，如果 3 次密码都输错，银行卡会被锁定。用户登录的状态机图如图 10-6 所示。

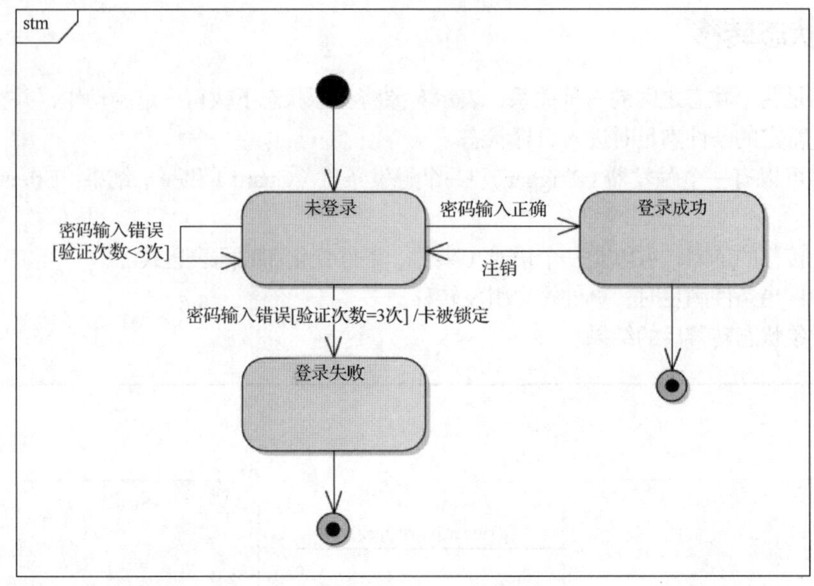


图 10-6 用户登录的状态机图

### 10.2.2 毕设论文评审的状态机图

毕设系统中学生在提交毕设论文后有一个评审流程，大致如下。

（1）学生上传毕设论文。

（2）学生未提交论文前可以更新论文。

（3）学生单击“提交”按钮提交毕设论文。

（4）代管老师对毕设论文进行初审。

（5）评审专家对学生论文进行复核，如果发现论文严重不合格则可以直接不通过或者退回给代管老师重新审核；如果论文基本合格，只是有少部分需要修改可以直接退回给学生。

毕设论文评审的状态机图如图 10-7 所示。

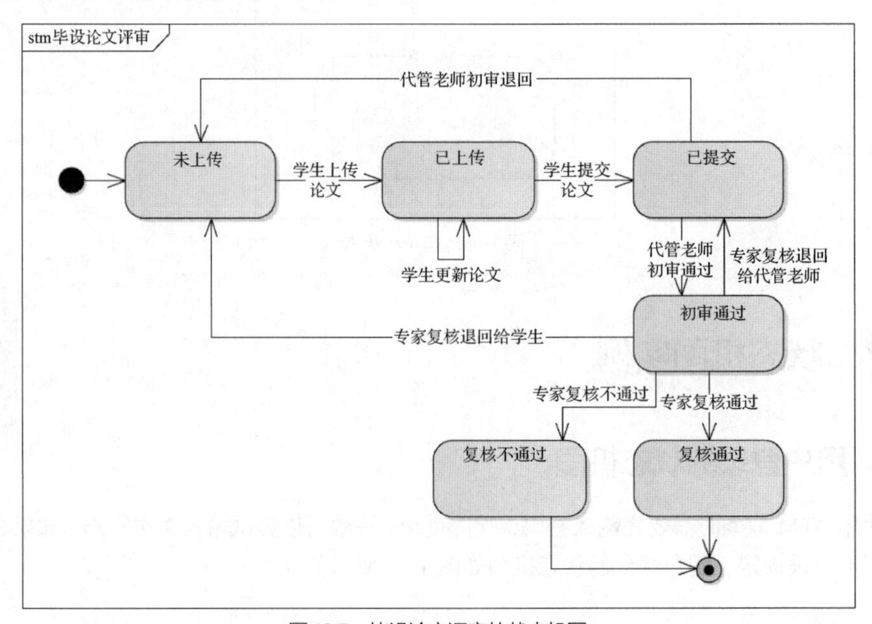


图 10-7 毕设论文评审的状态机图

状态表

# 10.3 状态表

状态机图能够直观地表达状态之间转移的过程，但是如果对象的状态较多，状态机图可能会遗漏一些状态之间的转移。状态表则可以帮助你查漏补缺，协助你思考对象的每一个状态和可能的状态转移。

状态表以表格的形式显示状态机图中的信息。行表示某一个状态，列表示下一个状态，行和列交叉处的单元格表示状态的转移。在有状态转移的单元格中添加一条横线，没有状态转移的单元格则保持空白。

状态转移时的触发器、触发条件和结果可以在单元格中显示。一般将触发器和触发条件写在横线上方，触发条件用方括号括起来，转移的结果写在横线的下方。表 10-1 所示为登录状态的转移表，表 10-2 所示为毕设论文评审状态的转移表。

**表 10-1　登录状态转移表**

| 状态 | 下一状态 | | |
|---|---|---|---|
| | 未登录 | 登录成功 | 登录失败 |
| 未登录 | 密码输入错误<br>[验证次数<3 次] | 密码输入正确 | 密码输入错误<br>[验证次数=3 次]<br>卡被锁定 |
| 登录成功 | 注销 | | |
| 登录失败 | | | |

**表 10-2　毕设论文评审状态转移表**

| 状态 | 下一状态 | | | | | |
|---|---|---|---|---|---|---|
| | 未上传 | 已上传 | 已提交 | 初审通过 | 复核通过 | 复核不通过 |
| 未上传 | | 学生上传论文 | | | | |
| 已上传 | | 学生更新论文 | 学生提交论文 | | | |
| 已提交 | 初审退回 | | | 初审通过 | | |
| 初审通过 | 复核退回<br>学生修改论文 | | 复核退回<br>代管老师重审 | | 复核通过 | 复核不通过 |
| 复核通过 | | | | | | |
| 复核不通过 | | | | | | |

顺序图、活动图和状态机图比较

# 10.4 顺序图、活动图和状态机图比较

顺序图、活动图和状态机图是 UML 流程分析中常用的 3 种图。在进行流程分析

时，读者可以根据需要选择合适的图。图 10-8、图 10-9、图 10-7 分别使用顺序图、活动图和状态机图展示了毕设论文的评审流程。

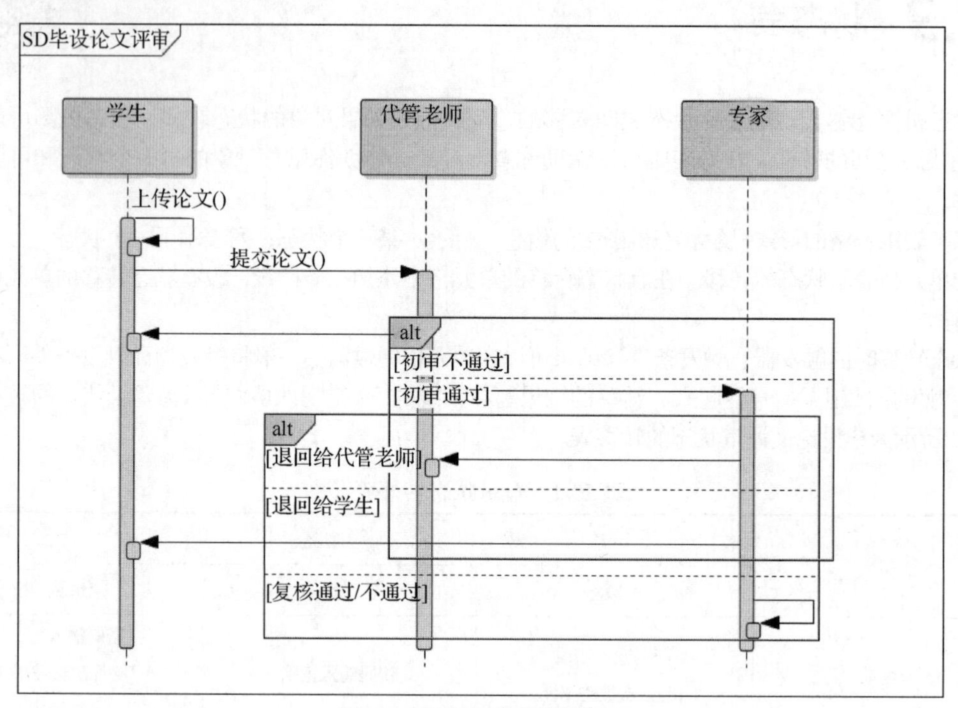


图 10-8　毕设论文评审的顺序图

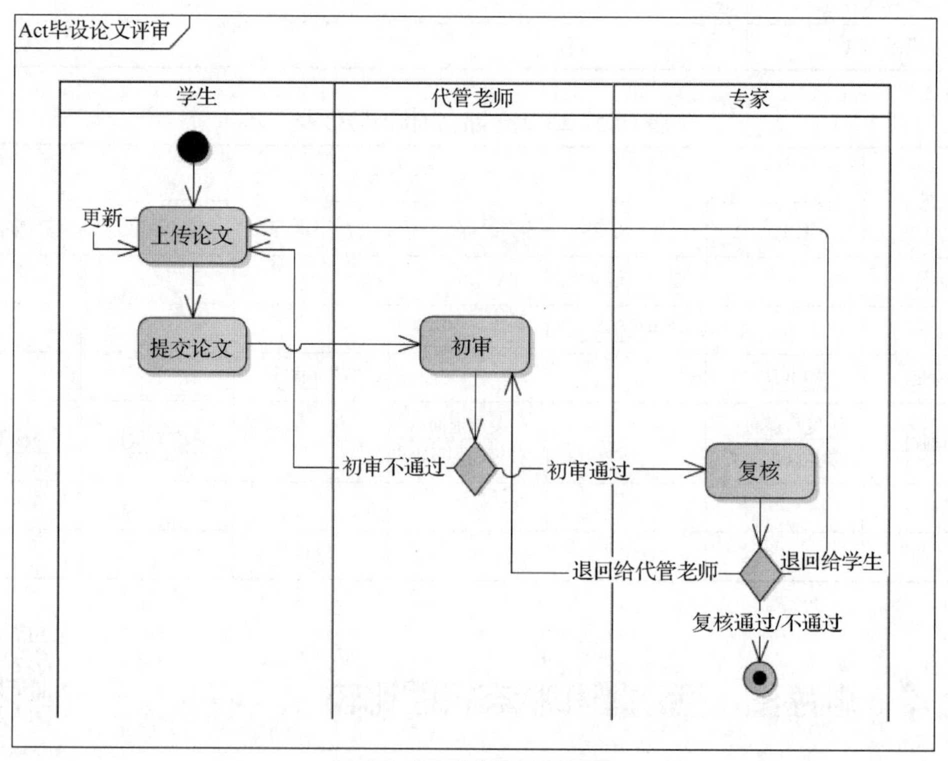


图 10-9　毕设论文评审的活动图

无论使用哪一种图，我们都应该先明确流程涉及的对象，以及流程中的消息或状态的转移。

顺序图适用于展示主要流程，显示对象与对象之间的通信、什么消息会触发这些通信。顺序图不擅于显示复杂的过程逻辑。如毕设论文的评审，以上顺序图仅展示了主要的流程，而对于代管老师再次审核的流程是没有体现的。用户可以尝试画一下这部分流程，这样可能会让顺序图显得非常臃肿。

活动图侧重从行为的动作描述整个流程，着重表现从一个活动到另一个活动的控制流。加入泳道的活动图，除了能清楚展示整个流程的活动，还能展示哪些活动属于哪些角色，适用于绝大部分流程分析。如毕设论文的评审，使用活动图能清楚展示各角色涉及的活动，以及活动间的转移，但是无法显示出毕设论文的所有状态，这时可以用状态机图作为补充。

状态机图围绕某一对象展开，侧重从行为的结果描述整个流程。例如毕设论文的评审，围绕“毕设论文”展开，使用状态机图进行分析能够很清楚地了解“毕设论文”涉及的所有状态以及不同状态间的转移。

## 10.5 本章小结

状态机图主要用于描述一个对象在其生存期间的动态行为，表现为一个对象所经历的状态序列、引起状态转移的事件，以及因状态转移而伴随的动作。表 10-3 列举了状态机图的主要元素。

表 10-3 状态机图的主要元素

| 元素名称 | 说明 | 表示示例 |
| --- | --- | --- |
| 初始状态 | 对象的初始状态 | stm<br>Initial |
| 结束状态 | 对象的结束状态 | stm<br>Final |
| 状态 | 对象的状态变化 | stm<br>State |

续表

| 元素名称 | 说明 | 表示示例 |
| --- | --- | --- |
| 状态转移 | 两个状态之间的一种关系，表示对象在原状态下执行一定的动作，并在某个特定事件发生或某个特定的条件满足时进入目标状态 | State1<br>Trigger [Guard] /Effect<br>State2 |
| 自转移 | 一种特殊的状态转移，状态通过转移返回自身状态 | stm<br>after 2s/poll input<br>State |

通过对本章的学习，读者可以掌握状态机图的基本元素和绘制方法，理解状态机图和状态表在表达状态转移时的区别与联系，还可以结合顺序图、活动图完成对具有复杂状态变化的对象和流程的分析。

## 习题

1. 为实验教学管理系统的账号创建状态机图。

（1）实验教学管理系统的账号是根据学生的学号批量创建的，新创建后处于“未使用”状态。

（2）学生首次登录使用的是“身份证号码后 4 位+学号后 4 位”，登录成功后强制要求修改密码，修改后账号为“使用中”状态。

（3）学生以后登录如果连续 3 次输入密码错误，账号会被设置为“锁定”状态，不能登录。15min 后可以再次尝试登录。

（4）学生毕业以后，将账号置为“已删除”状态。

2. 为习题 1 所述实验教学管理系统的账号创建对应的状态表。

3. 为用户订单创建状态机图。

（1）用户新建订单，订单处于“已创建”状态。

（2）用户提交后，订单处于“已提交，待支付”状态。

（3）用户支付后，订单处于“已支付，待发货”状态。

（4）商家发货以后，订单处于“已发货，待签收”状态。

（5）用户签收以后，订单处于“完成”状态。

4. 考虑习题 3 中（2）的订单状态，增加如下异常处理流程中的订单状态。

（1）用户提交后半个小时未支付，则订单失效。

（2）用户退货。

5. 为习题4所述订单状态创建对应的状态表。

6. 思考图书馆管理系统的图书状态转移，并绘制一个状态机图，应该至少包含未借出、已预定、已借出、已逾期等状态。

7. 思考在线订餐系统的订单状态转移，并绘制一个状态机图，应该至少包含订单未提交、订单已提交、商家准备中、配送员已接单、配送中、配送完成等状态。

8. 思考在线订餐系统中评论模块的状态转移，并绘制一个状态机图，应该至少包含未评论、评论未提交、评论已提交、评论完成等状态。

# 第3篇

# 数据需求

软件以很多方式来操作数据，从而为用户提供价值。可以说哪里有功能，哪里就有数据。如果开发到了后期才发现由于数据需求分析做得不到位，需要重新更改数据库的设计，不但会让产品、开发的相关人员都感到非常痛苦，而且会延迟产品的交付。

本篇围绕数据需求讲述软件需求分析中常见的数据分析方法。第 11 章将介绍 3 种数据模型，实体关系模型、RML 中的业务数据图以及 UML 中的类图都可以用来描述系统中的数据实体、属性和它们之间的关系，帮助读者厘清数据范围和数据关系。第 12 章将介绍的数据流图用于描述系统中数据的流动，以及数据处理的过程。借助数据流图进行流程分析，能够更清晰地显示数据是如何在流程之间流过并被这些流程改变的，从而可让人更好地理解流程中数据处理的过程，并能发现缺少的流程。第 13 章将介绍的数据字典是数据实体的详细信息集合。它详细记录了数据元素的字段名、数据类型、数据长度、默认值、有效值等。借助数据字典可以更有效地管理和使用数据，为后续的系统开发、数据库设计、数据分析等工作奠定基础。

学习完本篇希望读者能够识别和描述系统中的数据实体、属性、关系和数据流，理解它们之间的关系和交互过程。借助数据建模的可视化工具可帮助团队成员和利益相关者进行有效的沟通和合作，以获取准确的数据需求。

# 第11章 数据建模

在数据需求分析过程中，一条主线是厘清数据范围和数据关系，也就是哪些数据要纳入软件中、它们之间的关系是什么，而数据建模正是解决这两个问题的关键。数据建模是对现实世界中对象的可视化表示。实体关系模型、RML 中的业务数据图、UML 中的类图都可以用于数据建模。

## 本章学习目标

（1）学习实体关系模型的基本概念和绘制方法。
（2）了解 RML 中的业务数据图和业务数据示例图的相关概念及表示方法。
（3）掌握 UML 中的类图的绘制流程及表示方法。

实体关系模型

## 11.1 实体关系模型

实体关系模型（Entity–Relationship Model）由美籍华裔计算机科学家陈品山在 1976 年的一篇论文中提出。

实体关系模型是概念数据模型的高层描述所使用的数据模型。该模型主要用于定义和描述业务领域中的数据实体及实体之间的关联关系。实体关系模型中包含三大组件：实体、关系、属性。

### 11.1.1 实体

实体可以定义为能够独立存在、能够被唯一标识的事物。实体可以是物理对象，如房子或汽车（它们在物理上存在）；实体也可以是事件，如房屋销售或汽车服务；实体还可以是概念，如客户交易或订单（它们作为一个概念在逻辑上存在）。

实体最终可以对应到数据库中的数据表。实体一般是名词，如公司、计算机、员工、部门、课程、学生、老师等。

实体通常用矩形框表示，如图 11-1 所示。

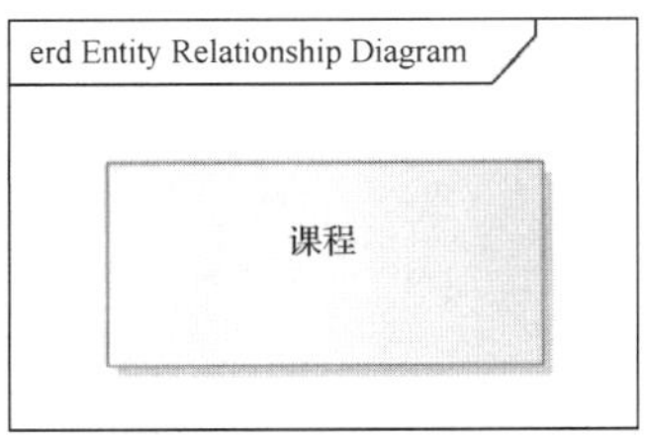


图 11-1　课程实体

实体的具体对象称为实例，每个实例对应实体中的一条记录。例如一门特定的课程是一个实例，所有课程的集合是一个实体。

## 11.1.2 关系

关系表示实体如何相互关联。关系可以被认为是动词，用于连接两个或多个名词。例如公司与计算机之间的拥有关系，员工与部门之间的监督关系，学生与课程之间的学习关系，老师与课程之间的教授关系等。

关系之间还有一个重要的概念：基数。其用于显示实体关系间的对应类型。常见的类型有一对一、一对多、多对多。

关系和关系基数有多种绘制方式。关系可以用菱形框表示，菱形框内写明关系名，并连接两个实体。关系基数一般标注在线上，可以用数字“1”表示 1 个；字母“*n*”或符号“*”表示多个。

**1．一对一的关系（1：1）**

一对一的关系表示一个实体类中的单个实例与另一个实体类中的单个实例相关，如图 11-2 所示。例如“每个学生占一个座位，一个座位只分配给一个学生”。

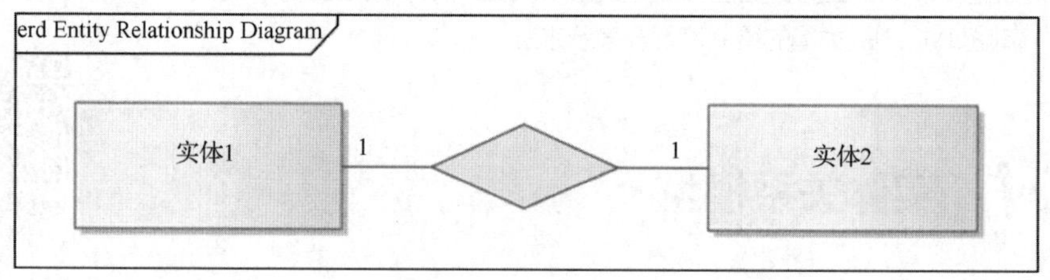


图 11-2　一对一的关系

**2．一对多的关系（1：*n*）**

一对多的关系表示一个实体类中的单个实例与另一个实体类中的多个实例相关，如图 11-3 所示。例如“一名教师可以教授多门课程，但一门课程只能由一名教师教授”。

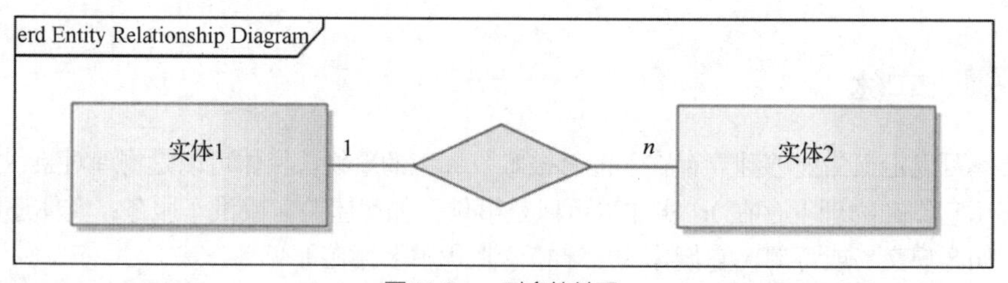


图 11-3　一对多的关系

**3．多对多的关系（*n*：*n*）**

多对多的关系表示一个实体类中的每个实例都与另一个实体类中的多个实例相关，如图 11-4 所示。

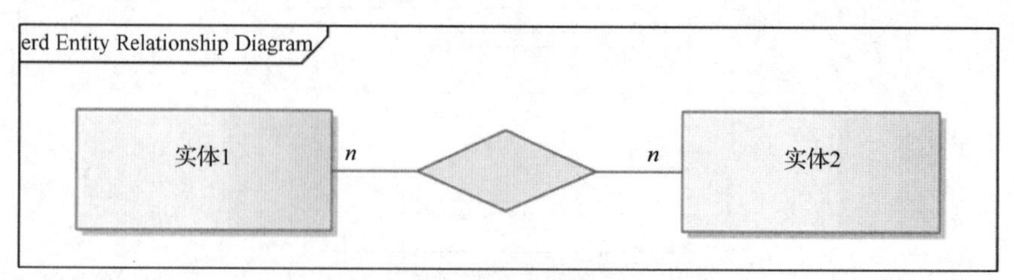


图 11-4　多对多的关系

例如“每个学生可以上很多课，每节课可以有很多学生参与”“每个消费者可以购买很多产品，每个产品可以被很多消费者购买”。

## 11.1.3 属性

实体和关系都可以有属性，属性是实体或关系的描述。例如课程有课程号、课程名、学时等属性。选课关系也可以有属性，如选课的时间、是否重修等属性。属性通常用椭圆形表示，如图 11-5 所示。

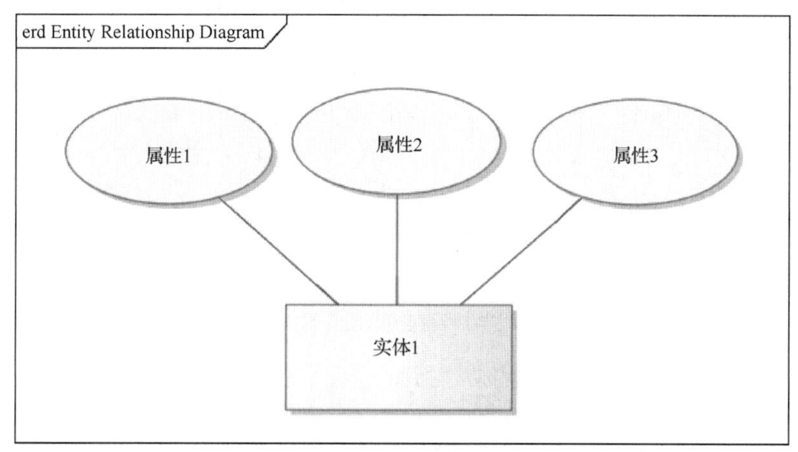


图 11-5 属性示例

## 11.1.4 实体关系模型实例

图 11-6 是学生课程信息的部分实体关系图。该图中用“*n*”表示多个，每门课程可以有多名选课学生，每名学生也可以选择多门课程，课程与学生之间是多对多的关系。每门课程也可以有多名授课老师，每名老师也可以教多门课程，课程与老师之间也是多对多的关系。课程、学生、老师以及他们之间的关系都可以有属性，图 11-6 只显示了部分属性。如果属性太多，实体关系图会显得很臃肿。

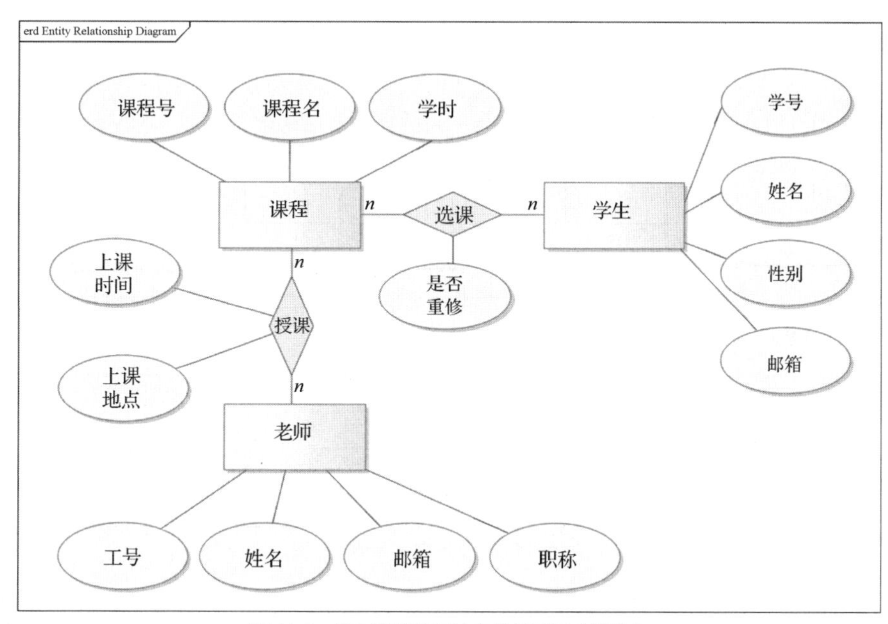


图 11-6 学生课程信息的实体关系图（部分）

# 11.2 RML 中的业务数据图

RML 中的业务数据图与实体关系图非常相似，但是业务数据图更强调概念性的数据模型，从企业干系人的角度显示业务数据对象。在业务数据图中，实体被称作业务数据对象。图 11-7 是学生课程信息的业务数据图示例。数据对象依然用矩形框表示。数据对象之间的基数关系用数字或字母表示，如“1”表示一个、“*n*”表示多个。课程与学生之间是多对多的关系，学生与成绩之间是一对一的关系。

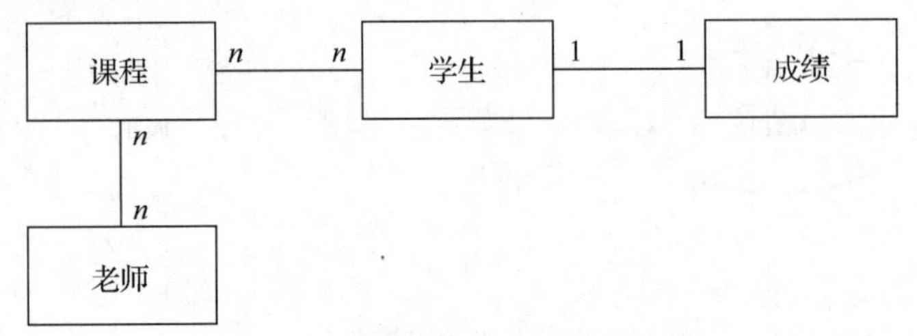


图 11-7　学生课程信息的业务数据图示例

在接触一个新项目时，你可能会发现你接触到的企业干系人用了很多术语，但是这些术语对你来说可能是完全陌生的。在明白企业干系人都在谈论的对象之前，你不可能专注于具体的需求。而业务数据图能帮助你明确地把企业干系人谈论的话题联系在一起。

业务数据还有一种表现形式——业务数据示例图。在业务数据示例图中，矩形框代表业务数据对象的实际或假想的例子，不使用基数标签标识相关对象的数量，而是使用连线的数量表示相关对象的数量，以明确映射对象间的关系。例如，一条线连接到一个方框意味着一对一的关系。从一个对象出来的多条线代表一对多的关系。图 11-8 所示为一张业务数据示例图，显示了老师、课程、学生和成绩间的关系（可能需要在方框旁边添加标签以明确对象类型）。在单一业务数据示例图中，枚举所有的数据对象关系会变得复杂和难以处理。

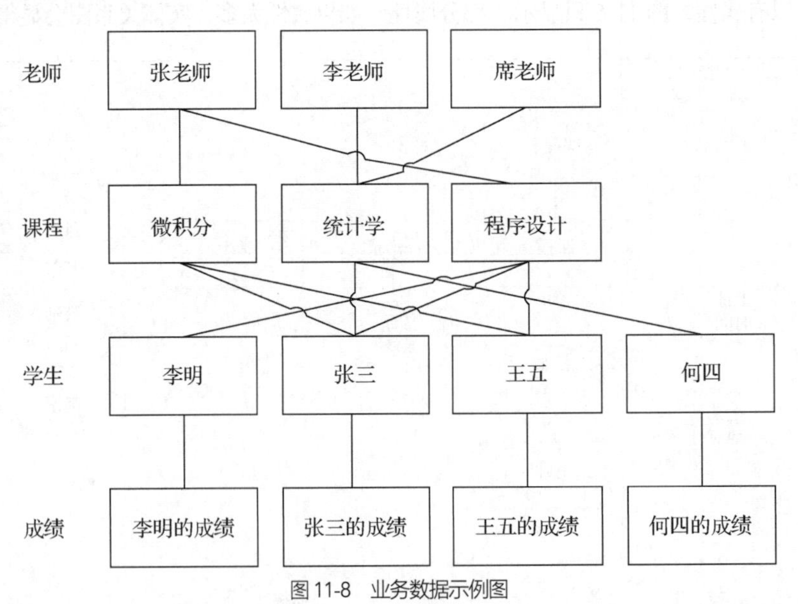


图 11-8　业务数据示例图

业务数据图是为了显示核心业务数据对象，而不是数据库的架构，因此没有属性的概念。在需求分析之初，这样可以让需求分析师专注于核心的业务数据对象。但随着需求的深入，还是需要用其他模型来补充业务数据对象的属性信息。

# 11.3 UML 中的类图

类图是 UML 中的一种静态结构图，它通过显示系统的类的集合，类的属性、操作（或方法）以及类之间的关系来描述系统的结构。

类图是系统的蓝图。使用类图可以对组成系统的各个对象建模、显示对象之间的关系以及描述这些对象执行的操作和它们提供的服务。类图在需求分析和系统设计的许多阶段都很有用。在需求分析阶段，类图可以帮助你了解系统涉及的对象并识别它们之间的关系。

## 11.3.1 类图的基本元素

图 11-9 所示为只有一个类的类图，这应该是最简单的类图了。

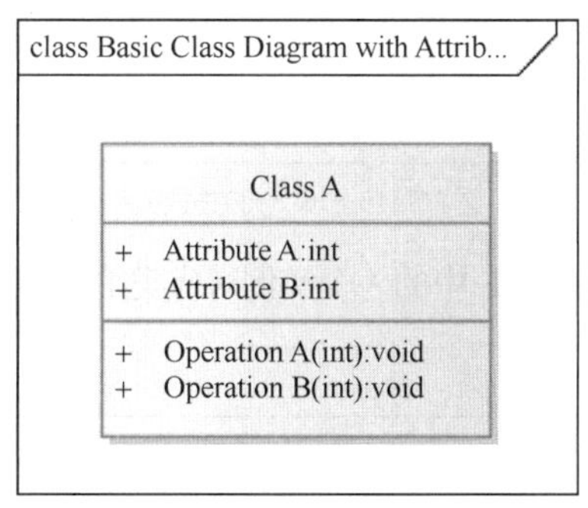


图 11-9 类图示例

类用矩形框表示。一般类由 3 个部分组成：类的名称、类的属性和类的方法。

（1）类的名称：类的名称出现在第一个分区中。

（2）类的属性：属性显示在第二个分区中，由属性名称和冒号后面的属性类型组成。

（3）类的方法：类的方法显示在第三个分区中，是为类提供的服务。类的方法由方法名称、方法的参数和方法的返回类型组成。

在面向对象的设计中，属性和方法前有一个可见性符号。“+”表示公有的，对应 public 关键字；“-”表示私有的，对应 private 关键字；“#”表示受保护的，对应 protected 关键字。

在需求分析阶段，表示一个类时，可以只显示类名，也可以只显示类名和属性。类属性中的属性类型和可见性在需求分析阶段可暂时不探讨，可见性默认使用 public 即可。

当然一个类图通常不止有一个类，当有多个类存在的时候，我们就要考虑类之间的关系如何来表示了。

## 11.3.2 类间关系

### 1. 关联关系

假设有 A、B 两个类，它们之间有关系，但又不能确定是什么样的关系，此时可以把 A、B 两个类先用直线连接起来。这个“直线”关系其实就是关联关系，如图 11-10 所示。

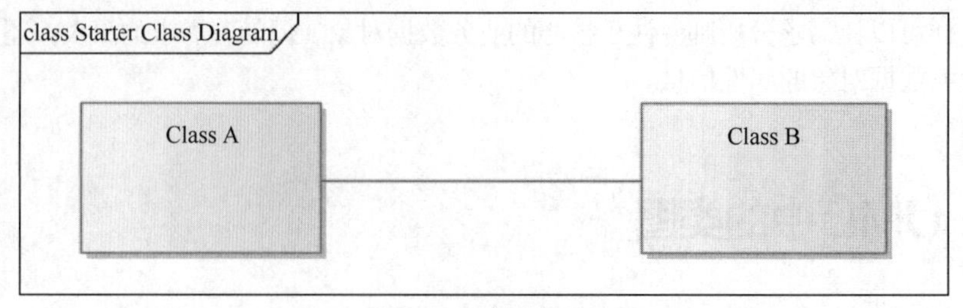


图 11-10　关联关系

在软件需求分析中，常常使用关联关系表示两个类之间有联系。随着对业务理解的逐渐深入，这个联系将被赋予更多的信息。

C、D 两个类用一条直线相连，在直线的两端各有一个数字 1，表示类 C 与类 D 是一对一的关系，类 C 中的一个实例对应类 D 中的一个实例，如图 11-11 所示。这跟我们前面介绍的基数是相同的概念。

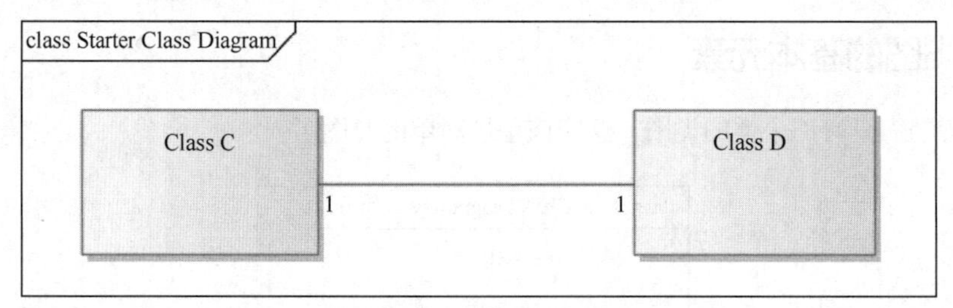


图 11-11　一对一的关联关系

类 E 与类 F 是一对多的关系，类 E 中的一个实例对应类 F 中的 0 到多个实例，*表示 0 到多个，如图 11-12 所示。

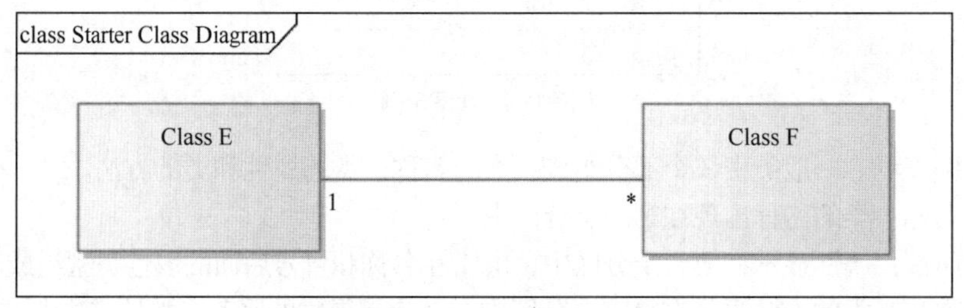


图 11-12　一对多的关联关系

类 G 中的一个实例对应类 H 中的 0 到 3 个实例，如图 11-13 所示。“0..3”表示 0 到 3 个，“1..4”表示 1 到 4 个，“*x*..*y*”表示 *x* 到 *y* 个，注意 *x* 与 *y* 之间应该有“..”。

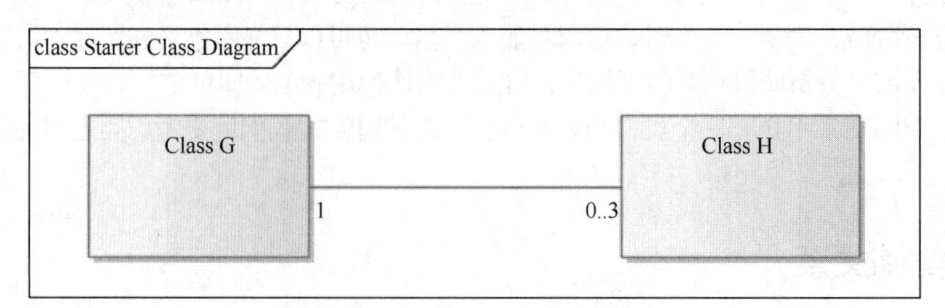


图 11-13　一对“0..3”的关联关系

类 I 与类 J 是多对多的关系，类 I 中的一个实例对应类 J 中的多个实例，类 J 中的一个实例也对应类 I 中的多个实例，如图 11-14 所示。

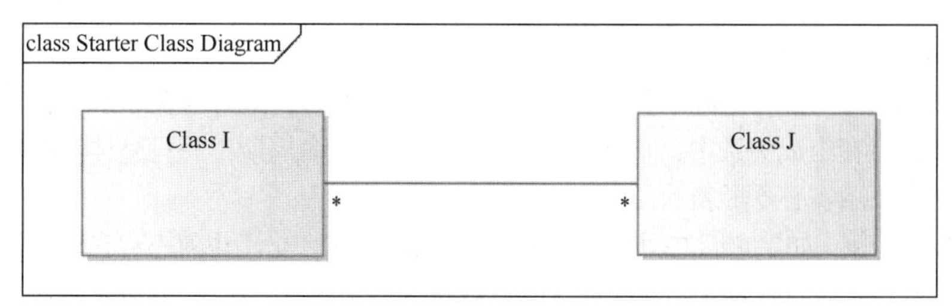


图 11-14 多对多的关联关系

K 与 L 之间有关系，在这个关系中 K 的身份是上司，L 的身份是下属，如图 11-15 所示。我们可以在线条的两端标记两者分别为什么角色。

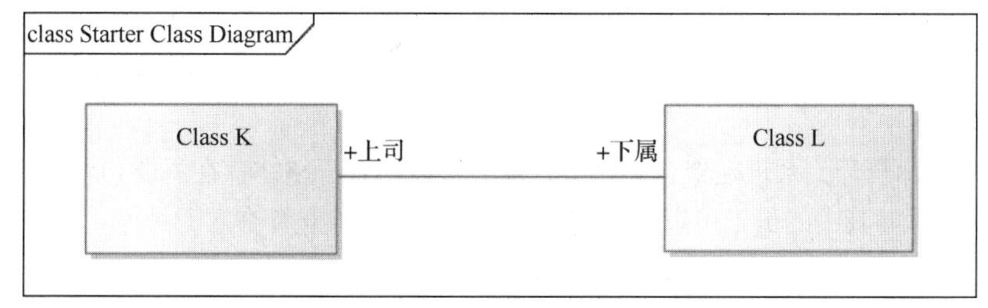


图 11-15 上司对下属的关联关系

如果给这条直线加上箭头（见图 11-16），又表示什么意思呢?

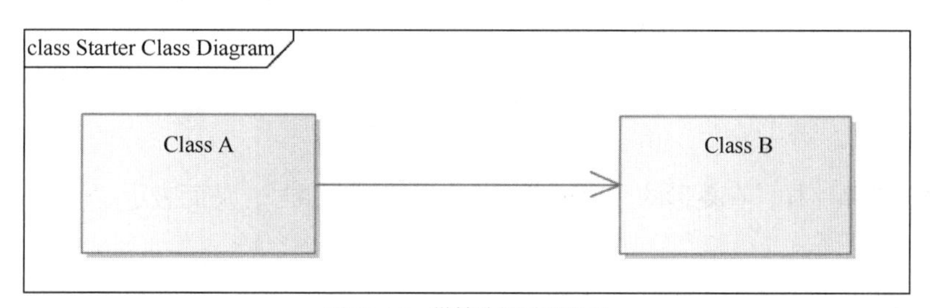


图 11-16 带箭头的关联关系

从这个箭头方向我们可以来猜测一下，通过 A 可以到 B 那边去。这就如同面向对象的代码（例如语言为 Java），假设有一个类 A，其中有一个成员变量是类 B 的引用，也就是说通过类 A 可以引用类 B，这个关系就是这个箭头的含义。但这是代码层面的含义，在需求分析中，这个含义又是什么呢?

把类 A 和类 B 形象化，考虑交请假条的例子，涉及请假条和请假人两个类，请假条上会列明是谁请的假，所以通过请假条可以找到对应的请假人，如图 11-17 所示。

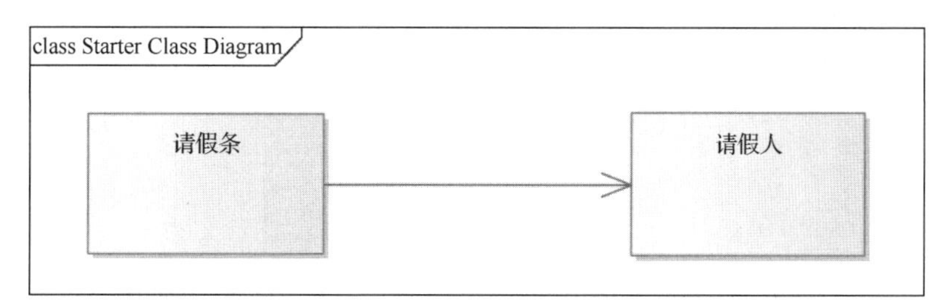


图 11-17 带箭头的关联关系示例

进行业务分析的时候，往往会发现由业务对象 A 可找到对象 B，这时可以使用带箭头的线条。

关联关系是最常见的业务概念间关系。如果业务系统比较复杂，我们可以将直线绘制成折线，从而方便进行排版。

**2．包含关系**

包含关系表示整体与部分之间的关系，包含关系又分为两种：强包含关系和弱包含关系。强包含关系又称组成关系。在组成关系中，整体和部分具有一致的生命周期，一旦整体不存在，部分也就不存在了。强包含关系用实心菱形表示。

以部门和员工为例，如果它们之间是强包含关系，部门消失，员工也就不存在了，如图 11-18 所示。

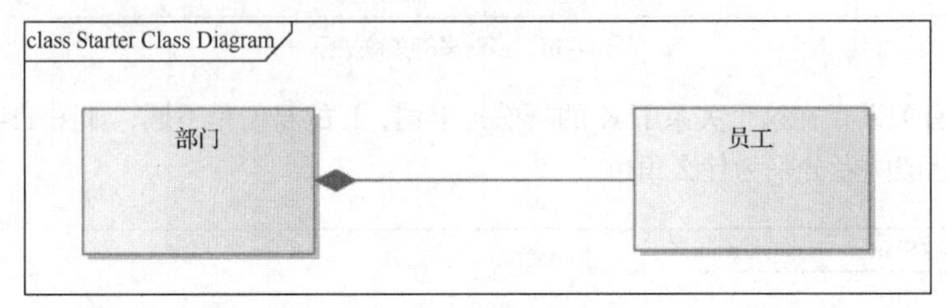


图 11-18　强包含关系

弱包含关系又称聚合关系。在聚合关系中，部分可以独立于整体存在。弱包含关系用空心菱形表示，如图 11-19 所示。其中的员工可以在部门不存在的情况下独立存在。

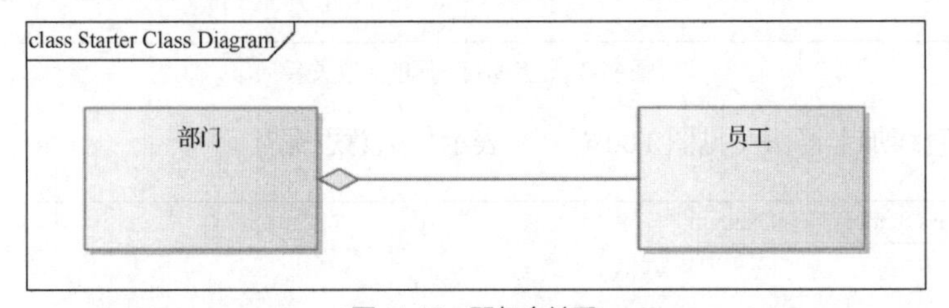


图 11-19　弱包含关系

跟“关联”关系一样，在菱形的两边也可以加上数字或者星号，从而表示“包含”两边的数量对应关系。

**3．继承关系**

在继承关系中，子类继承父类的所有功能。除此以外，子类还可以包含其他功能。继承关系用带箭头的直线表示。

毕设管理系统中学生、老师都是系统的用户，都具有用户共有的属性，如账号、密码等。但是学生还包含学籍信息，老师还包含职称信息等。我们可以使用继承关系来描述用户、学生与老师之间的关系，如图 11-20 所示。

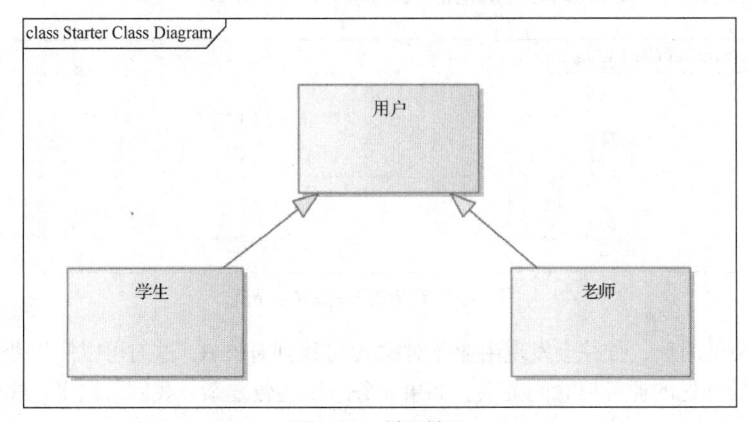


图 11-20　继承关系

**4．依赖关系**

依赖关系是一种“使用”关系。一个特定对象的变化可能会影响其他使用它的对象。一般在需要指示一个对象使用另一个对象时使用依赖关系。例如，汽车依赖汽油。如果没有汽油，汽车将无法行驶。依赖关系用带箭头的虚线表示，注意将之与关联关系带箭头的实线区分开来，如图 11-21 所示。

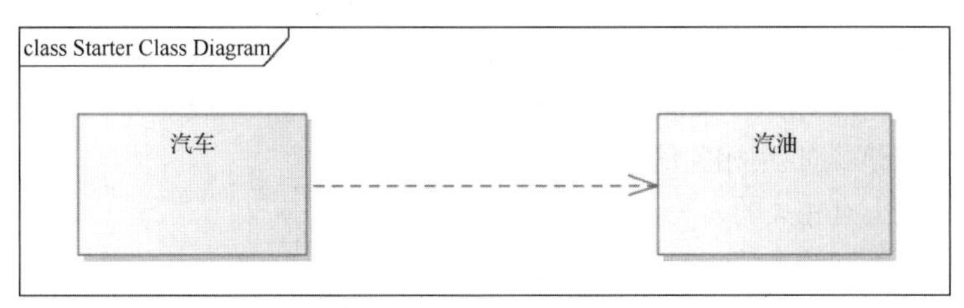


图 11-21　依赖关系

所谓的依赖关系，依赖程度是相对而言的。在业务逻辑中，一个对象需要另一个对象协助完成，就算是一种依赖。

## 11.3.3 创建类图

### 11.3.3.1　创建类图的常见分析方法

**1．流程分析法**

数据建模的流程分析法首先对单个业务流程识别过程数据，然后遍历所有业务流程，最后合并修改出一个完整的类图，如图 11-22 所示。

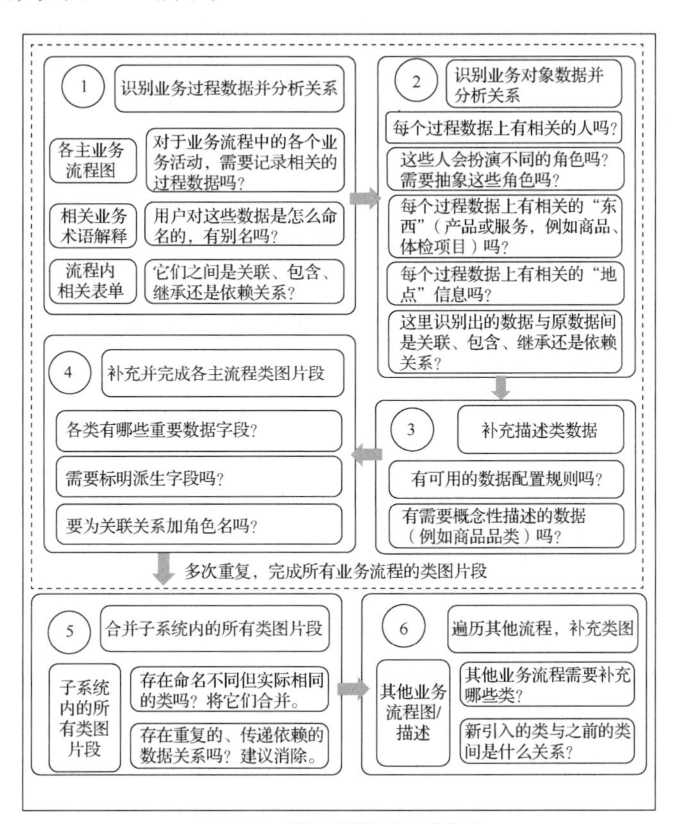


图 11-22　数据建模的流程分析法

（1）识别业务过程数据并分析关系：分析业务中记录的过程数据；掌握这些数据的专业术语以及命名方式；归纳这些数据之间的关系。我们可以通过以下问题收集相关信息。

① 对于业务流程中的各个业务活动，需要记录相关的过程数据吗？

② 用户对这些数据是怎么命名的，有别名吗？

③ 流程内相关的表单之间是关联、包含、继承还是依赖关系？

（2）识别业务对象数据并分析关系：归纳业务过程中涉及的相关人，将这些相关人抽象成业务对象；归纳业务过程中涉及的物（例如商品、模型文件）并将它们抽象成业务对象；归纳数据之间的关系。我们可以通过以下问题收集相关信息。

① 每个过程数据上有相关的人吗？

② 这些人会扮演不同的角色吗？需要抽象这些角色吗？

③ 每个过程数据上有相关的"东西"（产品或服务，例如商品、体检项目）吗？

④ 每个过程数据上有相关的"地点"信息吗？

⑤ 这里识别出的数据与原数据间是关联、包含、继承还是依赖关系？

（3）补充描述类数据：归纳业务中涉及的规则类数据；归纳描述性数据（例如商品品类）。我们可以通过以下问题收集相关信息。

① 有可用的数据配置规则吗？

② 有需要概念性描述的数据（例如商品品类）吗？

（4）补充并完成各主流程类图片段。我们可以通过以下问题收集相关信息。

① 各类有哪些重要数据字段？

② 需要标明派生字段吗？

③ 要为关联关系添加角色名吗？

（5）合并子系统内的所有类图片段。我们可以通过以下问题收集相关信息。

① 存在命名不同但实际相同的类吗？将它们合并。

② 存在重复的、传递依赖的数据关系吗？建议消除。

（6）遍历其他流程，补充类图。可以通过以下问题收集相关信息。

① 其他业务流程需要补充哪些类？

② 新引入的类与之前的类间是什么关系？

**2. 用例分析法**

（1）描述问题：通过用例或用户故事将问题描述清楚，这是建模的前序动作，我们已在第 6 章进行了学习。

（2）挖掘概念：重点关注语句中的名词，因为名词常常意味着重要的业务对象。这一步不容易做到，因为自然语言有很大的随意性，很多同义词、多义词混于其中。

（3）建立关联：寻找关系，需要关注动词。因为关联意味着两个对象之间存在语义联系，在用例中的表现通常为两个名词被动词连接起来。

（4）添加属性：根据用例，给每个名词添加用例场景所涉及的属性。

#### 11.3.3.2 选课信息类图和订单系统类图的创建

**1. 选课信息的类图**

图 11-23 所示为选课信息的类图，课程与学生、课程与老师之间都使用关联关系表示，类的属性信息显示在对应类的矩形框的第二个分区中，但该图没有显示出选课信息和授课信息的属性。如果想要显示这两者的属性，需要将选课信息和授课信息也抽象为独立的类，如图 11-24 所示。

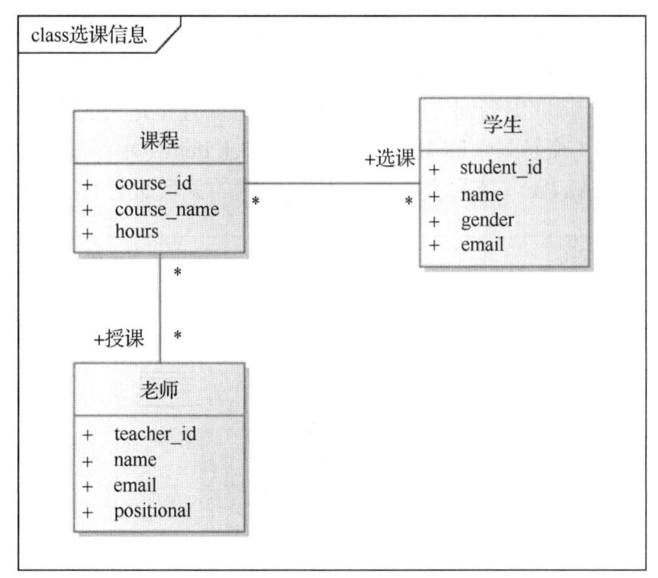


图 11-23　选课信息的类图 1

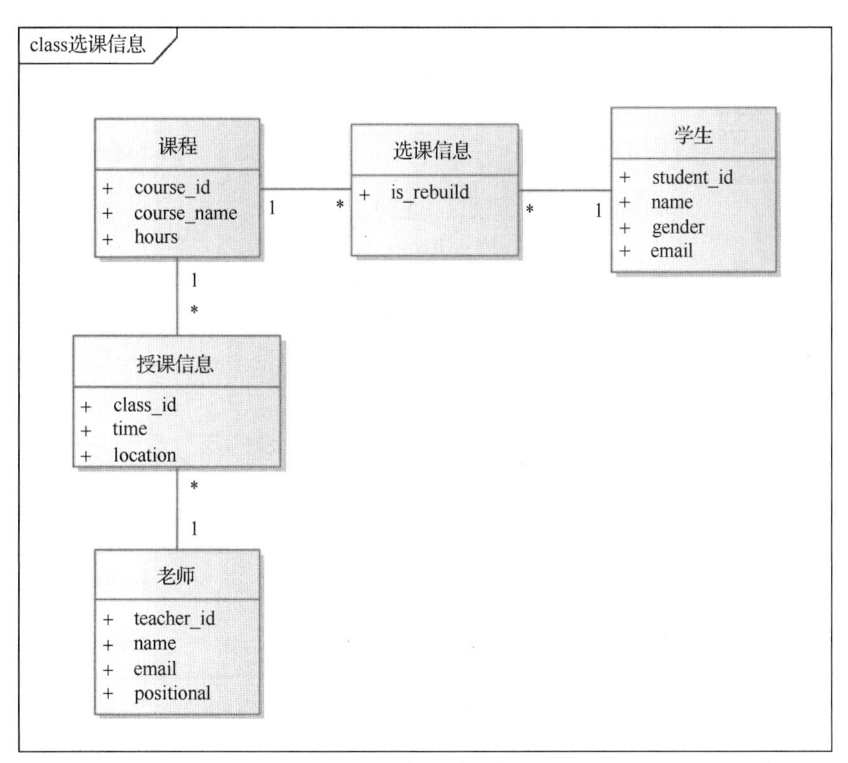


图 11-24　选课信息的类图 2

**2．订单系统的类图**

下面是电子商城中的订单系统的相关功能描述。

（1）每条**客户**记录都包含**账号**、**姓名**、**账号是否有效**、**配送地址**、**电话**等信息。

（2）**客户**可以创建**订单**，每个**订单**中可以包含多个**商品**。每个**订单**都有如下**状态**：**新订单**、**正在打包**、**正在分发**、**正在派送**、**已关闭**。

（3）**订单**提交时，需要查看**商品**的**库存**信息是否满足需求。

订单系统的类图

（4）每个**订单**对应一条**交易记录**，一条交易记录对应一个**订单号**、**交易金额**、**交易方式**、**交易时间**。**订单**支持**微信**和**支付宝**两种支付方式。

通过上述的功能描述，提取出名词，注意区分类和属性。这里定义的类包括 Customer（客户）、Order（订单）、Transaction（交易）、Line Item（商品）、Stock Item（库存）、Order Status（订单状态）、WeChat Pay（微信支付）、Ali Pay（支付宝支付）。它们之间的关系如图 11-25 所示。

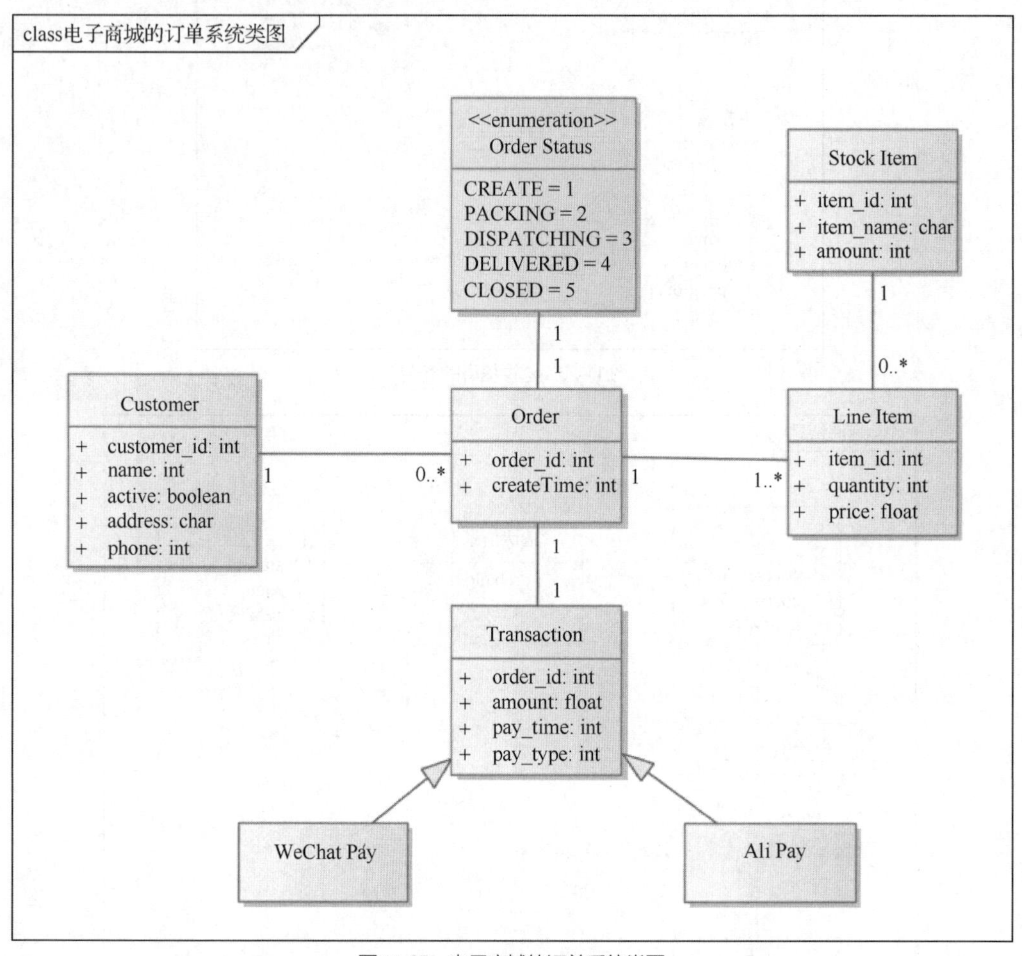


图 11-25　电子商城的订单系统类图

## 11.3.4 常见注意事项

在需求分析阶段进行数据建模时有如下常见注意事项。

### 1．不要把属性或字段当作对象或类

如果定义只有直接关联关系和基数为 1 的对象或类，它可能是一个字段。如果该对象本身没有其他字段，那么几乎可以确定它就是一个字段。

### 2．不要从数据库设计角度考虑需求分析

在需求分析阶段不要试图创建规范化的数据库设计。相反，应该从相关业务人员的角度，考虑他们是如何使用系统数据的。

# 11.4 本章小结

本章主要介绍了与数据建模相关的 3 种模型：实体关系模型、RML 中的业务数据图和 UML 中的类图。3 种模型都可以用于数据建模，但它们各有优劣。

实体关系模型主要关注系统中的实体和实体之间的关系，简单易学，但是在实体关系模型中加入太多属性，会显得很臃肿。

RML 中的业务数据图从企业干系人的角度进行数据建模，主要显示核心业务数据对象，因此没有属性的概念。在需求分析之初，可以让需求分析师专注于核心的业务数据对象。但随着需求的深入，还是需要用其他模型来补充业务数据对象的属性信息。

UML 中的类图扩展性较好，对于属性的展示也很简洁、清晰。类图不但可以用于需求分析，也可以用于系统设计或数据库设计，学习成本相对较高。使用类图进行需求分析时，要特别注意不要掉入设计完整的类或数据规范的陷阱。

通过对本章的学习，读者能够掌握数据建模的常用方法，理解实体关系模型、业务数据图和类图的优缺点，掌握其中的一种模型，并熟练运用到数据需求的分析中，从而厘清数据范围和数据关系。

## 习题

1. 实体关系模型中的关系主要有几种？请举例说明。

2. 类间关系主要有几种？请举例说明。

3. 汽车由轮子、发动机、油箱、座椅、方向盘等组成，那么汽车类与轮子、发动机、油箱等之间是什么关系？

4. 根据以下用户故事，为博客应用系统创建实体关系模型和类图。

（1）作为作者，我可以输入用户名、密码登录博客，以便写文章。

（2）作为作者，我可以打开编辑器撰写文章，以便发表博客。

（3）作为作者，我可以给自己的文章添加一到多个标签。

（4）作为作者，我可以给自己的博客设置一到多个分类。

（5）作为用户，我可以发表评论，以便表达对文章的看法。

（6）作为用户，我可以回复他人的评论，以便发表对评论的回应。

5. 分别使用实体关系模型、RML 中的业务数据图和类图为第 6 章习题 7 中的实验教学管理系统建模。

6. 选择一种数据建模的方法描述一个在线预订机票的应用程序。该应用程序应该包含旅客信息、航班信息、机票订单信息、支付信息等对象。

7. 选择一种数据建模的方法描述一个社交媒体应用程序。该应用程序应该包含用户个人信息、用户登录记录、好友列表信息、好友消息、发帖信息等对象。

8. 选择一种数据建模的方法描述一个简单的银行系统。该系统应该包含客户信息、客户登录信息、客户资产信息、客户收支详情、客户理财信息等对象。

# 第12章 数据流图

第 2 篇介绍了软件需求分析中流程分析常用的 3 种图：顺序图、活动图和状态机图。借助这 3 种图能够很好地描述系统中的交互流程、活动顺序和状态变化。然而，这 3 种图都缺乏对数据的详细描述和对数据处理过程的把握，这就是数据流图的优势所在。数据流图从数据传递和加工的角度出发，着重描述系统内部的数据流动和处理过程，以及系统与外部实体之间的数据交互。通过数据流图，需求分析师可以清晰地看到数据的来源、去向和转换，有助于识别数据处理中的逻辑关系、数据转换规则以及数据存储的需求。

## 本章学习目标

（1）了解什么是数据流图及数据流图中的主要元素。

（2）学习创建数据流图的主要步骤。

（3）了解数据流图的分层思想及使用数据流图的常见问题。

## 12.1 数据流图简介

DFD（Data Flow Diagram，数据流图）起源于 20 世纪 70 年代末用于结构化分析和设计技术方法论的活动图。在 RML 中，数据流图属于数据模型。在 UML 中，活动图通常会充当数据流图的部分角色。

数据流图可展示数据流经系统的全貌，这是其他模型做不到的。数据流图是描述系统中数据流程的一种图形化工具，它标志了一个系统的逻辑输入和逻辑输出，以及把逻辑输入转换为逻辑输出所需的加工处理。

数据流图包含的基本元素有数据存储区、外部实体、流程及数据流。

### 12.1.1 数据存储区

数据存储区用来存储数据以备后续使用。数据存储区的符号是两条水平线，如图 12-1 所示。数据存储区的名称是集合名词（例如订单）。

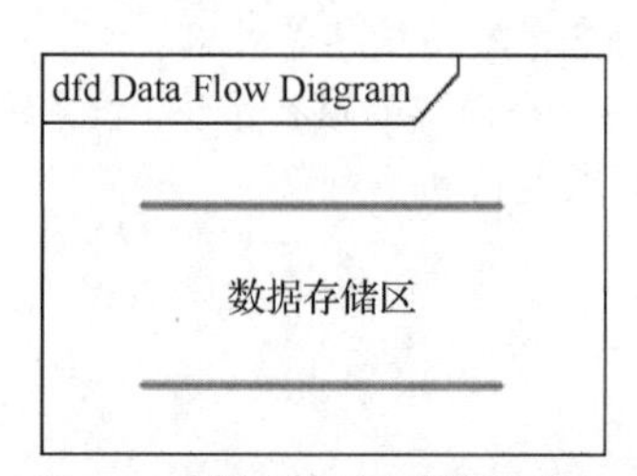


图 12-1 数据流图中的数据存储区

流出数据存储区的数据流常表示读取数据存储区中存储的数据，流入数据存储区的数据流通常表示数据的录入或更新（有时也可以表示删除数据）。

## 12.1.2 外部实体

外部实体与系统通信并处于系统之外。例如，它们可以是不同的组织（例如银行）、人群（例如客户），也可以是同一组织的一个部门（例如人力资源部门），它们不属于该模型系统，它们向该系统提供数据或从中获取数据。外部实体也可以是建模系统与之通信的另一个系统。外部实体通常用矩形框表示，如图 12-2 所示。

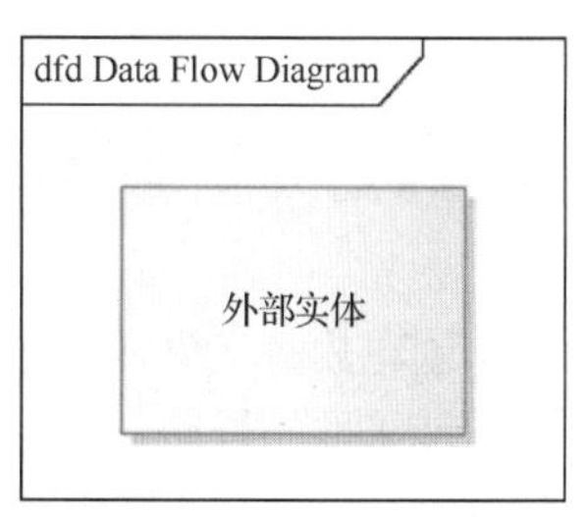


图 12-2　数据流图中的外部实体

## 12.1.3 流程

流程是将输入转换为输出的过程。流程的符号是圆形，如图 12-3 所示。流程以词、短语或短句命名，以清楚地表达其本质。

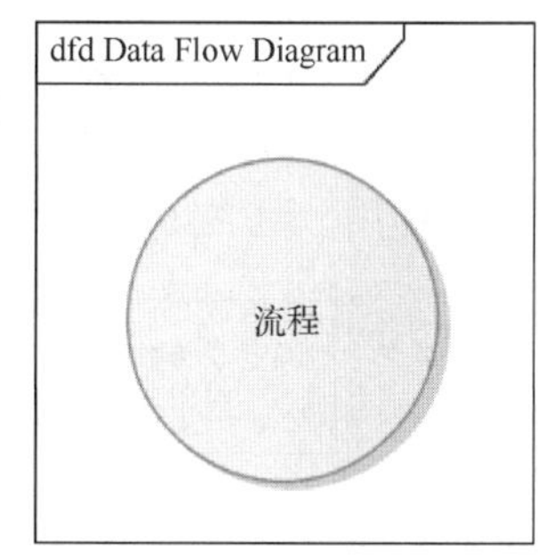


图 12-3　数据流图中的流程

## 12.1.4 数据流

数据流表示信息（或物质）从系统的一个部分到另一个部分的传递。数据流的符号是带箭头的线，可以是直线也可以是曲线，如图 12-4 所示。数据流应该用一个名称来确定正在移动的数据，箭头显示流向。数据流连接数据存储区、外部实体和流程。图 12-5 所示为一个数据流图的模板。

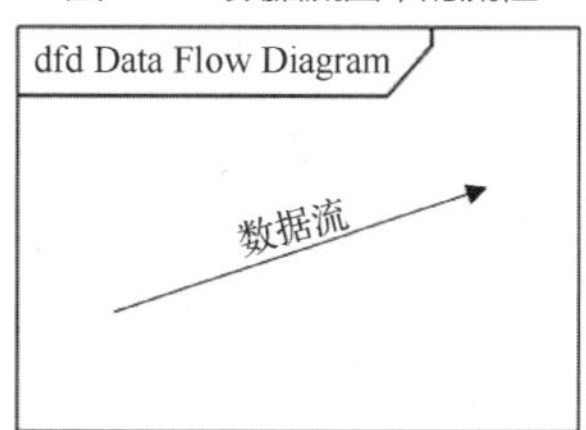


图 12-4　数据流图中的数据流

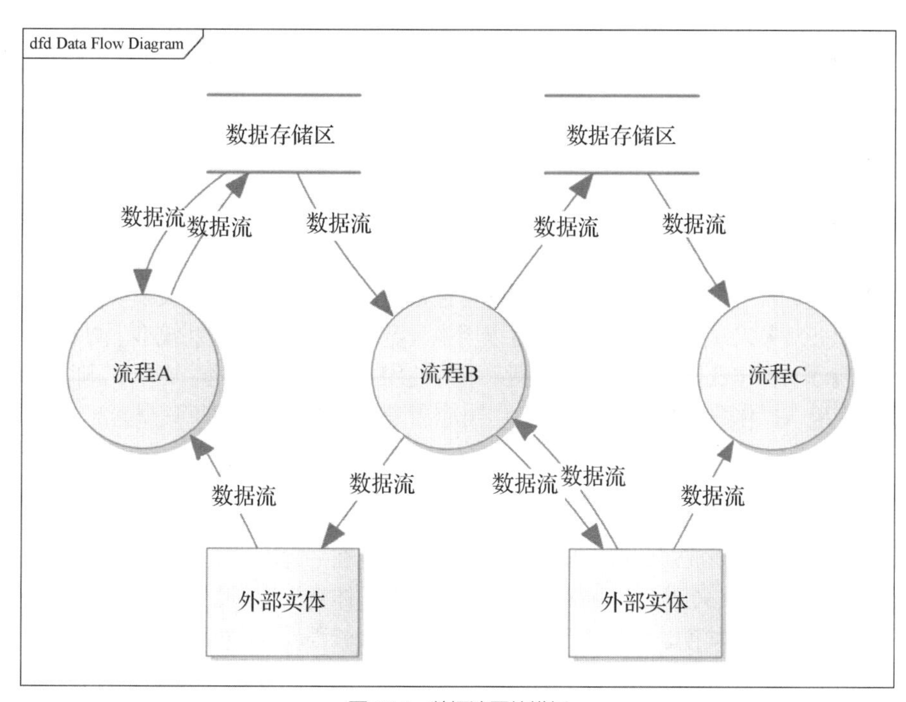


图 12-5　数据流图的模板

# 12.2 创建数据流图

创建数据流图时需要考虑所有的业务数据对象，以及系统针对这些业务数据对象可能采取的行动。通过识别系统的所有数据输入和输出，你将完全界定解决方案的数据。然而在实践中，这可能是一件非常困难的事情。当创建数据流图时，需要与企业干系人进行充分的沟通，了解他们是如何产生数据的，以及他们是如何使用输出数据的。不能期望企业干系人可以独立创建数据流图，但他们应该能够在你普及了数据流图知识的基础之上，审核、讨论别人画的数据流图。你的目标是创建数据流图，使得每个人都认可数据在系统中将如何被输入、被处理和被使用。图 12-6 所示为创建数据流图的基本步骤。

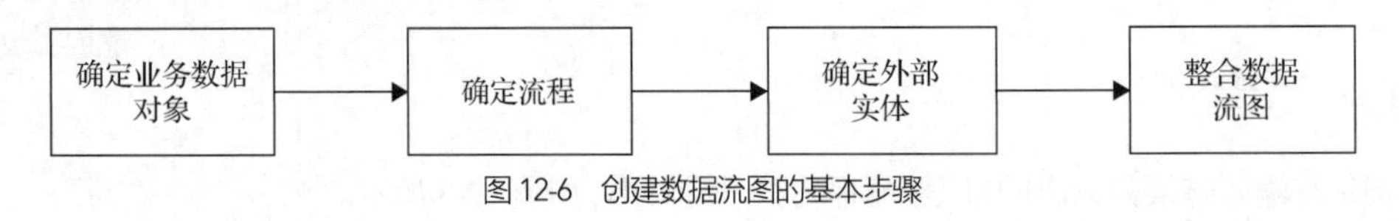


图 12-6　创建数据流图的基本步骤

## 12.2.1 确定业务数据对象

因为数据流图是一种关注数据流程的图，最好从业务数据对象的识别开始。使用第 11 章介绍的实体关系模型、业务数据图或类图来识别数据流图中的业务数据对象。注意这些业务数据对象不一定是实际的数据库对象。数据存储区只是一个概念，在需求分析阶段我们不讨论数据的物理存储区。

## 12.2.2 确定流程

确定完重要的数据对象后，开始确定操作这些数据的流程。流程可以采取“动词+宾语”的形式命名。通常，数据流图中的流程对应活动图中的活动，因此可以利用活动图来确定想要建立的数据流的步骤。另外，影响数据的主要动作有创建、更新、删除、使用、移动和复制，在确定能够操作数据的流程时，应该考虑这些动作中的每一个。

## 12.2.3 确定外部实体

我们可以通过查看组织结构图和用例图中的角色来确定外部实体，实体关系模型中的实体、业务数据流图中的业务对象以及类图中的类也都可以用来确定外部实体。在这些模型中寻找特定的实体，它们通过运行流程来操作数据或把数据输出到系统外使用。数据能被创建、更新、删除、使用、移动和复制，因此在确认操作数据的系统或人员时，也应当考虑这些行为中的每一个。

## 12.2.4 整合数据流图

确定数据流图的主要组成部分后，必须用箭头把它们连在一起以代表数据的合理流动。一个数据流必须经过数据流图中的一个流程，例如，它不能从外部实体直接流到数据存储区。用流动箭头连接主要的和明显的对象以后，考虑是否有任何其他数据对象、流程或外部实体应该作为数据流图的一部分，并相应地更新数据流图。此外，在添加流程时，一定要注意只有输入或只有输出的流程，因为流程是为了使用数据或变换数据，所以每个流程应该至少有一个输入和一个输出的业务数据对象。

无须将数据流图画得尽善尽美，包含所有的细节。通过直观地剖析原本抽象的概念，数据流图使团队成员和需求分析人员能够更好地理解系统的工作原理，以及识别和解决潜在问题，从而提高效率。

# 12.3 数据流图实例

## 12.3.1 订单系统的数据流图

订单系统的数据流图

图 12-7 所示为一个订单系统的数据流图。该图包含的主要信息如下所示。

（1）客户应该可以更新客户资料。

（2）客户可以创建订单，订单中至少应该包含商品名称和商品数量。

（3）订单创建后会根据折扣规则自动计算订单总额。

（4）商品管理员负责维护折扣信息。

（5）订单处理后流向订单执行系统。

通常，在开始讨论创建订单时该图是很有用的。它直观地显示了整个订单执行过程中的数据流动。刚开始考虑订单系统时没有加入折扣计算的流程，但商品会存在很多打折促销的活动，因此加入了“计算折扣”的流程。该流程确认后，考虑到不同商品、不同时间段的折扣信息可能不一样，于是加入了“折扣规则”的数据对象，而该对象又应该存在“维护折扣规则”的流程。通过思考“维护折扣规则”的流程，会发现还应存在“商品管理员”的实体对象。

数据流图主要关注业务数据对象，但是数据流中有可能只传输一个对象的特定字段。这时，可以使用<对象.字段>的方式记录传输的数据。如图 12-7 中的“商品.名称”“商品.数量”就是这种表示方式。但如果字段太多，那么简单记录数据对象即可。

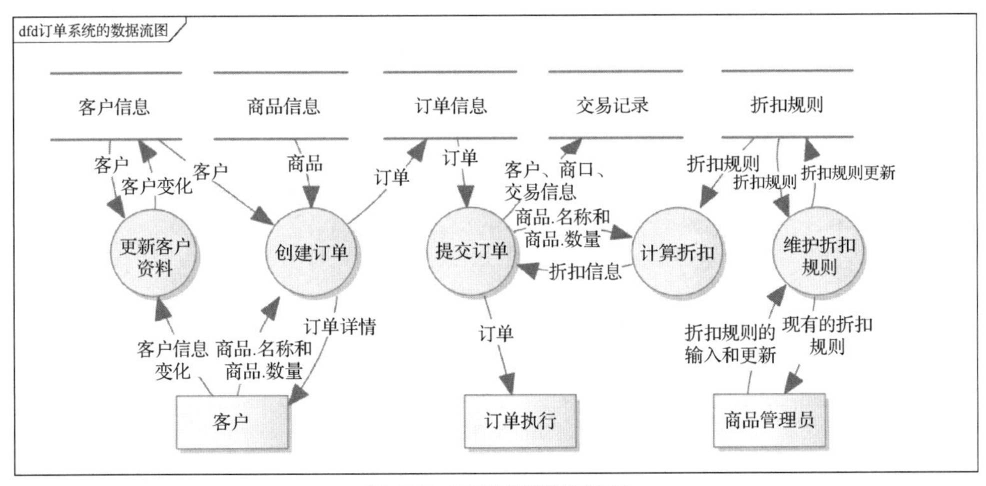


图 12-7 订单系统的数据流图

## 12.3.2 分层的数据流图

分层的数据流图

为保证可读性，一个数据流图中的流程一般不要超过 7 个。当然，这只是一个参考值，当你将十多个流程画入一张数据流图时，可以考虑数据流图的分层显示。层次在数据流图中用于表示关系或过程的详细程度的渐进。

第 0 层：这是最高级别，表示系统的简单顶级视图。

第 1 层：仍然是相对广泛的系统视图，但包含子流程和更多细节。

第 2 层：提供更多细节并根据需要继续分解子流程。

第 3 层或更多层：虽然并不常见，但对于复杂的系统可以显示出更多的细节。

图 12-8 所示为分层的订单系统数据流图。在实际的需求分析中，无须将所有层次的数据流图都绘制在一张图中。因为分层本来就是为了逐步细化流程。考虑把流程划分成有 7 ± 2 个流程的小组。创建有主要功能信息的第 0 层数据流图，并进一步分解有更详细信息的第 1 层数据流图或有子功能的第 2 层数据流图。

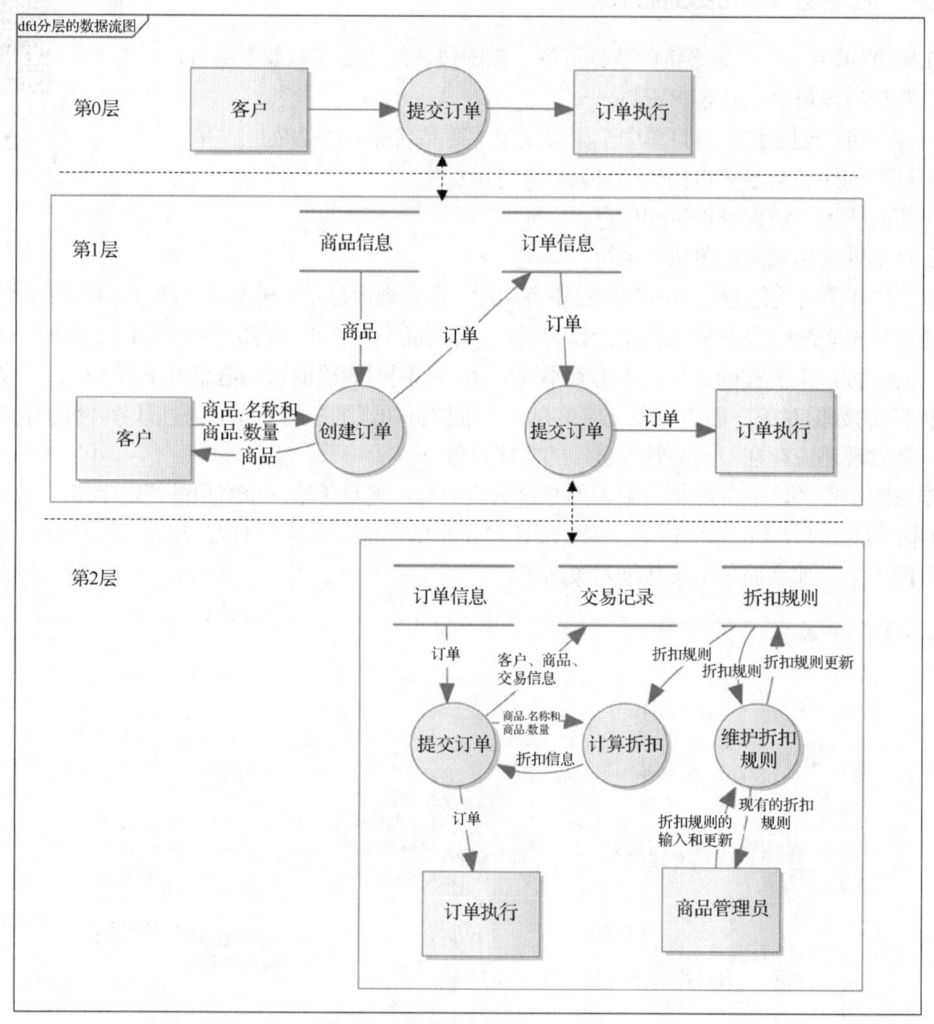


图 12-8　分层的订单系统数据流图

# 12.4 使用数据流图

数据流图可用在有许多业务数据对象和数据处理事件的系统中，例如交易处理系统，可以帮助跟踪交易数据的流转。然而，数据流图更常用来显示多个业务数据对象是如何执行流程，然后产出数据的，当系统和人员交互时这些业务数据对象是如何转变的。例如，数据流图可以显示商品如何变成订单里的商品信息，订单里的商品信息又如何转换成交易记录。

在许多情况下，多个处理流程之间会分享数据，这些处理流程可能涉及不同的人员或角色。每个参与者都能说明他们是如何使用这些数据的，但没有任何单一的处理流程能够捕获所有的这些共享数据，并说明这些数据流程是如何相关的。

例如，如果你正在开发一个电子商务系统，你可能会从产品经理那里了解到商品的生成、包装，以及如何创建商品上架后的展示图片、描述和其他信息。而营销团队负责创建促销、广告和商品在页面中的布局。客户购买商品，将商品放进自己的购物车，然后提交订单、支付。配送团队负责打包商品并发货。商业智能团队分析订单产生的数据，采用业务流程和报告来分析哪些商品、促销和广告是最成功的。我们可在第 1 层的业务流图中粗略地把所有流程关联在一起，如图 12-9 所示。

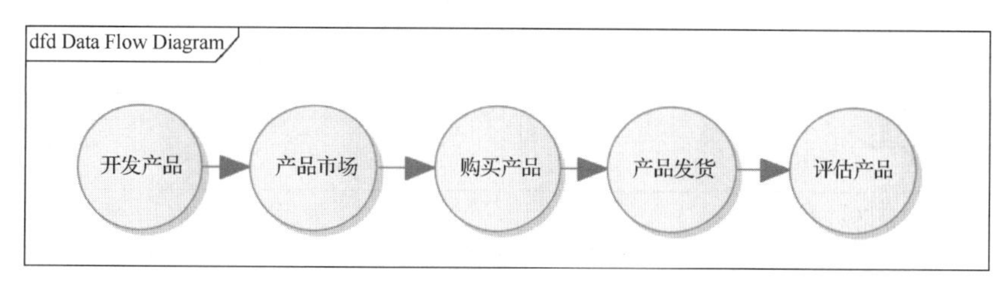


图 12-9 电子商务系统的数据流图

在第 2 层和第 3 层数据流图中，这些流程的细节可以得到细化。数据流图可以显示共享数据的流程是如何联系在一起的。这一点很重要，因为这能使你了解特定业务数据对象是如何被用在整个解决方案中、如何被转化和被操纵的。

业务数据对象如何一起使用并共同产生新的业务数据对象？例如在订单系统的例子中我们可以用这个表达式来表示订单的形成：客户+产品+折扣=订单。但显然这不是完整的描述，没有解释需要什么样的系统或角色才能创建这些对象，也没有解释因执行什么样的处理流程而改变了数据。而使用数据流图则可显示较完整的信息。但这个公式其实显示了“创建订单”这个主要流程，以及这个流程的输入和输出。需求分析人员可以将这个表达式作为创建数据流图的开始。

数据流图还能帮助你完善业务流程。如果你的输入有已知的输出，你需要找出所有的流程步骤，把数据转换为最终形式，这意味着你必须了解实现该处理过程的所有输入数据。此外，由于确认了数据是如何产生的，因此数据流图可以帮助你确定其他的外部实体。

## 12.5 数据流图常见问题

绘制数据流图的一个主要原则是数据必须经流程处理后才可被转移至其他实体或数据存储区。通过这条原则，我们可以非常容易地识别出错误的画法并加以纠正。

（1）实体不能直接移动至另一个实体而事先没有经过流程处理，如图 12-10 所示。

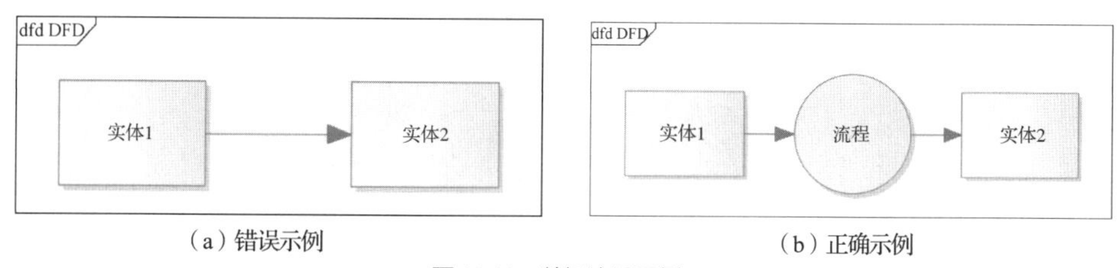


（a）错误示例　　（b）正确示例

图 12-10 数据流图示例 1

（2）数据不能直接从实体移动到数据存储区而没有事先经过流程处理，如图 12-11 所示。

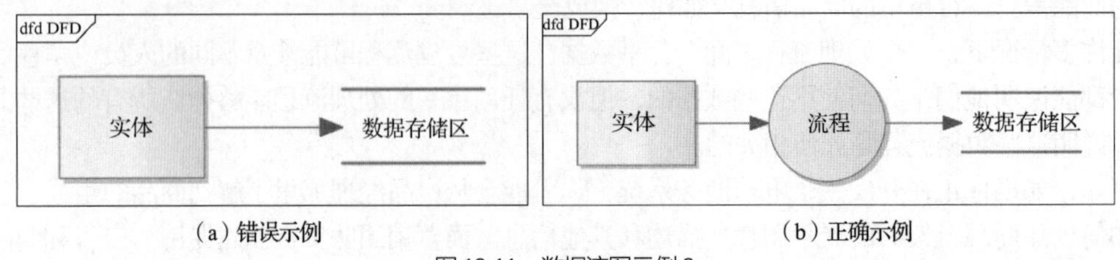


（a）错误示例　　（b）正确示例

图 12-11　数据流图示例 2

（3）数据不能直接从数据存储区移动至实体而没有事先经过流程处理，如图 12-12 所示。

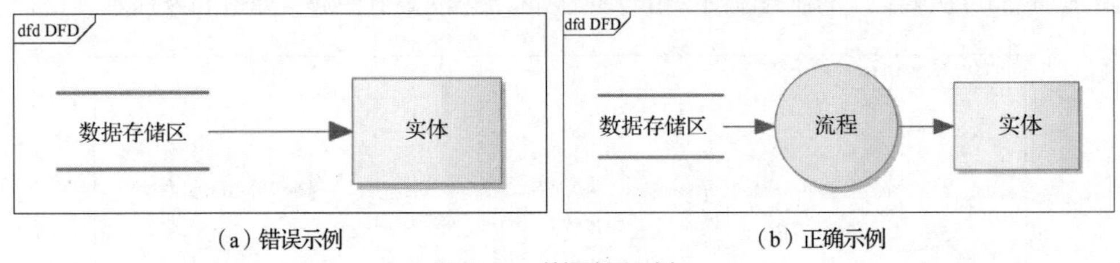


（a）错误示例　　（b）正确示例

图 12-12　数据流图示例 3

（4）数据不能直接从一个数据存储区移动到另一个数据存储区而没有事先经过流程处理，如图 12-13 所示。

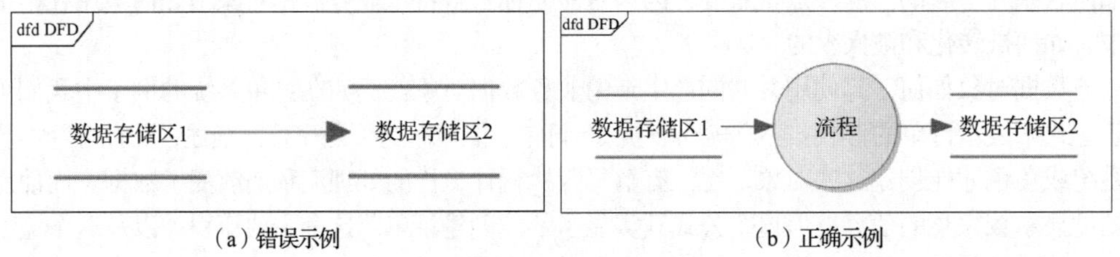


（a）错误示例　　（b）正确示例

图 12-13　数据流图示例 4

绘制数据流图时，当一个流程的输出与其输入不匹配时，会出现第二类错误，主要包括以下 3 种情况，如图 12-14 所示。

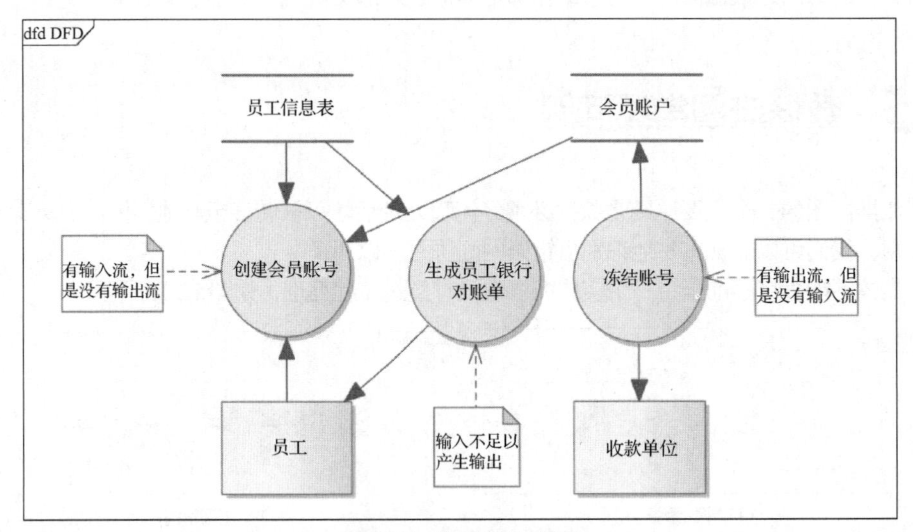


图 12-14　数据流图示例 5

（1）一个流程有输入流，但没有输出流。

（2）一个流程有输出流，但没有输入流。

（3）一个流程的输出信息大于其输入信息的总和。

除此以外，绘制数据流图时通常还会遇到以下问题。

（1）一致性问题。数据流图中的实体、流程、数据存储区名称应该与系统中其他模型（如实体关系图、活动图、状态机图、数据字典等）内的一致。每个进程必须有它的名称、输入和输出，每个数据流也应该有它的名字，每个数据存储区必须有输入流和输出流。

（2）试图阐明数据流图中的顺序。虽然数据流图暗示了一种顺序，但实际上许多流程可能发生在完全不相关的时间点。如订单系统中的“维护折扣规则”并不一定发生在“处理订单”之后，而是可能发生在任意时间点。

（3）试图记录每一个数据流。虽然一个完整的数据流图可以记录下所有流程，但是这非常难。使用数据流图解释解决方案中的关键对象和关键流程将是更好的选择。

## 12.6 本章小结

数据流图从数据传递和加工角度，以图形方式来表达系统的逻辑功能、数据在系统内部的逻辑流向和逻辑变换过程。

数据流图的主要元素如表 12-1 所示。

表 12-1　数据流图的主要元素

| 元素名称 | 说明 | 表示示例 |
| --- | --- | --- |
| 数据存储区 | 数据存储区用来存储数据以备后续使用。数据存储区的名称是集合名词（例如订单） | dfd Data Flow Diagram<br>数据存储区 |
| 外部实体 | 外部实体与系统通信并处于在系统之外。例如，它们可以是不同的组织、人群或同一组织的一个部门，它们向该系统提供数据或获取数据 | dfd Data Flow Diagram<br>外部实体 |
| 流程 | 流程是将输入转换为输出的过程。流程以词、短语或短句命名，以清楚地表达其本质 | dfd Data Flow Diagram<br>流程 |

续表

| 元素名称 | 说明 | 表示示例 |
| --- | --- | --- |
| 数据流 | 数据流表示信息（或物质）从系统的一个部分到另一个部分的传递 | dfd Data Flow Diagram<br>数据流 |

数据流图常用来显示多个业务数据对象是如何执行流程，然后产出数据的。将多个处理流程连接在一起时，数据流图可提供不同角度来观察处理流程。当有很多干系人执行各种流程但使用相同的核心数据时，数据流图也非常有用。但对于流程单一或只有单一角色的系统，数据流图就不是很适用。

通过对本章的学习，读者应该能够掌握数据流图的基本概念和绘制方法。借助数据流图进行流程分析，能够更清晰地显示数据如何在流程之间流过并被这些流程改变，从而更好地理解流程中数据处理的过程，并能发现缺少的流程。

## 习题

1. 数据流图中包含的元素有哪些？分别举例说明。

2. 绘制数据流图时常见的错误有哪几种？分别举例说明。

3. 什么是分层的数据流图？分层的数据流图中第 0 层、第 1 层、第 2 层主要包含什么内容？

4. 为如下电子商城系统创建数据流图。

（1）产品经理负责更新在产品数据存储区中的产品。

（2）购物者添加产品到购物车，然后确认购物车中的内容并产生订单。提交订单前还需要确认收货地址。

（3）商家收到订单后执行订单。

（4）购物者可以跟踪订单流程。

（5）购物者收到货以后可以提交售后申请（如退、换货）。

5. 思考图书馆管理系统的借书流程，并绘制一个数据流图，包括读者查询图书是否可借、发送借书请求、管理员验证图书可借、修改图书状态等流程。

6. 思考在线订餐系统的下单流程，并绘制一个数据流图，描述用户下单过程中的数据转换，包括用户浏览菜单、选择菜品、系统计算订单总价、用户确认订单等流程。

7. 假设有一个在线机票预订系统，请绘制一个数据流图，描述用户完成机票预订的过程，包括用户搜索航班、选择航班、选择座位、输入乘客信息、系统生成订单、用户支付订单等流程。

8. 假设有一个在线音乐播放器，请绘制一个数据流图，描述用户搜索歌曲的过程，包括用户输入搜索关键字、系统查询歌曲库、返回搜索结果等流程。

# 第13章 数据字典

实体关系图和类图除了可以描述数据对象及其关系处，还可以描述数据对象中包含的属性。但是这些属性信息使用什么样的数据类型存储、数据的长度如何、有什么特殊格式等，前文并没有讨论，这些信息对于需求获取和项目开发是至关重要的。而数据字典就是用来记录这些信息的。

（1）了解什么是数据字典。

（2）学习数据字典的主要字段及创建方法。

（3）了解数据字典的常见问题。

## 13.1 什么是数据字典

IBM 计算机术语词典将数据字典定义为"有关数据的信息的集中存储库，例如含义、与其他数据的关系、来源、用法和格式"。数据字典能协助管理层、数据库管理员、需求分析师和应用程序员规划、控制和评估数据的收集、存储和使用。

数据字典是数据实体的详细信息的集合。它将数据的构成、数据类型、允许的取值等信息收集成资源。

在需求分析阶段，数据字典中的信息表示应用领域中的数据元素以及数据结构。这些信息在设计数据库架构、数据表和属性的时候能够作为数据来源，并且最终产生程序中的变量。项目干系人对数据有不同的理解时常常会产生错误，所以投入时间创建数据字典能够避免出现这些错误。不过数据字典带来的好处远不止如此。如果将数据字典保持在最新状态，那么在系统运行生命周期甚至更长时间里它都将是一个有价值的工具；如果不将数据字典维持为当前状态，那么它提供的信息可能就是错误的或者过时的，团队成员也就不再信任这个数据字典。数据字典的维护是关乎项目质量的严肃工作。数据定义经常在不同应用之间重用，特别是在同一个产品线内。企业内部使用一致的数据定义能够减少集成和接口方面的错误。我们应尽可能地减少同一生态系统内数据不一致的情况出现。

## 13.2 解析数据字典

解析数据字典

数据字典以表格的形式列出业务数据对象的字段及它们的属性，如表 13-1 所示。表中的每一行记录一个字段，每一列是字段的属性。

表 13-1 数据字典模板

| 字段名 | 属性 1 | 属性 2 | 属性 3 | …… |
|---|---|---|---|---|
| 字段 1 | | | | |
| 字段 2 | | | | |
| …… | | | | |

字段属性除了包括字段名，一般还包括数据类型、数据长度、默认值等信息，以下对一些常见属性信息进行说明。

（1）字段名：字段名称。

（2）数据类型：用于填充字段的数据类型，包括字符串、整数、布尔值、百分数、时间值等。

（3）数据长度：字段中数字和字母的最大值。数据长度也可以与数据类型定义在一起，如“int(11)”。

（4）默认值：创建业务数据对象时赋予该字段的值。例如，当产生一个地址业务数据对象时，国家字段默认为“中国”。

（5）是否唯一：指出该字段的值是否必须唯一。如果该字段是唯一标识符，它可用于区分同一类型中的不同业务数据对象。

（6）是否允许空值：指出在创建或更新时该字段是否必须有值。

（7）有效值：该字段允许的具体值，指明除了数据类型和数据长度外的限制。它可以使用范围、最小值、最大值、特定列表或其他规则表示，如“1…1000”“>1900”“字母、数字或连字符组成的 10 个字符”。

（8）数据约束：如主键属性、外键信息等。

（9）字段说明：该字段的相关描述及其他相关信息。

一般字段名、数据类型、数据长度是必须要有的，默认值、是否允许空值、有效值、字段说明是推荐有的属性，其他的为可选属性。当然除了以上列出的属性，还可以根据项目需求增加其他属性。

表 13-2 和表 13-3 所示为毕设管理系统用户数据表的部分字段，因为完整的表格太宽，所以将其分成两个表显示。数据字典中的 user_id 的数据约束中显示为 PK（Primary Key，主键）。最初在设置 user_id 的时候用的是整型，因为老师的职工号和学生的学号都只包含数字，但长度不一样，老师的职工号通常是 7 位，学生的学号是 12 位。但随着业务的深入，我们了解到可能还有些外籍老师和外籍学生会使用系统，而他们的职工号或学号之前通常包含字母，所以我们将该字段修改成了字符型。

表 13-2 用户数据表 1

| 字段名 | 数据类型 | 数据长度 | 默认值 | 是否唯一 | 是否允许空值 |
|---|---|---|---|---|---|
| user_id | 字符 | 50 | N/A | YES | NO |
| name | 字符 | 50 | N/A | NO | NO |
| password | 字符 | 128 | N/A | NO | NO |
| locked | 字符 | 1 | F | NO | NO |
| created_time | 数字 | 50 | N/A | NO | NO |
| user_type | 字符 | 1 | S | NO | NO |
| email | 字符 | 50 | N/A | NO | YES |

表 13-3 用户数据表 2

| 字段名 | 有效值 | 数据约束 | 字段说明 |
| --- | --- | --- | --- |
| user_id | 7～12 位的数字或字母 | PK | 用户编号 |
| name | 支持中文和英文 | | 用户名称 |
| password | 数字、字母和特殊符号，不少于 8 位 | | 用户密码 |
| locked | L 表示锁定，F 表示未锁定 | | 是否锁定 |
| created_time | 10～20 位数字 | | 创建时间 |
| user_type | T 表示老师，S 表示学生 | | 用户类型 |
| email | 包含@ | | 用户电子邮箱 |

当然，在做需求分析的时候，这些属性不一定都需要。为了显示方便，有时也将一些属性进行合并，让它们尽量显示在一张表里，如表 13-4 所示。

表 13-4 用户数据表 3

| 字段名 | 数据类型 | 允许空值 | 数据约束 | 字段说明 |
| --- | --- | --- | --- | --- |
| user_id | char(50) | NO | PK | 用户编号，7～12 位的数字或字母 |
| name | char(50) | NO | | 用户名称，支持中文和英文 |
| password | char(128) | NO | | 用户密码，数字、字母和特殊符号，不少于 8 位 |
| locked | char(1) | NO | | 是否锁定，L 表示锁定，F 表示未锁定，默认为 F |
| created_time | int(50) | NO | | 创建时间，10～20 位数字 |
| user_type | char(1) | NO | | 用户类型，T 表示老师，S 表示学生，默认为 S |
| email | char(50) | YES | | 用户电子邮箱，包含@ |

# 13.3 创建数据字典

创建数据字典

图 13-1 所示为创建数据字典的步骤。首先，根据具体需求和业务场景定制属性，即确定数据字典第一行的内容。接下来，确定业务数据的对象和字段，即确定数据字典的表名和第一列的内容。然后，填充数据字典，即为每个字段提供详细的数据类型、数据长度、说明等信息。最后，可以使用数据目录进行补充。

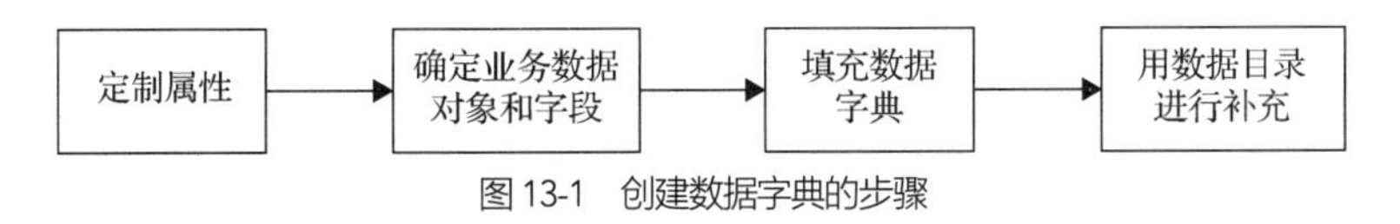


图 13-1 创建数据字典的步骤

## 13.3.1 定制属性

当创建一个数据字典时，第一步是审查模板中的属性列表，确定需要哪些属性。属性常被划分成必备、推荐和可选这 3 类。一般来说，字段名、数据类型、数据长度是必备的属性，默认值、是否允许空值、有效值、字段说明是推荐的属性，其他的为可选属性。

当然，除了前面列出的常见属性，你也可以根据项目需求添加特定的属性。例如，可以添加一个属性来记录字段是否由用户或系统填充。在进行界面原型设计时，你也可以添加一个属性以表示字段将在哪些界面上出现。

## 13.3.2 确定业务数据对象和字段

定制好属性后，接下来就需要确定记录哪些业务数据对象及对应数据字典的表名。你可以使用数据建模中列出的实体、业务数据对象或类名作为数据字典的表名。另外，还可以审查数据流图，保证数据流图中的业务数据对象都被包含在数据字典中。

确定好业务数据对象后，便可开始确定业务数据对象的字段，即每个数据字典的第一列的内容。如果项目是对原有系统的升级改造，则可以通过原有系统的数据字典确定候选字段，在此基础上考虑新的流程需要增加的字段。如果是一个全新的项目，查看客户的报告或数据报表通常可以发现所需的字段。此外，查看用例图、活动图、数据流图等，可确定完成一个步骤所需的数据。状态机图或状态表也可以用来识别业务数据对象，增加诸如状态或进展等的字段。

字段可能会随着业务的深入而增加。例如一开始在定义用户数据表的字段时并没有用户登录状态的相关信息，但是项目干系人提出他们需要知道用户当前是否登录，于是需要增加一个登录状态（is_login）的字段；随着需求分析的继续深入，项目干系人表示除了登录状态，还希望了解用户的最近一次登录时间，那就需要增加一个最后登录时间（last_login）的字段；随着需求分析的进一步深入，项目干系人又提出希望能查看用户的访问记录，但每个用户的访问记录存在多条，访问记录和用户不是一对一的关系，不能简单地在用户表中增加一个访问记录的字段，而应该考虑将访问记录作为一个单独的业务数据对象，即创建一个单独的数据字典，用于记录用户的访问记录。

## 13.3.3 填充数据字典

数据字典的创建通常是迭代的过程。在第一次迭代时，可以简单地提供业务数据对象和字段的名称。随着需求分析的深入，获取到更多的细节后再逐步完善数据字典。

以协作的方式完成数据字典是很常见的，可能是需求分析人员创建最初的数据字典，然后企业干系人写出描述并指出哪些字段是必需的。很多时候根据过去的经验或对其他系统的了解，就可以推断一些字段和属性的值，但最后一定要与业务干系人验证这些推论。

如果一个字段是另一个业务数据对象，应该在数据字典的相关业务数据对象属性中记录这个业务数据对象的名称。

## 13.3.4 用数据目录进行补充

如果一个字段中的有效值为一个具体的数值列表，如一个状态列表，在数据字典中阅读这个列表很困难；或是相同的数值列表会用在多个字段上，在多个地方维护这些数据会引起不必要的工作。这时，可以使用数据目录。数据目录是一组列表，用来验证数据的值是否合法。当一个字段的属性基于该列表时，可以在其中输入目录引用，而不是整个列表。表 13-5 是一个数据目录的示例。

表 13-5　数据目录的示例

| 性别 | 学历 | 职称 |
|---|---|---|
| 男 | 小学 | 教授 |

续表

| 性别 | 学历 | 职称 |
|---|---|---|
| 女 | 初中 | 副教授 |
| | 中专 | 讲师 |
| | 高中 | 高级实验师 |
| | 大专 | 实验师 |
| | 本科 | 助教 |
| | 硕士 | |
| | 博士 | |

如果使用 Excel 创建数据字典，则可以把数据字典和数据目录放在同一个工作簿的不同工作表中，也可以为数据目录中的每一个列表创建一个单独的工作表。

## 13.4 使用数据字典

使用数据字典

数据字典的结构允许全面定义数据和控制数据的规则，数据字典的表格形式允许快速地为多个字段填充大量的信息。鉴于此，比起其他模型，将数据信息记录在数据字典中往往更有效。

字段定义的关键价值之一是在所有其他文件中，你可以用其展示统一的术语，唯一地指向数据字典中的字段。在其他地方引用数据字典中的字段可以使用这种表示方式：<对象.字段>。

除了需求分析师，测试人员、开发人员以及其他项目干系人也将频繁地使用数据字典。通过这种结构性方法来审查和使用数据，大家能快速地判断数据是否完整、准确。测试人员可以通过数据字典中的有效值、是否唯一、是否为空等来设计测试用例；开发人员也可以根据数据字典推导数据库的设计；系统分析师可以通过数据字典了解系统所涉及的数据对象和字段，进而更好地理解业务需求和数据需求。这有助于他们在系统设计和需求分析阶段更准确地定义数据模型和数据流程。

数据字典也可以用来推导需求。枚举数据字典的每个属性，思考每个属性是否意味着预期的系统行为。如果是，那么该属性一定对应着相应的行为需求。例如，定义数据字典中的有效值意味着需要验证数据是否合法。但是，数据字典并没有告诉你如何去验证。具有无效数据的记录是被拒绝还是修订错误的值？这些需要在具体的功能需求中去细化。与数据字典关联的需求可以包含一个数据字典的引用，例如，“该系统防止用户存入无效的数据（请参考数据字典中的有效值）”。

## 13.5 数据字典常见问题

### 1. 数据字典未能及时更新

如果数据字典的字段、属性或内容在任何时候发生变化，都应该反映在数据字典中。不完整或过时的数据定义会使原本非常重要的数据变得几乎毫无用处。

### 2. 不说明重要的验证规则

如前所述，数据字典可能被很多项目干系人用到。如果系统的其他部分依赖和期望一定范围的值，但是数据字典中又没有定义清楚，可能会导致系统后期的大幅改动。

## 13.6 本章小结

数据字典是数据实体的详细信息的集合。除了需求分析师，测试人员、开发人员以及其他项目干系人也将频繁地使用数据字典。保证良好的数据字典设计和更新将使每个使用数据字典的人受益。

通过对本章的学习，读者能够理解数据字典的定义和作用，能够使用适当的工具或方法创建和维护数据字典，包括记录数据元素的字段名、数据类型、数据长度、默认值、有效值等。借助数据字典可以更有效地管理和使用数据，为后续的系统开发、数据库设计、数据分析等工作奠定基础。

### 习题

1. 数据字典中常用的数据属性有哪些？请列举说明。

2. 创建数据字典的主要步骤有哪些？

3. 什么是数据目录？在数据字典中如何使用数据目录？

4. 为以下场景创建数据字典。

（1）商品管理员可以更新客户资料，客户资料包括客户姓名、电话、性别、年龄、电子邮箱、常用地址，其中常用地址可以创建多项，有一项为默认地址。

（2）商品管理员可以维护商品信息，商品信息包括商品名称、品类、成本价、原价、折扣价、数量、是否上架。

（3）商品管理员可以创建产品订单，订单信息包括商品、数量、原价、折扣价、税率、总价、收件人信息、订单创建时间。

（4）订单中的收件人信息包括收件人姓名、电话、收件地址。

5. 请考虑学生管理系统中的学生信息，并使用数据字典记录，至少应该包含学生姓名、学生学号、学生入学时间、专业方向、学生电子邮箱等信息。

6. 假设你正获取一个电子商务网站的需求，请使用数据字典记录其相关信息，至少应该包含产品类别、产品详细信息、订单信息、支付记录等信息。

7. 思考图书馆管理系统中涉及的数据信息，并使用数据字典记录，至少应该包含图书类别信息、图书详细信息、图书借阅信息等。

8. 思考第 6 章习题 7 中的实验教学管理系统，为其指定数据属性，使用数据字典记录需要收集的数据信息。

# 第 4 篇

# 非功能性需求

如果说功能需求指定了系统应该做什么，非功能性需求则描述它将如何做。例如，对于一个电子商务网站，功能需求可能包括用户登录注册、商品浏览、购物车管理等，而非功能性需求则涉及系统的安全性、性能等。例如，在 5min 内如果连续 4 次登录失败，系统应该锁定该用户账户；在 98%的情况下，商品展示页的加载时间≤3s，商品详情页的显示时间≤1s。非功能性需求对于系统的成功实施和用户满意度至关重要。

本篇将主要讨论两类非功能性需求：约束条件和质量属性。我们常说的系统性能、可靠性、安全性等方面的需求都属于质量属性的范畴。实际上，对很多人而言，质量属性等同于非功能性需求。但除了质量属性，非功能性需求还应包含约束条件，例如系统要求必须在 Windows 上运行、数据库必须使用 MySQL 5.5 以上的版本等。约束条件制约着开发人员对设计或者实现的选择。

学习完本篇，希望读者能够识别和理解不同类型的非功能性需求，能够分析和评估非功能性需求的重要性和优先级，掌握不同种类的非功能性需求的获取方式，具备编写良好的非功能性需求的能力。

# 第14章 非功能性需求概述

非功能性需求关系到的是整个系统的特性，其甚至比功能需求更关键。一个功能需求没有实现可能只会降低系统的可用性，但一个非功能性需求没有满足就可能会导致系统受到影响甚至变得不可接受。虽然非功能性需求非常重要，但是，在需求分析和设计过程中，需求分析师经常会忽略对非功能性需求的挖掘，甚至在非功能性需求的挖掘方面没有明确的定义和解决方法。

**本章学习目标**

（1）了解非功能性需求的概念及与一般功能需求之间的关系。

（2）掌握约束条件需求的描述方法。

（3）了解主要的质量属性，了解如何通过排序平衡多种质量属性。

（4）探究多种质量属性，掌握编写良好的质量属性需求的方法。

## 14.1 非功能性需求的概念

在需求工程中，非功能性需求是指依据一些条件判断系统的运行情况或其特性，而不是针对系统特定行为的需求。一般功能需求会定义系统特定的行为或功能，而非功能性需求则是为了满足客户业务需求而需要符合、但又不在功能需求以内的特性。

非功能性需求的内容范围非常广。总的来说，其可以分为如下两类。

（1）约束条件：这是对系统施加的限制，包括时间、资源和环境等。

（2）质量属性：这是决定其整体质量的系统特征，包括系统性能、可靠性、安全性等。

约束条件和质量属性不是完全割裂的，它们存在一些交集。例如质量属性的可移植性需求里面可能包含系统对不同平台的支持这一约束条件。

## 14.2 约束条件

约束条件

约束条件制约着开发人员对设计或者实现的选择。约束可以由外部的相关人员提出，也可以产生自其他系统，或是来自系统生命周期中的一些事务或维护活动。约束也可能来自已有的约定、管理决策和技术选择。约束的来源包括以下几类。

（1）必须要用或者要避免的特定技术、工具、语言和数据库等。

（2）因产品操作环境或者平台而产生的约束，例如要支持的网页浏览器或者操作系统的类型和版本。

（3）需要遵循的开发约定和行业标准。

（4）早期产品的向后兼容与潜在的向前兼容的能力，例如，为了创建某个特定的数据文件，需要知道正在使用哪一个版本的软件。

（5）由法律法规或者其他业务规则决定的限制性或者合规性需求。

（6）硬性限制，如时间需求、内存或者处理器限制、大小、重量、材料、成本等。

（7）由操作环境或者用户特性和局限造成的物理性约束。

（8）对现有产品进行优化时要遵循的现有接口约定。

（9）与其他现有系统通信需要遵循的规则，例如数据格式和通信协议。

（10）显示屏幕尺寸的限制，例如需要在平板电脑或者手机上运行。

（11）使用的标准数据交换格式。

约束条件通常是由外部施加的，所以必须重视。约束条件通常是用户在不经意间提出的，需求分析师需要对其进行识别。

下面是一些约束条件的范例。通常开发人员需要依据这些约束做出选择。

（1）用户通过单击项目列表顶部来实现排序功能。（特定的用户交互控制作为功能需求的设计约束）

（2）必须使用开源软件实现产品。（实现约束）

（3）系统必须使用 Microsoft .NET Framework 4.5。（架构约束）

（4）柜员机只接收 5 元、10 元、20 元的纸钞，以及 1 元的硬币。（物理约束）

（5）网上支付支持微信支付和支付宝支付。（设计约束）

（6）系统使用的所有文本数据将以 JSON 格式的文件存储。（数据约束）

在需求分析文档最前面会明确描述系统的运行环境，这也属于约束条件的一部分。运行环境包括系统运行所需要的软件、硬件环境等。运行环境需求对于软件开发过程和项目实施以及投资成本具有非常重大的指导意义。在硬件方面，一般提出了这些物理设备及环境的性能指标，无须指定特定的产品和型号，但必须考虑随着业务发展，能够满足用户运行需求。在软件方面，指出系统运行所依赖的操作系统、数据库或其他基础软件的版本参数等，也可指定软件开发的语言、所使用的编程工具等。以下是一个运行环境需求的示例。

硬件需求如下。

（1）Web 应用服务器两台，实现冗余备份处理和内部业务的负载平衡。性能指标要求是主频 2GHz 以上、内存 16GB 以上或更高端的专业服务器、硬盘 2TB 以上。

（2）数据库服务器，可以与 Web 应用共享同一台服务器。性能指标要求是主频 2GHz 以上、内存 16GB 以上或更高端的专业服务器、硬盘 2TB 以上。

软件需求如下。

（1）数据库管理系统：MySQL 5.5 以上。

（2）Web 代理服务器：Nginx。

（3）Web 服务器：Tomcat 8。

（4）缓存服务器：Memcached 或 Redis。

（5）开发工具：Eclipse。

（6）客户端软件：需支持 Chrome、Edge、Firefox 等主流的浏览器。

# 14.3 探究质量属性

ISO/IEC 25010:2011 中将质量属性分为产品质量属性和使用质量属性。其中产品质量属性又细分为 8 个方面的 31 个子特性，使用质量属性又细分为 5 个方面的 11 个子特性。由于内容较多，本章不一一详述。

这里介绍一种相对简单的分类方式。按照质量属性针对的对象，其可分为外部质量属性和内部质量属性。外部质量属性的重要性主要是针对用户而言，而内部质量属性主要是针对开发人员和维护人员而言。表 14-1 简要描述了主要的质量属性，囊括了大部分的质量属性需求。当然，根据软件系统的目标应用领域的不同，用户提出的质量属性需求可能会超出该表的范畴。

表 14-1　主要的质量属性

| 质量属性 | | 简要描述 |
|---|---|---|
| 外部质量属性 | 可用性 | 可用性指在给定的时间内以及规定的环境条件下，系统正常运行的时间。其可以用平均无故障时间和平均修复时间衡量 |
| | 可安装性 | 可安装性指正确安装、卸载和重新安装应用的难易程度 |
| | 完整性 | 完整性指防止系统数据错误以及数据丢失的难易程度 |
| | 互操作性 | 互操作性指当前系统与其他系统之间交互数据和服务的难易程度，以及系统与外部硬件设备集成的难易程度 |
| | 性能 | 性能指系统响应用户输入或者其他操作的快慢程度及可预见性 |
| | 易用性 | 易用性指学习和使用系统功能的难易程度，也包括系统输出结果易于理解的程度 |
| | 可靠性 | 可靠性指系统在规定的条件下和规定的时间内完成规定功能的能力 |
| | 健壮性 | 健壮性指系统遇到非法输入、与软件或硬件连接相关的错误、外部攻击或者异常操作时，系统功能还能继续正确运行的可能性 |
| | 安全性 | 安全性需求与防止系统对人员造成伤害或对资产造成破坏的需求相关。例如，身份验证、用户权限、访问控制等都是与安全性相关的具体需求 |
| 内部质量属性 | 有效性 | 有效性指系统使用计算资源的效率 |
| | 可扩展性 | 可扩展性指系统在不降低性能的情况下应对工作负载增加的能力，或者它快速扩展的能力 |
| | 可维护性 | 可维护性指系统随着时间的推移获得支持、更改、增强和重组的难易程度 |
| | 可移植性 | 可移植性指系统可以从当前的硬件或软件环境转移到另一个环境的难易程度 |
| | 可重用性 | 可重用性指将一个软件组件用于另外一个应用或项目时所需要的相关工作量 |
| | 可验证性 | 可验证性指为了验证系统功能是否已经正确实现，而对软件组件或者集成产品进行评估的难易程度 |

在理想情况下，希望系统能表现出所有质量属性的最优特征。例如，系统任何时间都能正常运行、从不崩溃，及时返回正确的结果，对所有未授权访问一律拒绝，用户从来不觉得有困惑。而实际情况是，系统的质量属性难以达到最优标准，某些属性甚至存在互斥的关系，比如要增加系统的易用性可能需要舍弃一些性能。完美的状态永远无法达到，所以只能在质量属性列表中选出一些对项目成功至关重要的属性，用这些属性构建特定的质量目标，使开发人员做出恰当的选择。下面列举了部分系统可能会关注的质量属性。

（1）嵌入式系统：性能、效率、可用性、健壮性、安全性、易用性。

（2）互联网和企业应用管理系统：可用性、完整性、互操作性、性能、可扩展性、安全性、易用性。

（3）移动应用系统：性能、安全性、易用性。

不同的软件对质量属性要求的内容是不一样的，即使是同样的质量属性，不同的系统要求的指标也可能是不一样的。下面介绍一种通用的筛选和描述质量属性的方法。

（1）以一组广泛的质量属性为起点。参考表 14-1 列出的所有属性，以这些属性为起点，以减少忽略重要属性的可能性。

（2）精简属性。召集项目干系人，评估哪些属性可能是重要的项目属性。例如电子商城系统可能需要着重强调易用性和安全性（涉及支付环节）。

（3）对属性进行排序。对相关属性进行排序，能够为需求获取讨论确立重点。图 14-1 所示为对电子商城系统的质量属性的排序示例。对少数几个属性两两比较，在两个属性的交叉处考虑“如果这两个属性只能关注其中一个，要选择哪一个？”如果单元格左边的属性比上方的属性重要，则在单元格中标记“<”，否则，插入“^”。例如，在比较安全性和可用性时，因为涉及支付，所以我们认为安全性更重要。事实上，表格中的标记是沿对角线呈对称状的，因此只要完成了上三角单元格的比较，下三角单元格中的内容就可以推理得到。

最后在“分值”这一列计算每一行中“<”的个数，即给出每个属性对应的相对分值。得分最高的即为最重要的属性。在该例中，安全性（7 分）最为重要，其次是完整性（6 分）和易用性（5 分）。

| 属性 | 分值 | 可用性 | 完整性 | 性能 | 可靠性 | 健壮性 | 安全性 | 易用性 | 可验证性 |
|---|---|---|---|---|---|---|---|---|---|
| 可用性 | 2 |  | ^ | ^ | ^ | < | ^ | ^ | < |
| 完整性 | 6 | < |  | < | < | < | ^ | < | < |
| 性能 | 4 | < | ^ |  | < | < | ^ | ^ | < |
| 可靠性 | 2 | < | ^ | ^ |  | < | ^ | ^ | ^ |
| 健壮性 | 1 | ^ | ^ | ^ | ^ |  | ^ | ^ | < |
| 安全性 | 7 | < | < | < | < | < |  | < | < |
| 易用性 | 5 | < | ^ | < | < | < | ^ |  | < |
| 可验证性 | 1 | ^ | ^ | ^ | < | ^ | ^ | ^ |  |

图 14-1 质量属性排序示例

对属性进行排序有两方面的好处。第一，这样能够让人在获取需求时把重点放在对项目成功更重要的属性上。第二，质量属性有冲突时，能使人知道应该如何应对。如在上述的例子中，安全层机制的加入可能会使得系统运行速度变慢，性能降低。但是回顾质量属性排序列表，发现安全性（7 分）比性能（4 分）更为重要，所以在类似的属性冲突中，应该着重考虑安全性。

（4）获取对每个属性的具体期望。从用户在需求获取阶段所做的评论中，可以看出他们对产品质量属性的一些看法。当用户谈到软件必须易用、运行快、可靠或健壮的时候，需要马上确定他们当时的具体想法。如下用于探究用户期望的问题可以引导得出具体的质量属性需求。

① 作为对查询的响应，可接受的响应时间是多少？

② 你预期的平均并发用户数是多少？

③ 你预期的最大并发用户数是多少？

④ 在一天中、一个月中或一年中，什么时间用户的访问比平时多？

⑤ 具体指定结构良好的质量属性需求。过分简化的质量属性需求，如“系统应该是用户友好

的”或者“系统应该随时可用”，是没有用的。前者有些过于主观，也不够具体，后者不现实或者说也很少需要这么做，且这两个例子都是不可测量的。这样的需求不会给开发人员提供具有指导性的信息。

# 14.4 定义质量属性

表 14-1 提及了 15 种质量属性，每一种质量属性需求的获取方式和描述方法都不一样，下面分别进行讨论。

## 14.4.1 可用性

可用性

可用性指在给定的时间内以及规定的环境条件下，系统正常运行的时间。简单来说，可用性就是一个系统处在可工作状态的时间的比例。例如，一周里（168h）有 100h 可用的系统，其可用性为 100/168。可用性的值通常用小数来表示（如 0.9998）。在高可用性的系统中，使用一种被称为“×个 9”的度量方式，×对应小数点后 9 的个数。如“5 个 9”相当于 0.99999（或者 99.999%）的可用性。

可用性可以使用 MTBF（Mean Time Between Failures，平均故障间隔时间）和 MTTR（Mean Time To Repair，平均修复时间）进行计算。假设系统的平均故障间隔为一年，平均修复时间为 1h。

平均故障间隔时间 = 365 × 24h=8760h

可用性 = MTBF/(MTBF+MTTR) = 8760/8761 =0.99988

有些操作在时间方面比其他操作更为敏感。当用户需要完成某些重要工作而功能不可用的时候，他们会变得沮丧甚至愤怒。需求分析师需要问客户真正的可用时间比例是多少，为了达到业务方面或者安全方面的目标，系统是否在某些时间段必须可用。对于网站以及用户分布在不同时区的基于云的应用，可用性需求尤为复杂，也非常重要。可用性需求可以像下面这样描述。

在工作日期间，北京时间下午 6 点至晚上 12 点，系统可用性应该至少达到 95%。北京时间早上 9 点到下午 5 点，系统的可用性应该至少达到 99%。

可用性需求有时会定义成一个类似服务等级协议的描述。如果服务提供商不满足这样的协议，可能得做出赔偿。这样的需求必须准确定义系统可用性的具体标准，可以包含如下描述。

在北京时间星期天下午 6 点到星期一凌晨 3 点，系统不可用的时间属于维护时间。

请警惕将 100%作为可用性的期望值。这样的目标是不可能达到的，或者是需要付出很大的代价才能达到。像航空交通控制系统这样与生命相关的应用，的确需要有严格、合理的可用性要求。这样的系统一般会有“5 个 9”的需求，意味着系统必须有 99.999%的可用性。也就是说，一年的时间里，系统出现故障的时间不会超过 5.25min。这样一个需求的实现费用可能占系统总费用的 25%，因为需要冗余设计和实现，还需要具备复杂的服务器备份和系统故障策略。

在获取可用性需求时，可以试着提出如下问题。

（1）系统中哪部分与可用性关系最大?

（2）如果系统对用户而言不可用，会有怎样的业务后果?

（3）如果必须进行周期性例行维护，应该在什么时候进行？它对系统可用性有哪些影响？维护期的最短时间和最长时间是多少？在维护期内怎么管理用户访问请求?

（4）如果在系统运行期间必须进行维护，那么它们对系统的可用性有哪些影响？这些影响怎样才能降到最小?

（5）当系统不可用时，需要有哪些必要的用户通知?

（6）系统的哪一部分有比其他部分更为严格的可用性需求？

（7）在功能性模块之间，存在哪些可用性依赖？（例如，如果信用卡授权功能不可用，购物时就不能接受信用卡支付）

## 14.4.2 可安装性

可安装性指正确安装、卸载和重新安装应用的难易程度。软件只有安装在合适的设备或平台上才有使用价值。软件安装的例子有：安装应用到手机上或笔记本电脑上，将软件从个人计算机转到网络服务器上，对操作系统进行升级，安装一个大型商业系统，在个人计算机上安装一个终端应用。可安装性描述的是正确安装软件的难易程度。提高系统的可安装性可以缩短安装操作所需的时间，节约成本，提高用户满意度，减少出错率，降低安装技能要求。可安装性涉及下列活动。

（1）初次安装。

（2）从一个不完整的、错误的或者用户放弃的安装过程中恢复。

（3）重新安装同一个版本。

（4）安装新版本。

（5）退回到上一个版本。

（6）安装另外的组件或者升级。

（7）卸载。

可安装性的度量方式是系统安装的平均时间。这取决于许多因素：安装者的经验、目标机器的性能、正在安装的软件的来源（互联网、本地网络或 U 盘）、安装过程中的手动步骤等。下面是可安装性需求的一些例子。

（1）没有经过培训的用户应该在 10min 的时间内，成功完成应用的初次安装。

（2）在安装一个应用的升级版本时，用户的偏好设置信息应该继续保留，并且在需要的时候转换为新版本中的数据格式。

（3）在安装过程开始之前，安装程序应该对下载包进行正确性验证。

（4）在服务器上安装软件时，需要有管理员权限。

（5）在安装成功后，安装程序应该删除所有临时文件、备份文件、废弃文件和与应用相关但不再需要的文件。

在获取可安装性需求时，可以试着提出如下问题。

（1）哪些安装操作需要在不打断用户会话的情况下进行？

（2）哪些安装操作需要重启应用，或者需要重启计算机或设备？

（3）当安装成功或失败后，应用需要做出哪些反应？

（4）对安装验证进行确认时，需要执行哪些操作？

（5）对于应用中选择的组件，用户有安装、卸载、重新安装或者修复的操作吗？如果有，可以对哪些组件执行这些操作？

（6）在执行安装操作之前，需要关闭哪些应用？

（7）安装人员需要具有哪些授权或者访问权限？

（8）对于没有完成的安装过程，例如因断网或者用户主动放弃而没有完成安装，系统应该怎样处理？

## 14.4.3 完整性

完整性指防止系统数据错误以及数据丢失的难易程度。完整性需求不能容忍任何错误。数据必须以正确的形式存在，并且受到保护，以防止如下情况发生。

（1）因事故造成的数据丢失或损坏。

（2）表面相同但实际不一样的数据集。

（3）存储媒介的物理损坏。

（4）文件被删除以及因用户造成的数据重写。

（5）蓄意破坏或偷窃数据。

（6）与其他系统的数据不一致。

（7）软件可执行文件本身受到攻击。

完整性需求还常用来防止非授权用户对数据的访问，因此有时安全方面的性能也会被认为是完整性的一部分。数据完整性还涉及数据的准确性以及恰当的数据格式方面的问题。例如，日期字段的格式、某些字段上的数据长度和正确的类型、确保数据元素有合法的取值、当某个字段取特定值时对其进行正确性验证等。下面是完整性需求的几个例子。

（1）执行完文件备份后，系统应该对备份文件和原始文件进行验证，如果存在矛盾，需要生成报告。

（2）对于数据的添加、删除或者修改操作，系统必须设置权限。

（3）对于上传的报告只支持PDF和Word文件格式，且大小不超过5MB。

（4）系统要保证应用在日常运行中不被其他非授权代码修改。

在获取完整性需求时，需要考虑以下问题。

（1）保证对数据的修改是完整的，而不是部分修改。如果在过程中操作失败，需要对数据进行回滚。

（2）保证对数据实施的永久化操作正确、完整。

（3）协调好对多个数据存储区做的修改操作，尤其是多个数据存储区（比如多个服务器）需要同时进行的操作以及同一时间点上的多个操作。

（4）保证计算机和外部存储设备的物理安全。

（5）执行数据备份（多久备份一次？是自动备份还是按需备份？备份的文件或者数据库是什么？备份媒介是什么？是本机备份还是远程备份？需要进行备份压缩和验证吗？）。

（6）如何从备份中恢复数据？

（7）哪些数据需要存档？存档时间和频率是多少？有哪些删除需求？

（8）对存储或备份在云上的数据进行保护，只允许有权限的用户访问。

### 14.4.4 互操作性

互操作性指当前系统与其他系统之间交互数据和服务的难易程度，以及系统与外部硬件设备集成的难易程度。为了评估互操作性，需要了解用户使用哪些应用来连接系统，以及用户想要交换什么数据。例如毕设管理系统需要从教务系统导入学生信息，因此提出下面的互操作性需求：

毕设管理系统应该能够导入教务系统的学生信息，如果教务系统导出的学生信息的格式有变化，毕设管理系统需要能够兼容。

互操作性有时也会被表述为外部接口需求，或是数据导入的功能性需求。在探究互操作性需求时，可以试着提出如下问题。

（1）还有哪些系统需要连接？它们要交换什么服务或数据？

（2）在与其他系统进行数据交换的过程中，有哪些标准的数据格式是必需的？

（3）哪些特定硬件设备与系统有连接？

（4）系统必须从其他系统或设备上接收和处理哪些消息或编码？
（5）需要哪些必要的标准通信协议？
（6）系统必须满足哪些外部强制的互操作性需求？

## 14.4.5 性能

性能指系统响应用户输入或者其他操作的快慢程度及可预见性，表明系统对于及时性要求的符合程度。性能常用响应时间或吞吐量来衡量。响应时间是指对请求做出响应所需要的时间，吞吐量是指特定时间内能够处理的请求数量。除了响应时间和吞吐量，还有其他一些与性能相关的指标。表 14-2 列举了与性能相关的几个指标。

**表 14-2 与性能相关的几个指标**

| 性能指标 | 范例 |
| --- | --- |
| 响应时间 | 显示网页需要的时间（以 s 为单位） |
| 吞吐量（流量） | 每秒处理的业务量 |
| 数据容量 | 在数据库中存储的最大记录数 |
| 动态容量 | 社交媒体网站上最大的用户并发量 |
| 实时系统中的可预测性 | 飞机飞行控制系统中的硬实时需求 |
| 延迟性 | 音乐录制软件中的时间延迟 |
| 在降级模式或过载状态下的行为 | 网站在“618”或“双 11”等活动当日的访问量激增 |

对正在等待查询结果的用户而言，糟糕的性能会使他们痛苦不堪。而性能问题也可能意味着安全方面存在着严重的风险，例如一个实时处理控制系统处于负荷过载状态时。对性能要求严格的需求严重影响着设计策略和硬件选择，所以定义的性能目标一定要与操作环境相适应。所有用户都希望自己的应用运行得越快越好，但对不同的系统应用（如拼写检查应用和导弹雷达引导系统）而言，真实的性能需求存在巨大的差异。性能方面的需求往往比较复杂，因为这依赖于很多外部因素，例如使用的计算机、网络连接状态以及其他硬件设备。

在整理性能需求时，最好记录下理论依据，以此来指导开发人员做出恰当的设计选择。例如，如果对数据库响应时间要求很严格，可能会使设计师在多个物理地点创建数据库镜像。对于实时系统，要明确写出每秒执行的业务量、响应时间以及任务调度关系，可能还需要明确内存和磁盘的空间需求、并发量或者存储在数据库中的最大记录数。下面是几个性能需求的范例。

（1）ATM 取款请求授权，所用时间不应该超过 2s。
（2）在一个 30MB/s 网速的网络连接上，网页完全下载的耗时应该平均不超过 3s。
（3）至少在 98%的时间内，交易系统应该在每个交易完成后的 1s 内更新交易状态。

性能是一个外部质量属性，因为它只有在运行期间才能体现出来。但它与内部属性中的有效性紧密相关，有效性对用户所观察到的性能有较大影响。

## 14.4.6 易用性

易用性指学习和使用系统功能的难易程度，也包括系统的输出结果易于理解的程度。易用性是在开发非功能性需求时必须考虑到的问题，易用性还涉及美工和用户界面、人机工程、交互式设计、心理学、用户行为模式等多方面的知识。易用性的三原则就是易见、易学和易用。易见指各种功能操作不要藏得太深，用户能很容易地进行他们期望的各种操作；易学指软件系统通过在线帮助、导航、向导等各种方式保证软件是可自学的；易用的重点则是在熟练使用软件后应该可以更快地进行各项操作。这三者相互间也存在冲突，需要平衡，而平衡的一个出发点就是真正地做到以用户为中心进行设计，细分场景和用户。

例如，关于毕设管理系统的易用性需求可以从以下几个方面进行分析。

（1）根据不同的用户权限生成不同的操作功能页面，这样可以在显示层简化系统的功能层次，用户能够直观地选择相应的操作权限。

（2）编写在线帮助文件，帮助用户学习系统的使用方法。

（3）在用户操作过程中采用简体中文字进行提示，以方便用户理解。对于任何系统错误、录入过程中出现的错误，在错误提示后返回原录入焦点。

（4）在95%的情况下，第一次使用系统的学生，应该在不超过10min的熟悉和适应后，提交毕设各阶段对应的文档。

（5）为了让用户操作更加方便、快捷，采用快捷键、组合键等策略，特别是对某些使用频率比较高的功能项。录入界面每个编辑焦点的切换支持Tab键和Enter键相结合的切换方式，以方便录入人员操作。

（6）老师登录时，若有未完成的审核会出现提示，单击后可以跳转至相应的审核页面。

## 14.4.7 可靠性

可靠性是系统在指定时间内无故障运行的概率。可靠性不但与软件存在的缺陷和差错有关，而且与系统输入和系统使用有关。根据故障出现时产生影响的严重性以及在使可靠性最大化时成本的合理性，可以创建量化的可靠性需求。对可靠性要求偏高的系统也应该设计成具有较高可验证性的系统，这样更容易发现损害可靠性的缺陷。如银行等金融机构，其核心业务对系统的可靠性要求极高，部分可靠性需求如下所示。

*应用服务器故障在1年中不得超过2次，且不能因为服务器故障而导致用户数据不一致。*

应用程序故障最严重的情况为系统彻底崩溃，但是为了保障系统的可靠运行，必须实施系统的冗余集群。防止因为地域因素导致的系统崩溃，如某地发生停电、地震等强烈自然灾害造成系统的瘫痪。为了保证可靠性，我们可以在不同的区域建立相同规格的服务中心，提高系统的可靠性保障能力。对于同一物理位置的应用服务器，采取负载均衡集群的方式实现系统的高度可靠性。而为了保证数据的可靠性，除了在系统设计中需要做很多冗余的设计，数据的备份和恢复也极为重要。

在获取可靠性需求时，可以试着提出如下问题。

（1）怎样判断系统是否有足够的可靠性？

（2）在执行系统的某些操作时，如果有故障发生，会有什么样的后果？

（3）与普通的故障相对应，你认为哪些故障是非常严重的？

（4）在什么情况下故障会对业务操作造成严重后果？

理解可靠性需求，可以让架构师、设计师和开发人员为获得必要的可靠性而采取相应的策略。从需求的角度来说，一个让系统既有可靠性也有健壮性的方法是识别异常及相应的处理方式。

## 14.4.8 健壮性

健壮性通常也被称作鲁棒性。健壮的软件能够顺利解决问题并包容用户的错误，还能够从内部的软件失败中恢复，不会对终端用户的体验产生不利的影响。它以一种让用户感觉合理而不是恼怒的方式来对待系统发生的错误。与健壮性相关的其他质量属性是故障容忍度（用户输入的错误捕捉了吗？

纠正了吗？）和可恢复性（在操作系统升级过程中发生断电时，机器能够恢复正常操作吗？）。

在获取健壮性需求时，要询问用户系统可能会碰到哪些错误情形，还要了解系统此时应该如何应对。要想方设法地检测出可能导致系统故障的错误，向用户报告并在发生故障时顺利恢复系统。下面是一个健壮性需求的实例。

在用户保存文件之前，如果文本编辑器发生故障，那么在该用户下次登录系统时，应该将正在编辑的文件恢复到保存之前 1min 时的内容。

类似这样的需求，能够让开发人员实现应用启动时查找已保存的数据并恢复文件内容这样的功能。除此之外，为了使数据丢失造成的损失减到最小，还要实现检查点或者定期自动保存的功能。

如果系统存在着大量的用户访问，可能会有下面的健壮性需求。

当并发访问的用户数超过 1000 时，对后续请求的用户提示“系统繁忙，请稍后再试”的信息。

当考虑健壮性需求时，需要考虑各种错误或过载行为，可以假定用户为恶意用户，同时假定程序会失败。然后，再考虑在各种情况发生时系统的应对行为。

### 14.4.9 安全性

安全性需求与防止系统对人员造成伤害或对资产造成破坏的需求相关。安全性需求可能还与一些法规息息相关。安全性需求常表述成禁止系统出现某些状态或发生某些行为。

随着互联网的发展，安全性需求还表现为对数据的隐私保护。软件系统的安全性通常表现为以下几个方面。

（1）保密性：数据加密保护，保证数据在采集、传输和处理过程中不被偷窥、窃取、篡改。对业务数据需要在存储时进行加密，确保其不可被他人破解。

（2）防泄露：通过对文档进行读写控制、打印控制、剪贴板控制、拖曳/拷屏/截屏控制和内存窃取控制等，防止泄露机密数据。

（3）权限控制：根据用户权限控制其访问数据，进行操作记录等。

（4）防攻击：防攻击可采取 IP 地址限制、高频访问限制等策略，如用户高频点击有时不是恶意的，但也有可能造成系统异常。

下面是几个安全性需求的范例。

（1）在 5min 内如果连续 4 次登录失败，系统会锁定该用户账户。

（2）用安全管理人员发放的临时密码第一次登录成功后，用户必须将临时密码改为之前没有用过的密码。

（3）门卡读取成功后，门禁开门状态应该持续 8s，误差时间不超过 0.5s。

（4）当检测到有恶意攻击行为或疑似恶意攻击的行为时，应限制该用户或对应的 IP 地址再次访问。

（5）只有具有审计权限的用户才能查看客户交易历史信息。

（6）对用户的身份信息，如身份证号码、出生年月等敏感数据应加密存储，对此类数据的访问应该有对应的日志记录。

在获取安全性需求时，可以试着提出如下问题。

（1）对于来自非授权的访问，哪些敏感数据必须加以保护？

（2）哪些用户有权查看敏感数据，哪些用户无权查看？

（3）在什么业务条件下或在什么操作时间段允许已授权用户进行功能访问？

（4）为了确保用户是在安全环境下操作应用，需要进行哪些必要的检查？

（5）软件的病毒扫描频率是多少？

（6）如果发现了软件的漏洞或缺陷，如何对其进行升级？

（7）有没有必须要用的特定安全认证方法？

### 14.4.10 有效性

有效性是指系统使用计算资源的效率，与外部质量属性中的性能紧密相关。有效性是系统对处理器性能、磁盘空间、内存或者通信带宽使用的衡量指标。如果系统消耗太多的可用资源，就会导致性能下降。

有效性在系统架构中是一个驱动性因素，影响着设计师如何选择计算方式及功能在各个系统组件上的分布。在有效性需求与其他质量属性之间，有时需要做出一些折中的考虑。在定义有效性、可用性和性能目标时，要考虑最低硬件配置需求，还需考虑在一些突发情况下软硬件的负载。下面是一些有效性需求的例子。

（1）在计划内的负载峰值下，要为应用留出至少 30%的处理器能力和内存作为备用。

（2）当已用容量超过额定最大容量的 80%时，系统要向操作人员显示告警信息。

用户在描述有效性需求时，可能不会用上面这些专业词汇。相反，他们会用响应时间或者其他外在的指标来描述。在涉及可接受的性能下降、业务猛增需求时，需求分析师提出的问题必须能让用户表达他们的期望，如下所示。

（1）目前的最大用户并发量是多少？将来预计的并发量是多少？

（2）在用户或者业务受到不利影响之前，响应时间或者其他绩效指标下降了多少？

（3）在正常和极端操作条件下，系统必须要能够并发执行多少操作？

### 14.4.11 可扩展性

可扩展性是指系统在不降低性能的情况下应对工作负载增加的能力，或者快速扩展的能力。可扩展性也表现为随着业务需求的变化和系统的发展，满足业务未来需求而扩大架构以容纳更多用户、更多流程、更多事务以及更多节点和服务的能力。可扩展性具有硬件和软件的双重含义。硬件方面可扩展性包括采购更快的计算机、增加内存或磁盘空间、增加服务器、增加数据库镜像或扩大网络带宽。软件方面可扩展性包括在多处理器上分布计算、数据压缩、算法优化以及性能调优等。可扩展性与系统性能、健壮性等相关。

软件可扩展性需求可以根据用户受众、数据库使用情况、关键性能需求等进行大致分类。例如，对于高度以用户为中心的 Web 应用程序，可扩展性需求需要主要体现在系统可以支持并发访问的用户数，当用户数急剧增加时，系统性能不会下降。数据库的可扩展性则多是针对多事务批处理的不断增长的数据库性能，在所需时间内同时响应不断增加的查询数量的能力。而服务器的可扩展性则指支持预期的未来打开链接数、对每个用户请求的响应时间等的能力。

有一个软件系统部署的例子，该系统实现了基于数据库事件的触发器。用户数据的每次更改事件都被记录为触发器，稍后由批处理程序进行处理。在最初部署用户数不到 5 万人时，应用程序便开始日夜生成大量触发器，这成为瓶颈并严重影响了系统性能。及时完成批处理周期成为一个挑战。在运行的几个月内，在批处理过程中发生了故障，系统无法管理“触发器爆炸”。更具讽刺意味的是，该系统被吹嘘为能够在其全部容量下承载 100 万用户的负载。错误定义的可扩展性需求可能会对软件使用产生不利影响。下面是可扩展性需求的几个范例。

（1）紧急电话系统必须具备在 12h 内完成呼叫量从 500 次/日增至 2500 次/日的能力。

（2）网站至少两年内应该具有应对每季度 30%的网页浏览增长率的能力，而且要在用户感受不到性能下降的情况下。

在获取可扩展性需求时，可以试着提出如下问题。

（1）在接下来几个月、几个季度或几年中，估计系统必须能够处理多少总用户和并发用户？

（2）是否可以描述未来系统在数据能力方面新发生的情况及其原因？

（3）考虑到系统预期运行的服务器、数据中心或者用户量，有哪些已知的增长计划？

### 14.4.12 可维护性

可维护性是指系统随着时间的推移获得支持、更改、增强和重组的难易程度。预先了解某个项目的可维护性需求是很重要的，因为它会影响系统的体系结构。这种影响使可维护性成为开发软件时要考虑的重要非功能性需求。

如果应用程序的生命周期相对较短，那么与实施易于维护的架构相关的成本可能没有意义。但是，如果该软件的生命周期为中长期，那么我们必须开始认真考虑未来的升级和变更将如何实施。

在获取可维护性需求时，需要考虑以下问题。

（1）软件的预期寿命是多少？短期内应用程序可能不需要高水平的可维护性，因为它们即将被替换。

（2）应用程序需要多久修改一次？如果目前还处在软件的迭代开发期内，或者是敏捷开发的软件，则很可能会进行频繁的修改。同样，如果应用程序背后的业务流程经常更改，也需要较高的可维护性。

（3）软件的维保期是多久？维保期内能够提供哪些支持和培训？超过维保期后，客户内部是否有相关人员可以完成软件的日常维护？

### 14.4.13 可移植性

可移植性是指软件系统可以从当前的硬件或软件环境转移到另一个环境的难易程度。有人把产品的国际化和本地化也纳入可移植性的范畴。软件可移植性的设计方法与设计可重用性的方法类似。当应用必须在多个环境中运行时，可移植性尤为重要。如下是一个可移植性的例子。

*商品促销视频应该可以支持来自多个操作系统（包括 Windows、macOS 和 Android）的学生观看。*

另外，数据的可移植性也同样重要，下面是一个数据可移植性需求的例子。

*实验管理系统导出的学生成绩报表应该能通过 Excel 打开，并能导入教务系统中。*

可移植性需求应该明确指出产品哪些部分必须能移植到其他操作环境。在获取可移植性需求时，可以试着提出如下问题。

（1）软件需要在哪些不同的平台上运行，不管是现在还是将来。

（2）软件中的哪些部分需要设计成比其他部分具有更强的可移植性？

（3）哪些数据文件、程序组件或系统中的哪些功能需要具备可移植性？

（4）为了使软件更容易移植，可能会损害哪些质量属性？

### 14.4.14 可重用性

可重用性又可称为可复用性，是指将一个软件组件用于另外一个应用或项目时所需要的相关工作量。软件重用不仅可以提高生产力，而且对软件产品的质量和可维护性也有积极的影响。但是，重用不是免费的。与编写仅打算在当前项目中使用的需求相比，创建高质量的可重用需求可能需要付出更多的努力。重用者需要了解需求对其他需求的依赖性，以及与它相关且可能被重用的其他需求，以便适当地打包相关需求集。

可重用需求必须在正确的抽象级别和范围内编写。特定领域的需求是在较低的抽象层次上编写的，很可能只适用于它们的原始领域。通用需求可在各种系统中更广泛地重用。然而，如果试图在过于笼统的级别上重用需求，将不会节省太多精力，因为我们仍然需要详细说明细节。在使重用更容易（具有更抽象或通用的需求）和使重用得到回报（具有更详细或特定的需求）之间找到合理的平衡是很棘手的。

图 14-2 所示为一个支付需求的重用示例。也许你正在构建一个应用程序，其中包含接受信用卡付款的用户需求。该用户需要将该需求扩展为一组围绕处理信用卡支付的相关功能和非功能性需求，其他应用程序也可能需要通过信用卡付款，因此这是一组潜在的可重用需求。

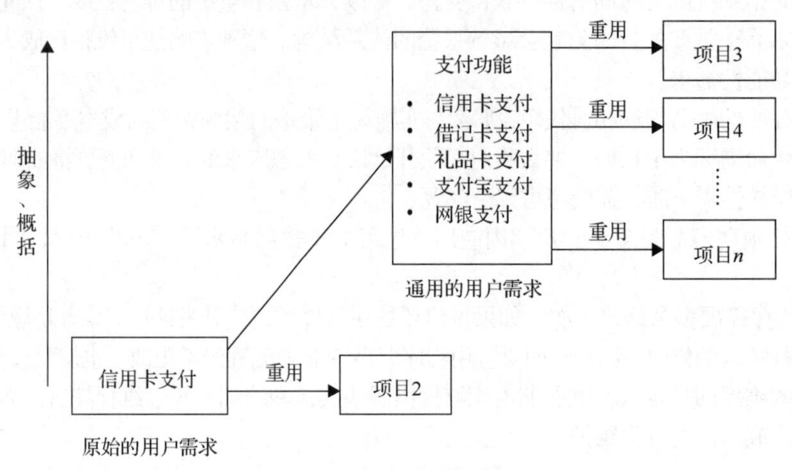

图 14-2 支付需求的重用

假设可以将该用户需求概括为包含多种支付机制：信用卡支付、借记卡支付、礼品卡支付、支付宝支付和网银支付。由此产生的需求在更广泛的未来项目中提供了更大的重用潜力。一个项目可能只需要信用卡支付，而其他项目则可能需要其中的几种支付方法。

概括这样的初始用户需求——从"接受信用卡付款"到"接受付款"，即使在当前项目中这也是有价值的。即使客户最初只要求处理信用卡付款，用户将来也可能希望使用其他付款方式。

为需求选择正确的抽象级别也可以在构造过程中得到回报。在一个需要多种支付方式的项目中，为每种情况生成明确的要求和规则揭示了共性和差异。独立于未来的重用可能性，构建更高级别的抽象有助于更轻松地设计和构建。

但是要推广最初提出的需求需要做一些努力。这就是你在可重用性方面所做的投资，预计你将通过多个未来的重用实例收回投资——甚至更多。如果从未重复使用新的和改进的需求，那么你就浪费了这笔投资。你可以决定是将今天的需求简单地存储在一个共享位置以供可能的重用，还是投入精力来提高它们未来的可重用性。

可重用性很难量化或明确指出与系统中的哪些元素相关，开发人员需要在构建过程中考量其可重用性，或者明确指出可重用的组件要独立于项目创建。下面是几个范例。

（1）文档上传功能应该在其他应用中的对象代码级别上可重用。

（2）至少 30%的应用架构应该来自对已批准参考架构的重用。

（3）微信支付功能应该在将来重用到其他网上购物系统中。

在获取可重用性需求时，可以试着提出如下问题。

（1）现有的哪些需求、模块、设计组件、数据或测试能够重用于应用?

（2）相关应用中的哪些功能可以满足当前应用的特定需求?

（3）当前应用中的哪些部分可能可以重用于其他应用?

（4）为了使这个应用中的某些部分更有可重用性，需要采取哪些行动?

### 14.4.15 可验证性

软件的可验证性，狭义地讲也可称为可测试性，是指为了验证系统功能是否已经正确实现而对软件组件或者集成产品进行评估的难易程度。如果产品含有复杂的算法和逻辑，或者功能点之间存在微妙的功能交叉关系，对可验证性进行设计就非常重要。如果产品将来要频繁修改，那么可验证性也很重要，因为需要用频繁的回归测试来验证修改是否损害了已有的功能。如果软件难以测试，则不可避免地会出现错误。在谈及软件的可验证性或可测试性时，常常还会听到一个词：TDD（Test Driven Development，测试驱动的开发）。TDD 是敏捷开发中的一项核心实践和技术，也是一种设计方法论。TDD 的基本思路就是通过测试来推动整个开发的进行，但 TDD 并不只是单纯的测试工作，而是把需求分析、设计、质量控制量化的过程。

对软件的可验证性进行设计，意味着更容易把软件置入理想的预测试状态，更容易提供必要的测试数据，更容易观察到测试结果。下面是可验证性需求的几个范例。

（1）开发环境和测试环境的配置应该相同，以免测试时故障无法重现。

（2）测试人员应该能够配置在测试中需要对哪些执行结果进行日志记录。

（3）为了调试，开发人员应该能够对计算模块进行配置，使其能够显示任意指定算法的中间结果。

定义可验证性需求可能很难，要探究以下问题。

（1）怎样确定某个特定计算输出的是预期的结果？

（2）系统中有没有不能够产生确定性输出的部分，例如很难确定它们是否正确运行？

（3）是否可以让测试数据集尽可能揭示出需求或者其实现过程中所有的错误？

（4）可以引用哪些数据、报告或其他输出来验证系统产生的结果是否正确？

## 14.5 本章小结

在需求工程中，非功能性需求是指依据一些条件判断系统运行情况或其特性的需求。非功能性需求主要分为约束条件需求和质量属性需求两大类。第 2 节列举了约束条件的来源，并举例说明了约束条件的描述方法；第 3 节介绍了质量属性的分类以及筛选质量属性需求的方法；第 4 节详述了获取各种质量属性需求时应该重点考虑的因素，以及如何清楚描述这些质量属性需求。

通过对本章的学习，读者能够了解非功能性需求的概念及与一般功能需求间的关系。了解约束条件和质量属性包含的内容，了解如何通过排序来平衡多种质量属性，并掌握编写良好的非功能性需求的方法。

## 习题

1. 什么是外部质量属性和内部质量属性？分别列举其中包含的质量属性。
2. 与性能相关的指标有哪些？请举例说明。
3. 可用性、可靠性和健壮性需求分别描述系统哪方面的属性？请举例说明。
4. 思考图书馆管理系统中可能涉及的可用性和性能需求，并进行需求描述。
5. 思考在线机票预订系统中可能涉及的可用性和性能需求，并进行需求描述，然后与图书管理系统中的可用性和性能需求进行对比。
6. 思考电子商务网站中可能涉及的安全性需求，并进行需求描述。

7. 思考实验管理系统中可能涉及的非功能性需求，尝试使用本章介绍的探究质量属性的方法筛选出最重要的 5 个质量属性，并进行需求描述。

8. 从表 14-1 中挑选几个对当前项目比较重要的质量属性，针对每个属性，思考几个能够帮助用户描述其期望的问题。根据用户的反馈，为每个重要属性写一两条需求描述。

9. 认真检查之前项目的质量属性需求，看看它们是否可以验证。如果不能，则重写需求，力求能够对项目预期的质量结果进行评估。

10. 尝试使用本章介绍的探究质量属性的方法，对当前项目中重要的质量属性进行排序，思考不同质量属性的优先级。

# 第 5 篇

# 需求分析实例

本篇将以毕设管理系统为例，依据第 2 章中介绍的需求开发流程，深入剖析一个需求分析实例。

本篇将详细介绍如何从无到有进行需求分析。首先，需要进行战略分析，定义业务需求，识别用户类型，借用可视化的分析手段明确系统的功能和流程，确定各个角色的权限和交互方式。然后，收集并整理数据需求，确定数据字典。接下来，通过与用户的沟通和讨论，分析并整理系统的非功能性需求，如性能、安全性、易用性等方面的需求。最后，将所有的需求整理撰写成需求规格说明书，为后续的开发工作提供准确的依据。

学习完本篇，希望读者能够明确需求分析的流程，掌握需求分析的方法和技巧，将理论知识应用于实践，提高需求分析的实际操作能力，更好地理解和满足利益相关者的需求，撰写清晰、准确的需求规格说明书，为自己在软件开发和项目管理领域的职业发展打下坚实的基础，提高项目的成功率和交付质量。

# 第15章 毕设管理系统需求分析

本章将以毕设管理系统为例，逐步分解需求分析的流程，介绍可视化需求建模在实际项目中的应用，并介绍如何编写清晰、明了的需求规格说明书。

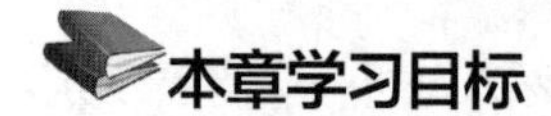

## 本章学习目标

（1）通过实例学习掌握需求分析的具体流程及注意事项。

（2）学习如何从零开始组织需求分析工作。

（3）学习如何在需求分析工作中厘清思路。

（4）体会可视化需求建模在实际项目中的应用，学会编写需求规格说明书。

## 15.1 战略分析

根据 2.2 节战略分析中的具体步骤做以下分析。

（1）项目背景：传统的毕设主要分为如下 3 个阶段。

① 选择代管老师，提交任务书。

② 毕设进行到一半的时候，提交毕设论文提纲和完成进度说明。

③ 组织学生进行毕设答辩，检查学生的毕业论文是否符合要求。

传统的毕业设计主要存在以下几个问题。

① 毕业设计管理流程比较松散，学生在提交毕设论文时才发现其与毕设要求差距甚远。

② 代管老师与学生的交互流程无从体现，评审记录无法查询。

③ 答辩老师常常是在答辩当天才看到学生论文，答辩评审过于匆忙。

④ 教务管理员只能通过纸质材料统计学生毕设情况，每次统计既费时又费力，且纸质材料不利于保管。

学院因参与卓越工程师教育培养计划，要求学生通过顶岗实习的方式到企业去完成毕业设计。学生需要在大四上学期去企业实习 4～6 个月，根据在企业实习的情况，提炼出研究课题，并最终完成毕设论文的撰写。

（2）项目能帮助甲方实现哪些核心价值？

毕业设计的好坏不仅会对学院教育的有效性和专业水平起到检验的作用，也会直接影响学生学习成果的展示。优秀的毕业设计能够体现学生对所学专业知识的掌握程度、创新能力和实践能力，对评价学生的综合素质和解决实际问题的能力起到重要作用。由于毕业设计在人才培养中的重要性，学院非常重视对毕业设计的管理和监督。希望能建设一个毕设管理系统，使用更规范的流程进行管理，对学生的毕业设计和老师指导过程进行有效的监督和管理，方便老师在线评审，同时也方便教务管理员统计导出毕设相关信息。

（3）该项目对甲方的重要性如何?

A. 生存需求。该项目关系到甲方的生存问题

B. 核心发展需求。该项目有利于甲方提高核心领域的生产力和竞争力

C. 次要发展需求。该项目对甲方的生产力和发展不产生重要影响，但有利于甲方解决一些具体问题或有助于改善核心领域的工作

D. 面子需要。该项目有利于企业或领导的“政绩”

如果单看毕业设计本身，选择 B 或是 A 都不为过。但是考虑到如果没有该系统，学院也能实施毕业设计，只是实施的过程可能会有一些不便（如评审困难、统计困难且不利于监督等），因此该项目的重要性应该介于 B、C 之间。

（4）甲方有哪些有利条件和不利条件?

（5）乙方有哪些有利条件和不利条件?

由于该项目最终是学院实验中心的负责老师带领一些软件工程专业的学生开发完成的，所以这是一个内部项目，甲方和乙方的有利条件和不利条件相同。

有利条件如下。

① 毕业设计每年都开展，毕业设计的整个流程比较清楚。

② 直接负责毕业设计过程管理的实验中心负责人很重视该项目。

不利条件如下。

① 因为涉及顶岗实习，与传统毕业设计还是有一定的差异，因此如何对在企业实习的学生实行有效的监督是毕设管理系统的难点。

② 虽然领导很重视这个项目，但是经费有限。

③ 毕业设计的整个流程涉及学院众多部门，要了解清楚各部门之间是如何配合的需要用些时间。

（6）乙方应以怎样的战略来应对这个项目?

A. 全力以赴满足甲方需求，哪怕牺牲自身利益

B. 投入合理的成本满足甲方的基本需求，对于超出乙方当前承受范围的，引导甲方做“下一期”项目

C. 仅满足甲方非常紧迫的需求，为维持客户关系而勉强做这个项目，不得罪客户，但保证乙方不亏本或只稍微亏本

D. 不做这个项目

本题的选择是 B。先完成基本需求，如果使用效果较好，再向学院争取更多的项目经费对其进行优化。

## 15.2 定义业务需求

从以上的背景描述中，可以定义如下业务需求。

产品名称：毕设管理系统。

目标客户：学院师生。

愿景：针对传统毕业设计管理流程松散、评审记录无迹可寻、答辩评审过于匆忙、毕设统计费时费力、纸质材料不宜保存等问题，开发毕设管理系统，它是一个针对学生毕业设计的全过程在线管理平台。毕设管理系统使用更规范的流程，对学生的毕业设计和老师指导过程进行有效的监督和管理，方便老师在线评审，同时也方便管理员统计、汇总各项毕业设计数据。

毕业设计的主要流程如图 15-1 所示。

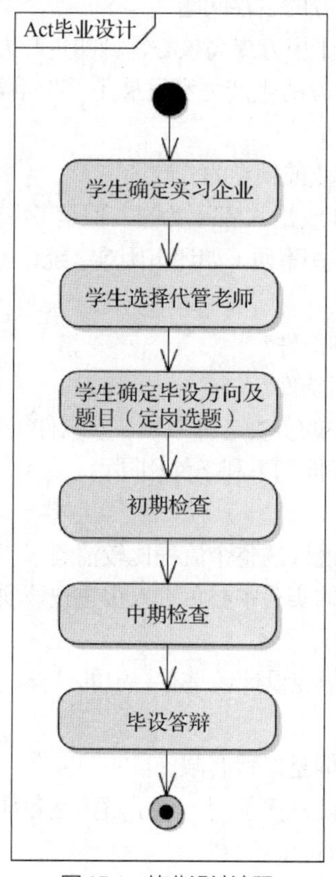


图 15-1　毕业设计流程

学生确定实习企业有两种方式：一种是学生自行联系企业；另外一种是学院组织企业来学院招人，类似双选会。考虑到项目的难度和经费问题，这部分不作为第一期的开发内容。因此，毕设管理系统首期主要是实现图 15-1 中从“学生选择代管老师”到“毕设答辩”这段流程的功能。

项目范围如下。

（1）学生与代管老师之间是双选的过程。学生可以通过系统申请代管老师，代管老师可以对申请的学生进行审核。

（2）学生确定代管老师后，需要提交毕业设计任务书，确定毕业设计的方向及题目。

（3）学生在企业实习期间需要完成初期检查和中期检查，实习完需要提交毕设论文，并回学校参加答辩。每个阶段都需要提交相应的材料。

（4）代管老师可以对学生在各阶段提交的材料进行审核。

（5）毕设答辩阶段除需要代管老师审核论文外，还需要专家评审，且答辩的最终成绩需要在系统中记录。

（6）流程控制。上一阶段未审核完成，不能进入下一阶段。

（7）系统需要支持如下必要的统计。

① 每阶段学生的完成进度。

② 每名学生的毕设成绩（包括各阶段的成绩）。

③ 代管老师代管学生的情况（包括代管人数、代管学生分数、是否评优等）。

（8）系统能发布一些通知、公告。

## 15.3 识别用户类型

毕设管理系统的主要用户就是学生和老师。学生角色比较简单，主要是大四的学生，参与毕业设计整个过程。老师相对比较复杂，如下所示。

（1）学生需要去企业参加实习，所以每名学生都有一名企业导师，企业导师需要对学生的实习情况评分。考虑到企业导师使用系统的复杂性，首期先不给企业导师设置账号，评分情况通过学生代为上传，并由代管老师审核其真实性。

（2）每名学生在学院都有一名代管老师，代管老师需要指导学生结合企业实习成果完成毕业论文，并对学生的各阶段成果进行评审。

（3）毕业论文最终需要答辩，答辩老师每 3 人为一组评审学生的论文。答辩老师需要交叉审核论文，不可以评审自己代管的学生。

（4）另外，学院还有其他各部门的老师不同程度地参与学生的毕业设计，图 15-2 所示为学院的部门组织结构图。

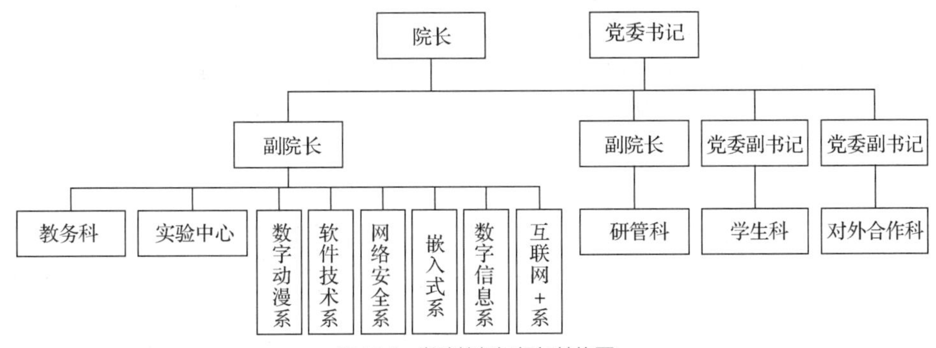


图 15-2 学院的部门组织结构图

① 教务科：负责学生、老师信息的维护。统计学生参与毕业设计的情况，以便上报给学校教务处。统计学院老师代管毕业设计的情况，以便计算老师参与毕业设计的工作量。

② 实验中心：实验中心的老师可以作为代管老师代管学生的毕业设计。

实验中心的主任根据学校毕业设计的各项规定，结合本院的实际情况，负责牵头制定毕业设计的各项管理规定，包括毕业设计的阶段流程、毕业设计需提交的各项文档、毕业设计的评分标准等。这些流程最终都需要在毕设管理系统中进行个性化设置。

同时，实验中心还设有一名专职老师负责学生毕业设计的组织管理工作，包括组织学生开始毕业设计、通知学生进行阶段性检查、组织老师评审学生毕业设计等，这名专职老师最终成了毕设管理系统的管理员。

③ 各系的老师：各系的老师可负责代管学生毕业设计，不同系的老师可以代管其他系的学生的毕业设计，系统不做限制。学生选择代管老师时，可以自行考虑是否选择本系老师；老师在确认代管学生时，可根据自己的研究方向和擅长的专业进行筛选。

④ 研管科：该部门主要面向研究生，不涉及本科生，因此研管科不参与该系统。

⑤ 学生科：学生科的辅导员负责提供毕设学生名单；提供学生毕设实习的“毕业设计（顶岗实习）三方安全协议书”的纸质档文件，这个协议书要求学院、企业，学生三方签字盖章，协议一式三份。学院盖章由学生科统一负责。学生需要将签字盖章的协议扫描后上传到系统中。

考虑到这部分工作多是线下处理，故首期毕设管理系统也不设辅导员的角色。参与毕设的学生名单由辅导员线下提供给教务科老师，教务科老师核对后导入毕设学生名单。

⑥ 对外合作科：对外合作科主要负责联系学生实习单位，但是这个过程不列入首期的毕设管理系统开发。

⑦ 院长、党委书记：院长、党委书记也可以代管学生毕业设计。另外作为领导，他们还希望能掌握学生、老师参与毕业设计的整体情况，查看毕业设计的各项统计信息。

参考第 5 章，结合对组织结构图的分析，我们可以列出与首期毕设管理系统相关的角色，如下所示。

（1）教务管理员：负责学生、老师信息的维护以及各种评审的退回、各项统计工作等。由教务科老师担任。

（2）毕设管理员：负责配置毕业设计阶段流程、评分标准等，负责发布各项毕业设计的公告。由实验中心专职负责毕业设计组织管理工作的老师担任。

（3）代管老师：负责代管学生的毕业设计，包括实验中心老师、各系老师以及愿意参加毕设代管的领导。

（4）评审专家：答辩阶段负责评审学生的毕业设计。

（5）领导：院长和党委书记，负责查看学生毕设情况和老师代管情况。

（6）学生：大四的学生，参与毕业设计的整个过程。

上述分析中还遗漏了一个重要的角色评审组长。评审组长主要负责设置每名学生的主审老师，是评审专家的子集。另外，为了公告的管理方便，还要单独设置一个公告管理员。

毕设管理系统的角色如表 15-1 所示。

表 15-1　毕设管理系统的角色

| 角色名 | 角色人数 | 角色描述 |
|---|---|---|
| 教务管理员 | 1 | 负责学生、老师信息的维护以及各项统计工作等 |
| 毕设管理员 | 1 | 负责配置毕业设计的阶段流程、评分标准等，负责发布各项毕业设计的公告 |
| 公告管理员 | 1 | 负责公告的发布与修改 |
| 代管老师 | 100+ | 负责代管学生的毕业设计 |
| 评审专家 | 60+ | 负责评审学生的毕业设计 |
| 评审组长 | 20+ | 负责设置每名学生的主审老师 |
| 学生 | 700+ | 大四的学生，参与毕业设计的整个过程 |
| 领导 | 5 | 院长和党委书记，负责查看学生毕设情况和老师代管情况 |

## 15.4 获取用户需求，定义用户权限

经整理、分析，我们可以将毕设管理系统划分成毕业配置、用户管理、通知公告、毕设流程管理

和毕设统计五大功能模块。其中毕设流程管理模块又包括选择代管老师、定岗选题、初期检查、中期检查和毕设答辩 5 个子模块。毕设管理系统的功能结构如图 15-3 所示。

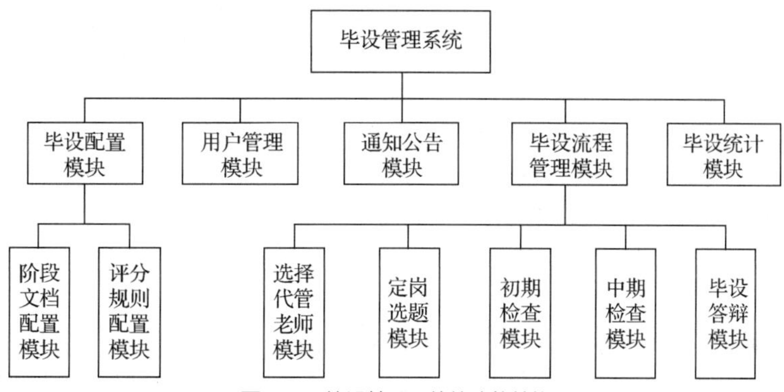


图 15-3 毕设管理系统的功能结构

因为该系统甲方和乙方的特殊性，一部分需求是长期参与毕业设计的组织与管理工作积累下来的，另一部需求则是对各个角色的参与者进行大量的访谈调研而得。角色需求如表 15-2 所示。

**表 15-2 角色需求**

| 序号 | 角色名 | 代表人物 | 需求（待解决的问题、对系统的期望） |
|---|---|---|---|
| 1 | 教务管理员 | 徐老师 | 1. 能方便地导入学生和老师信息，最好是能与教务系统对接。<br>2. 能方便地导出学生成绩，包括各个分项成绩，以便录入教务系统。<br>3. 能方便地计算每位代管老师的代管工作量 |
| 2 | 毕设管理员 | 易老师 | 1. 毕设阶段默认为 4 个阶段——定岗选题、初期检查、中期检查、毕设答辩，但是阶段可能会变，需要能动态配置。各阶段需要提交的材料、截止时间、文件类型、文件大小等应该是可以配置的。<br>2. 能根据评分标准计算学生的毕设成绩，评分标准也是可以配置的。<br>3. 能够方便地通知学生、老师提交或评审各阶段的材料。<br>4. 能方便地查看各阶段的完成情况，实时统计学生的提交情况和老师的评审情况。<br>5. 能方便地对学生毕业设计答辩进行分组，代管老师不能参与自己代管的学生的答辩。<br>6. 能支持二次答辩 |
| 3 | 公告管理员 | 吴老师 | 负责编辑和发布系统公告 |
| 4 | 代管老师 | 张老师、李老师 | 1. 能查看自己代管的学生。<br>2. 能方便地审核学生毕业设计各阶段提交的材料 |
| 5 | 评审专家 | 张老师、何老师 | 1. 能方便地审核学生提交的毕业设计材料。<br>2. 能方便地记录学生答辩情况。<br>3. 能对组内学生的最终成绩进行排序，以便推优 |
| 6 | 评审组长 | 张老师 | 评审组一般包含 3 名老师，对每名学生的论文设置有一名主审老师，主审老师负责论文主审、答辩成绩记录。评审组长负责设置每名学生的主审老师 |
| 7 | 领导 | 贾老师 | 1. 能查看学生的毕设情况。<br>2. 能查看老师的代管情况 |

续表

| 序号 | 角色名 | 代表人物 | 需求（待解决的问题、对系统的期望） |
|---|---|---|---|
| 8 | 学生 | 王同学、付同学 | 1. 能申请自己心仪的老师作为代管老师。<br>2. 能查看并提交各阶段需要提交的材料。<br>3. 如果提交的材料未审核通过，可以看到被退回的原因，以便修改后再次上传。<br>4. 能查看到答辩的时间和地点 |

对于用户角色权限的分析，可以参考 7.3 节的内容。

# 15.5 理解用户需求，得出功能需求

通过 15.4 节的分析，我们对用户的基本需求有了一定了解，但是要完整定义功能需求，还需要对用户需求逐一分析、细化。

本节会挑选几个比较重要且复杂的流程作为示例进行分析。

（1）毕设阶段配置。

（2）选择代管老师的流程。

（3）材料审核流程。

（4）论文评审流程。

## 15.5.1 毕设阶段配置分析

从前面的业务需求得知，学生需要先选择代管老师，然后进行定岗选题、初期检查、中期检查、毕设答辩。选择代管老师是肯定会有的阶段，但是后面 4 个阶段则可能会变，因此希望能动态配置。要完全实现流程的动态配置实际上是比较困难的事情，如一个流程可能有多个后续的并行流程，并行流程可能又会有不同的分支。

但通过与毕设管理员的详细沟通，我们发现，他们所谓的想要实现动态配置流程，只是因为可能会将初期检查和中期检查合并为一个流程，或者是可能将毕设答辩拆分成论文审核和现场答辩而已。不管是哪一种变化，实则都是配置顺序的流程，没有分支。所以对于动态配置流程，只需要实现顺序流程的配置，主要操作包括阶段的增加、删除和配置这些阶段的先后顺序。对每一个阶段需要设置其“前一阶段”和“下一阶段”，第一个阶段的“前一阶段”为空，最后一个阶段的“下一阶段”为空。

继续讨论阶段管理时，毕设管理员还提到需要为阶段设置时间，以便督促学生和老师在规定的时间完成某一阶段任务。如定岗选题时间为 1 月 1 日到 2 月 28 日，初期检查为 3 月 1 日到 3 月 31 日，中期检查为 4 月 1 日到 4 月 15 日，毕设答辩为 4 月 16 日到 6 月 10 日。

这里存在一个问题：虽然希望学生和老师都能按时完成阶段任务，但实际上总有部分学生不能按时提交材料，老师也可能由于一些原因没有按时审核。如定岗选题阶段，有些学生需要在 3 月中旬才能确定自己的毕设题目，那么需要将初期检查的开始时间统一延迟到 3 月 15 日吗？如果这样的话，原本按时完成定岗选题任务的学生也要在 3 月 15 日才开始初期检查。当我们如此询问毕设管理员时，毕设管理员先是迟疑了一下，显然她也没有想好这个问题的解决方案。不过她告诉我们没有毕设管理系统前的操作方法是：如果学生未能按期提交上一阶段文件，后续是可以补交的。但是他们还是会发布通知让所有学生 3 月 1 日之后开始提交初期检查的材料。也就是说前、后阶段的执行时间是允许重合的。讨论清楚了这一点，我们就可以更详细地描述需求了。图 15-4 所示为阶段管理用例图。

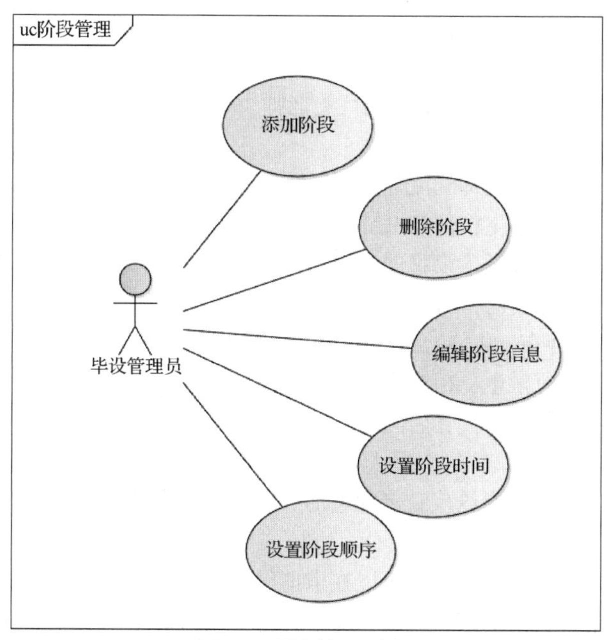


图 15-4 阶段管理用例图

为了体现刚刚讨论的关于设置阶段顺序和阶段时间的问题，我们在用例表中对其进行说明，如表 15-3 所示。

**表 15-3 “阶段管理”用例表**

| 用例编号 | UC_001 | 用例名称 | 阶段管理 |
| --- | --- | --- | --- |
| 参与者 | 毕设管理员 | 优先级 | ☑高 □中 □低 |
| 描述 | 毕业设计分阶段进行。为了实现阶段的可扩展性，阶段是可以配置的 | | |
| 前置条件 | 切换到新一年的毕设年份后，教务管理员可以对阶段进行配置管理 | | |
| 基本流程 | 1. 教务管理员切换毕设年份。<br>2. 系统显示本年度配置。<br>3. 单击“阶段管理”按钮。<br>4. 显示所有阶段，如果是第一次打开则阶段列表为空。<br>5. 单击“添加阶段”按钮。<br>6. 显示阶段信息。<br>7. 编辑阶段说明，包括阶段名称和阶段描述。<br>8. 设置阶段是否允许重叠（如为是，则前后两个阶段的时间可重叠；如为否，则前后两个阶段的时间不可重叠）。<br>9. 设置阶段的开始时间和结束时间。<br>10. 重复 5～9 步，直至添加完所有阶段。<br>11. 显示所有阶段列表。<br>12. 设置阶段执行的顺序（即设置每个阶段的“前一阶段”和“下一阶段”，第一个阶段的“前一阶段”为空，最后一个阶段的“下一阶段”为空） | | |
| 异常流程 | 1. 如果有两个阶段的“前一阶段”是同一阶段，需提示：不能设置两个阶段有同一个“前一阶段”。<br>2. 如果有两个阶段的“下一阶段”是同一阶段，需提示：不能设置两个阶段有同一个“下一阶段”。<br>3. 如果设置为重叠，下一阶段的开始时间不应该早于上一阶段的开始时间，否则提示：××阶段的开始时间不能早于××阶段的开始时间××。如果设置为不重叠，下一阶段的开始时间不应该早于上一阶段的结束时间，否则提示：××阶段的开始时间不能早于××阶段的结束时间 | | |
| 说明 | 阶段管理应该在每一年毕设正式启动之前完成，毕设启动后，不可以更改除阶段时间之外的其他配置 | | |

## 15.5.2 选择代管老师流程分析

学生进行毕业设计，都需要选择一名校内代管老师，每名老师规定最多可代管 10 名学生。

在没有系统之前，选择代管老师的流程如下：学生联系老师，如老师确认代管，则在学生的任务书上签字，由学生将任务书统一交到毕设管理员处汇总。

线下选择代管老师的流程除了毕设管理员难以统计相关信息，还存在以下几个问题。

（1）代管老师可能会忘记自己代管的学生数及列表。

（2）因为问题（1）的存在，可能导致老师代管人数超过限制。

（3）老师可能存在选择好学生、拒绝差学生的情况。

（4）学生不清楚哪些老师还有代管名额。

（5）整个过程耗时较长。

为了解决问题（1），系统需要给代管老师增加一个查看代管学生的页面，该页面显示所有审核通过的学生的列表。

为了限制老师代管的学生人数，学生可以在申请代管老师时，查看到每位老师的当前代管人数，只能向代管人数未满的老师提交申请。这样一来，问题（4）也就迎刃而解了。

要解决问题（3）其实比较难，但是我们可以要求老师拒绝时必须填写拒绝原因。

为了缩短审核时间，学生提交申请后，老师需在 48h 内进行审核。如果超过 48h，老师没有及时审核，学生可以选择其他老师再次发起代管申请。整个流程的活动图如图 15-5 所示。

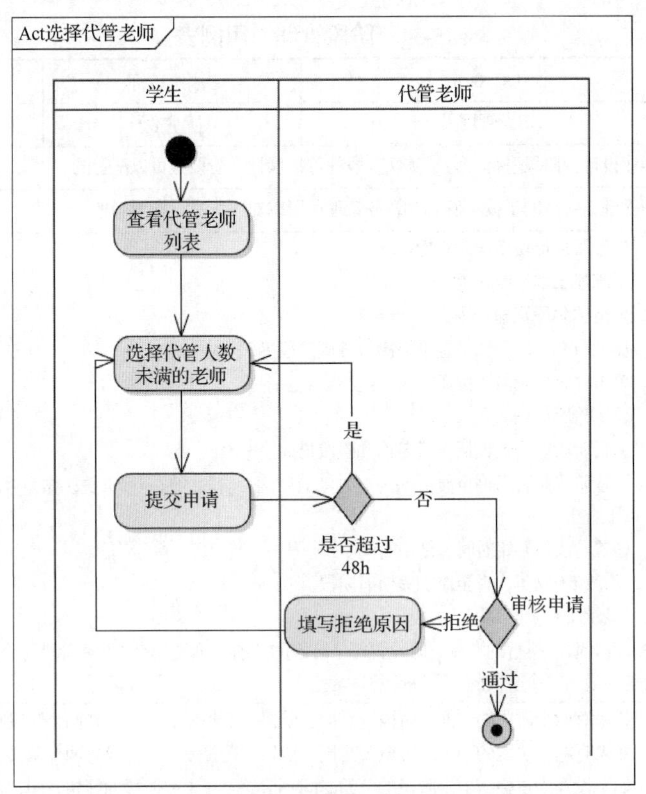


图 15-5　选择代管老师流程的活动图

虽然超过 48h 的限制能缓解选择代管老师耗时过长的问题，但总还是有些学生未能在规定时间内选中代管老师。为防止无限期地延长选择代管老师的时间，增加了一个自动分配的功能。毕设管理员单击“自动分配”按钮，系统将替未选定代管老师的学生分配代管老师。自动分配应满足以下分配原则。

（1）每位老师最多可以代管 10 名学生。

（2）将未选定代管老师的学生优先分配给代管学生较少的老师。

### 15.5.3 材料审核流程分析（评分制或通过制）

学生在每个阶段都需要提交一些材料，除了毕业设计论文需要专家审核，其他材料都由代管老师审核。这里先只分析除毕设论文之外的其他材料审核流程。材料审核分为两种：一种是评分制；另一种是通过制。评分制，需要代管老师按照评分标准打分（如针对初期报告、中期报告等）；通过制，只需要代管老师确认材料是否审核通过即可（如针对实习证明、三方协议等）。

代管老师审核完成以后，整个流程就结束了，但是可能会存在评审错误的问题，因此应该增加一个退回重审的环节。如果代管老师觉得审核有问题，可以联系毕设管理员，请其退回重审。整个材料审核流程大致如下。

（1）学生提交材料。

（2）代管老师审核材料，如果是评分制的材料代管老师需要打分；如果是通过制的材料代管老师只用审核其是否通过。

（3）代管老师审核后，返回审核结果。如果发现问题，想要重审，需要向毕设管理员提交重审请求。

（4）毕设管理员根据代管老师的请求，退回材料。

（5）材料退回后，代管老师可以重新审核。

图 15-6 所示为材料审核流程的顺序图。

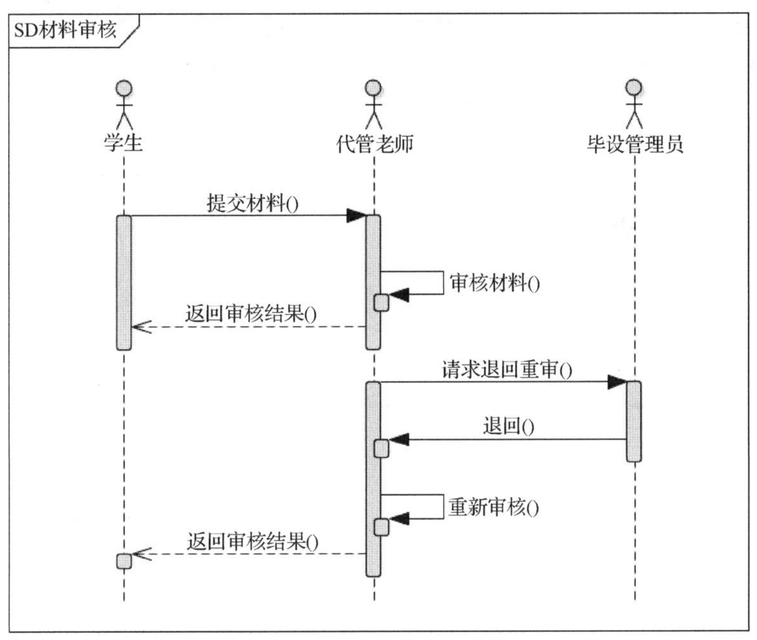


图 15-6 材料审核流程的顺序图

顺序图中比较难体现两种审核类型的不同流程，此时可以绘制图 15-7 所示的活动图，描述代管老师审核不同材料的审核流程。

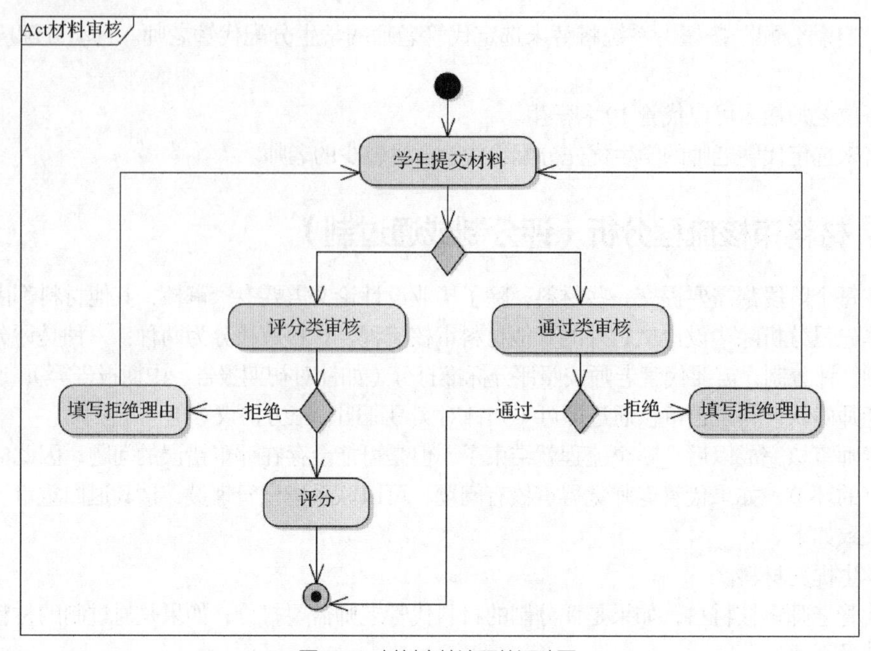


图 15-7　材料审核流程的活动图

## 15.5.4 论文评审流程分析

传统的毕业设计是由代管老师审核毕设论文后，在答辩现场将论文交由评审专家审核，如有问题，待评审专家提出修改意见，学生答辩完成后再修改，修改完成后再线下联系评审专家复核。

毕设管理系统沿用了以上审核流程，但是都通过线上审核。在评审专家复核环节，评审专家可以选择直接退给学生或退给代管老师重审。这样可以起到监督代管老师的作用，如果评审专家发现论文存在较大问题，可以退回给代管老师，要求代管老师协助学生审核并督促学生修改，主要流程如图 15-8 所示。

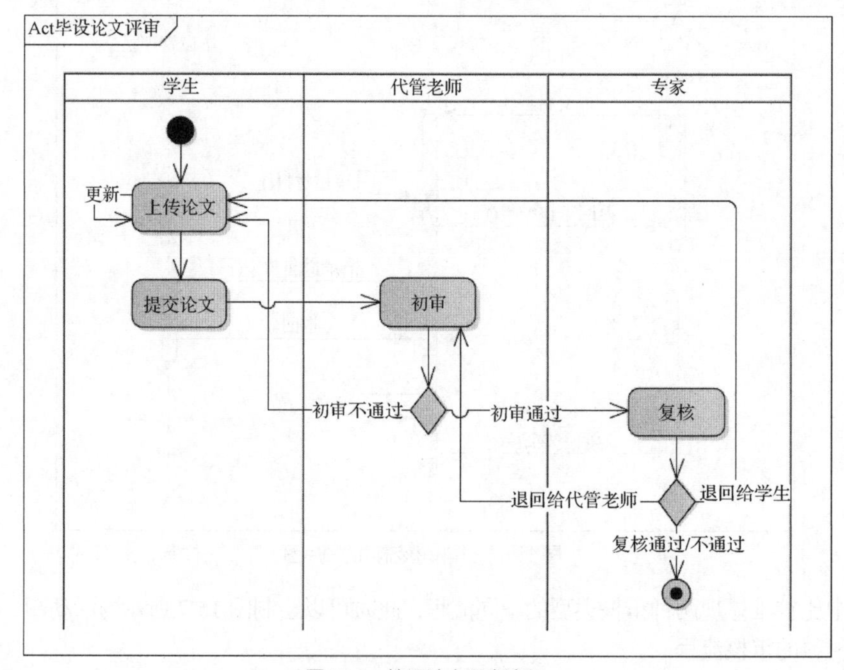


图 15-8　毕设论文评审流程

毕设论文评审流程的状态机图如图 15-9 所示。

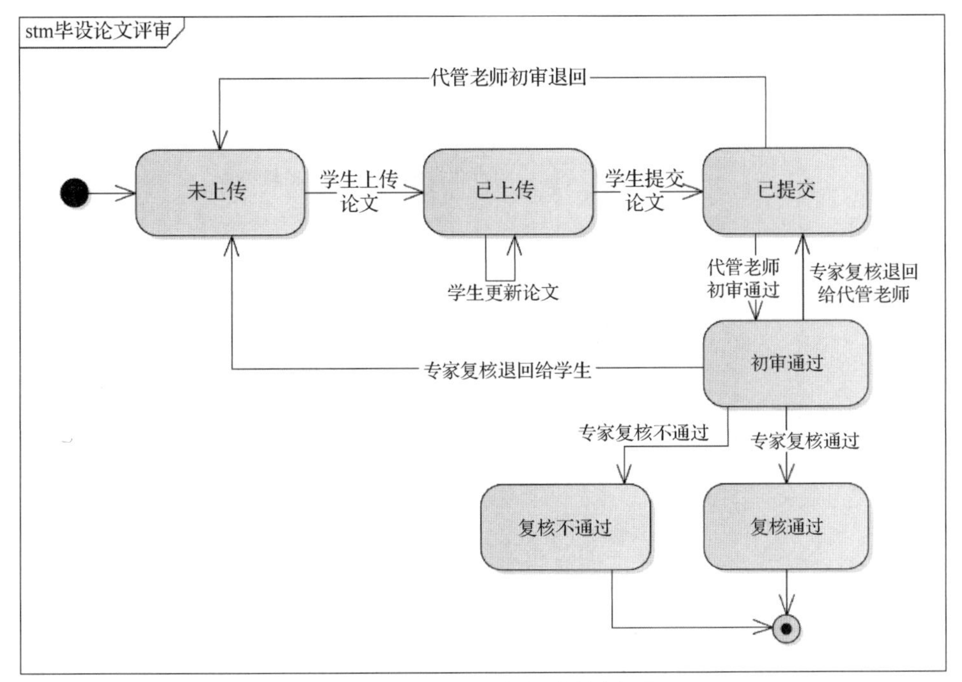


图 15-9 毕设论文评审流程的状态机图

# 15.6 整理系统涉及的数据需求

本节以材料审核为例，探讨数据需求的整理与细化。

首先回顾一下材料审核的流程。流程中涉及的对象有学生、代管老师、毕设管理员、材料等。但是流程的表述中缺少数据信息的详细描述，例如学生需要提交哪些材料、这些材料是谁配置的、材料又拥有哪些属性？这些都不是很清楚。与毕设管理员进行详细沟通后，整理出了以下相关信息。

（1）在学生提交材料之前还有一个比较关键的步骤，即毕设管理员配置各阶段需要提交的文件。

（2）阶段文件里应该包含文件的固有属性，如文件类型（Word 文件、PDF 等）、文件大小、文件路径、上一次更新时间，为了保证文件的完整性还应该增加 MD5 校验码。另外，阶段文件还应该包含的属性有文件所属的阶段、文件名称（如实习证明、三方协议等）、该阶段文件的描述信息、上传文件的大小限制、上传截止时间。

（3）每名学生都需要提交各阶段的文件，系统应该能记录每个文件的状态变更（如已提交、已审核、已退回等）。这些信息既不能记录在“阶段文件”中（因为一个阶段文件对应多名学生），也不能记录在“学生”对象里（因为一名学生需要提交多个文件）。因此需要增加一个“学生提交的文件”对象，该对象用于关联学生和阶段文件，并记录学生提交文件的状态信息。

（4）学生提交的文件可能涉及多次审核，系统应该能记录每一次的评审信息。

经过上述沟通反馈，可以分析出材料审核中涉及的对象包含学生、代管老师、毕设管理员、文件、阶段、阶段文件、学生提交的文件、评审记录等，其中代管老师、毕设管理员都继承自老师，而学生和老师又都继承自用户。各对象之间的关系如图 15-10 所示。

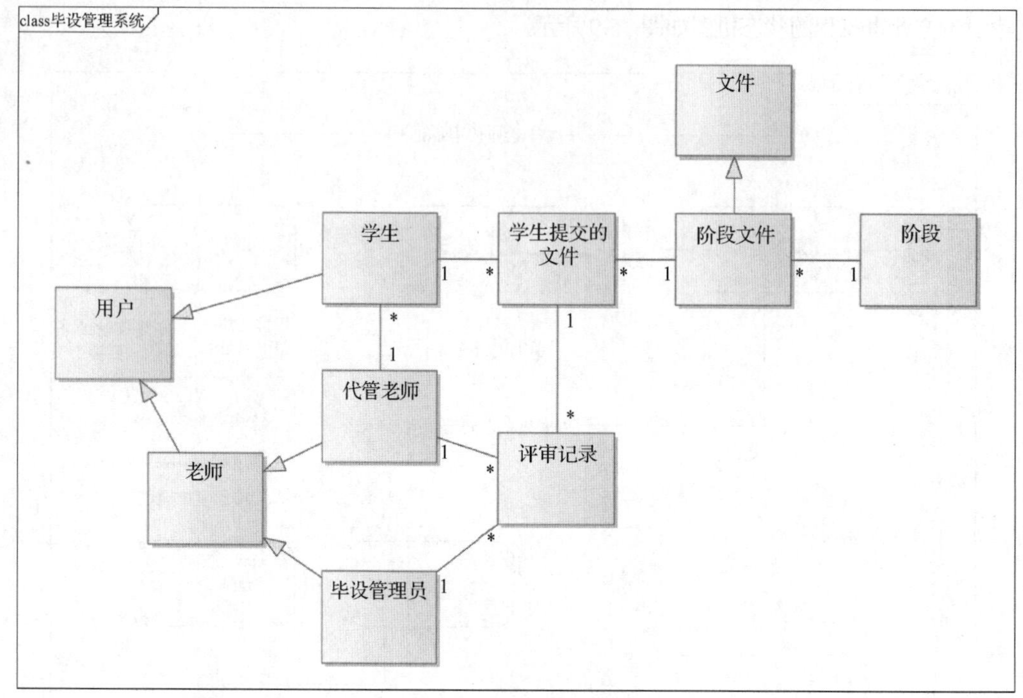


图 15-10　材料审核流程涉及的类图

我们也可以借助数据流图，从数据传递和加工的角度来分析材料审核的流程，如图 15-11 所示。通过前面的类图分析，不难发现材料审核中涉及的实体对象有学生、代管老师和毕设管理员，涉及的数据对象有阶段、阶段文件、学生提交的文件、评审记录，包含的流程有配置阶段、配置阶段文件、提交文件、审核文件。

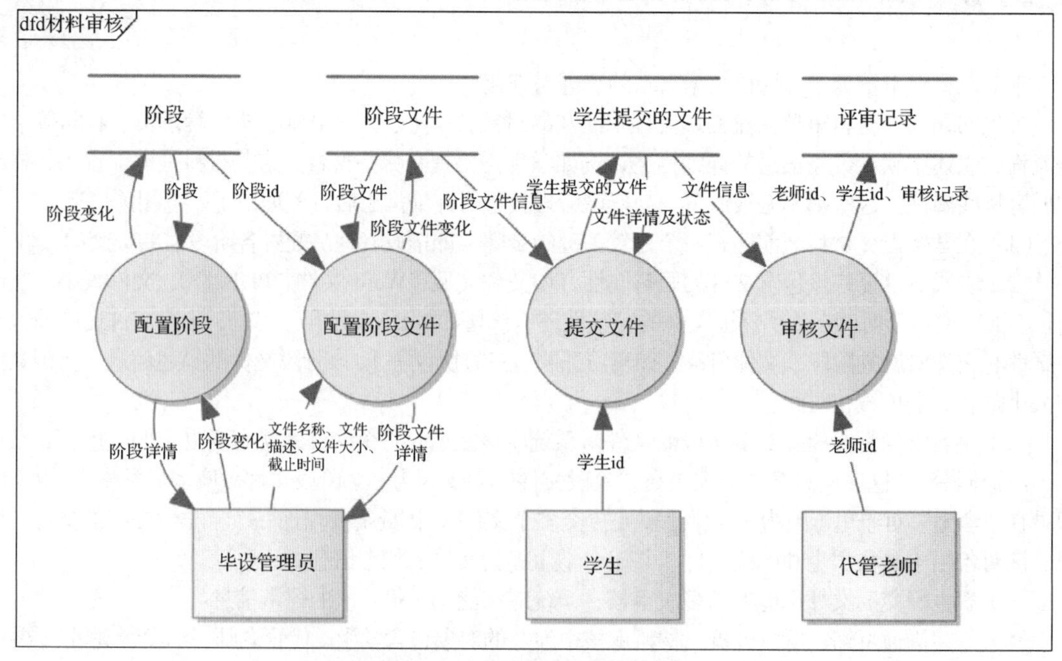


图 15-11　材料审核流程的数据流图

类图中没有展示数据对象的属性信息，可以通过数据字典进行补充说明。表 15-4 所示为阶段文件表（stage_file）的数据字典，其他数据字典可以参考附录。

**表 15-4 阶段文件表（stage_file）的数据字典**

| 字段名 | 数据类型 | 允许空值 | 数据约束 | 默认值 | 字段说明 |
|---|---|---|---|---|---|
| stage_file_id | int(11) | NO | PK | NULL | 阶段文件编号 |
| stage_id | int(11) | YES | 外键 | NULL | 阶段 ID |
| file_name | varchar(50) | YES | | NULL | 文件名称 |
| description | varchar(255) | YES | | NULL | 文件描述 |
| max_size | int(11) | YES | | NULL | 学生上传文件的最大值 |
| deleted | char(1) | YES | | 0 | 该文件是否被删除，0 表示正常，1 表示该文件已从该阶段删除，学生无须上传 |
| deadline | int(11) | YES | | 0 | 学生上传文件的截止时间，0 表示没有截止时间 |

# 15.7 识别其他非功能性需求

经过和项目干系人的交流可知，该系统最关注的质量属性包括可用性、完整性、互操作性、性能、可扩展性、安全性、易用性。

通过给上述质量属性进行比较评分，得出图 15-12 所示的评分结果。从该图中不难看出，安全性最为重要，其次是完整性和易用性，然后是互操作性和性能。

| 属性 | 分值 | 可用性 | 完整性 | 互操作性 | 性能 | 可扩展性 | 安全性 | 易用性 |
|---|---|---|---|---|---|---|---|---|
| 可用性 | 1 | | ^ | < | ^ | ^ | ^ | ^ |
| 完整性 | 5 | < | | < | < | < | ^ | < |
| 互操作性 | 2 | ^ | ^ | | < | < | ^ | ^ |
| 性能 | 2 | < | ^ | ^ | | < | ^ | ^ |
| 可扩展性 | 1 | < | ^ | ^ | ^ | | ^ | ^ |
| 安全性 | 6 | < | < | < | < | < | | < |
| 易用性 | 4 | < | ^ | < | < | < | ^ | |

图 15-12 质量属性评分

接下来主要对质量属性进行分析，得出具体需求，这里主要讨论安全性、完整性和互操作性方面的需求，其他需求描述参见附录。

## 15.7.1 安全性

**1．系统部署**

毕设管理系统是一款内部系统，用户均为校内人员，按照学校规定应该接入信息中心的网络，只能通过校园网或者在接入 VPN（Vitual Private Network，虚拟专用网络）的情况下访问。

**2．用户账户方面**

毕设管理系统应该接入学院的统一身份认证系统进行用户登录认证。

考虑到毕设管理系统面向的是学院的老师和学生，他们都有统一格式的电子邮箱账户，故统一认证系统第一次登录与找回密码的流程类似，即需要先输入电子邮箱地址获取密码修改超链接，设置新密码，然后登录。密码需要包含数字、字母和特殊字符，且不少于 8 位。

为了高效拦截机器行为、防止恶意登录，登录时应该增加文字点选或滑动拼图认证。

用户登录时，允许 5min 内尝试 3 次输入密码，如果第 4 次输入仍然错误，系统会锁定用户账户。另外，在系统中应该对用户的密码信息加密存储。

**3．敏感数据**

毕设管理系统在获取需求之初，考虑到为了学生与老师之间联系方便，也为了管理员获取信息方便，希望存储尽量全的个人信息数据，如身份证号码、出生年月、手机号码、QQ、微信等。后面考虑到安全性的因素，删除了身份证号码、出生年月、QQ、微信等数据，学生、老师信息只保留了电子邮箱、手机号码，且需要加密存储。

**4．用户权限**

系统应该支持用户角色权限管理，所有的功能模块均需要进行权限验证。每一个用户对应一个角色，每个角色可以有不同的访问权限，主要的角色包括教务管理员、毕设管理员、公告管理员、代管老师、评审专家、评审组长、领导、学生。另设一个超级管理员的角色，超级管理员可以配置用户、角色、权限的对应关系。

**5．用户行为日志**

用户的所有访问行为均需以日志的形式记录，系统至少要保存近半年的日志记录。

### 15.7.2 完整性

**1．系统表单编辑**

毕设管理系统中涉及很多表单的填写，如“毕业设计任务书”“毕业设计初期检查表”等。编辑表单信息时，系统应该验证其数据的合法性，并防止 SQL 注入攻击。在保证安全性、完整性的前提下，对于用户填写的数据应该每 10s 自动保存一次。

**2．系统报告格式**

对于学生上传的报告只支持 PDF 和 Word 文件格式，且大小不超过 5MB。

**3．用户数据备份**

（1）用户数据应该每周完成 1 次全量备份，每天完成 1 次增量备份。备份时间应该设置在凌晨用户操作较少的时候。

（2）系统程序每次更新前应该先进行程序和数据的备份，并设计好回滚方案。

### 15.7.3 互操作性

毕设管理系统需要与统一认证系统、教务系统、工程认证达成度评价管理系统和论文查重系统进行数据交互。

**1．统一认证系统**

毕设管理系统应该通过学院的统一身份认证系统进行身份认证。用户访问毕设管理系统时，自动跳转到统一身份认证系统进行身份认证，认证成功后，统一身份认证系统返回用户的基本信息，如账号、姓名、身份类别（老师/学生）、联系方式等。但是具体的身份信息，如毕设管理系统中的代管老师、评审专家、管理员等身份信息，应该由毕设管理系统自行认证管理。

**2．教务系统**

毕设管理系统需要从教务系统导入学生信息，因此应该满足以下需求：毕设管理系统应该能够导入教务系统中的学生信息，如果教务系统导出的学生信息的格式有变化，毕设管理系统需要能够兼容。

**3．工程认证达成度评价管理系统**

毕业设计的成绩要纳入学院工程认证达成度评价计算，因此，毕设管理系统应该能为工程认证达成度评价管理系统提供相应的数据支撑：毕设管理员应该能查看学生在毕设各阶段的成绩、每名老师的代管人数、每名老师参与评审的学生人数，且系统应该支持使用 CSV 格式导出数据。

**4．论文查重系统**

论文在提交评审之前需要进行查重，查重的结果能在毕设管理系统中显示。如果系统对接比较困难，首期可以只实现由学生上传查重结果，让代管老师审核。

**5．其他**

毕设管理系统还涉及很多配置信息，如阶段的配置、用户权限的配置、评分标准的配置。这些信息均需使用 JSON 格式存储。

## 15.8 需求确认

由于该项目甲方和乙方的特殊性，不需要书面承诺或签订正式的商业合同。但是，对于非正式需求评审和正式需求评审，该项目都应严格执行，最终将需求整理成需求规格说明书。

## 15.9 本章小结

本章以毕业设计管理系统为例，运用前面章节的内容，介绍如何从零开始组织需求开发工作，逐步分解需求分析的流程，借助可视化的需求分析模型厘清思路，最终完成需求规格说明书的编写。

通过对本章的学习，读者能够应用所学的方法和技术，分析和理解现实中的实际需求问题，清楚如何有效地获取需求信息，如何使用适当的建模工具表示和描述需求，并撰写清晰、明了的需求规格说明书。

## 习题

1. 假设你正在为一个在线购物平台进行需求分析，平台用户包括消费者、商家、配送人员、客服代表等。请列出该平台主要的功能需求，并使用用例图进行建模分析。

2. 分析在线购物平台的角色和对应操作，绘制对应的角色权限矩阵。

3. 思考在线购物平台中包含的关键流程，如订单流程、配送流程、评价流程等，应用顺序图、活动图或状态机图对这些流程进行详细分析。

4. 思考上述流程中涉及的数据转换，并使用数据流图进行描述。

5. 思考在线购物平台中涉及的数据信息，选择一种数据建模的模型，描述主要的对象及它们的关系。

6. 思考在线购物平台中涉及的数据信息，并列出主要的数据字典。

7. 思考在线购物平台中可能涉及的非功能性需求，筛选出最重要的5个质量属性，并进行需求描述。

8. 整理上述需求分析的结果，试着编写出一份需求规格说明书。

附录

# 毕设管理系统需求规格说明书

## 1. 引言

### 1.1 编写目的

本需求分析报告的目的是规范毕设管理系统软件的开发，旨在提高软件开发过程的透明度，以便对软件开发过程进行控制与管理。同时提出毕设管理系统的项目需求，以便开发人员、维护人员、管理人员之间的交流、协作，并作为工作成果的原始依据，向潜在用户传递软件功能、性能需求，使其能够判断该软件是否符合自己的需求。

### 1.2 参考文献

《毕设管理系统调研报告》《统一身份认证系统接口文档》《教务管理系统中的学生信息表》。

## 2. 编写说明

### 2.1 愿景

产品名称：毕设管理系统。

目标客户：学院师生。

愿景：针对传统毕业设计管理流程松散、评审记录无迹可寻、答辩评审过于匆忙、毕设统计费时费力、纸质材料不宜保存等问题，开发毕设管理系统，它是一个针对学生毕业设计的全过程在线管理平台。毕设管理系统使用更规范的流程，对学生的毕业设计和老师指导过程进行有效的监督和管理，方便老师在线评审，同时也方便管理员统计、汇总各项毕业设计数据。

### 2.2 项目范围

毕业设计流程如图 F-1 所示，毕设管理系统需完成除“学生确定实习企业”以外的整个流程的线上管理。

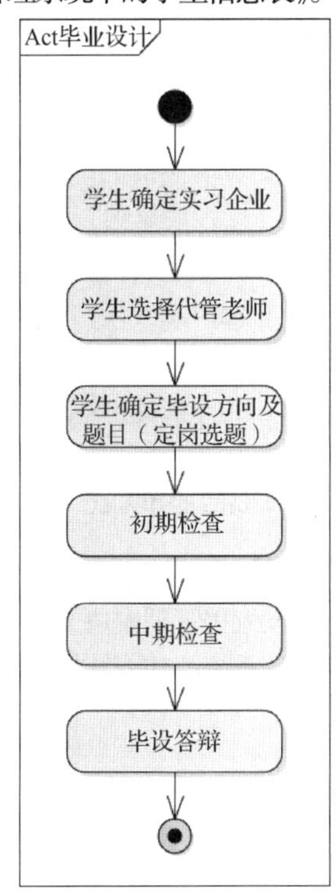

图 F-1　毕业设计流程

（1）学生与代管老师之间是双选的过程。学生可以通过系统申请代管老师，代管老师可以对申请的学生进行审核。

（2）学生确定代管老师后，需要提交毕业设计任务书，确定毕业设计的方向及题目。

（3）学生在企业实习期间需要完成初期检查和中期检查，实习完需要提交毕设论文，并回学校参加答辩。每个阶段都需要提交相应的材料。

（4）代管老师可以对学生在各阶段提交的材料进行审核。

（5）毕设答辩阶段除需要代管老师审核论文外，还需要专家评审，且答辩的最终成绩需要在系统中记录。

（6）流程控制。上一阶段未审核完成，不能进入下一阶段。

（7）系统需要支持如下必要的统计。

① 每阶段学生的完成进度。

② 每名学生的毕设成绩（包括各阶段的成绩）。

③ 代管老师代管学生的情况（包括代管人数、代管学生分数、是否评优等）。

（8）系统能发布一些通知、公告。

### 2.3 假设和约定

毕设管理系统是学院信息化建设的一部分，不是一个独立存在的系统。因此，其系统运行还会受到如下条件约束。

（1）毕设管理系统应该接入学院的统一身份认证系统进行身份认证。

（2）毕设管理系统应该能够导入教务系统的学生信息，如果教务系统导出的学生信息的格式有变化，毕设管理系统需要能够兼容。

（3）毕业设计的成绩要纳入学院工程认证达成度评价计算，因此，毕设管理系统应该能为工程认证达成度评价管理系统提供相应的数据支撑。

### 2.4 运行环境

硬件服务器：具备 16GB 以上内存，2TB 以上磁盘空间。开发人员需提供备份服务器。

软件（服务器端软件安装的具体说明）要求如下。

数据库管理系统：MySQL 5.5 以上。

Web 代理服务器：Apache 2.4 以上。

Web 服务器：Tomcat 8。

缓存服务器：Memcached。

开发工具：Eclipse。

客户端软件：Web 浏览器。

开发语言：Java。

开发框架：SSH 框架。

## 3. 系统需求概述

毕设管理系统主要包括毕业配置、用户管理、通知公告、毕设流程管理和毕设统计五大功能模块。其中毕设流程管理模块又包括选择代管老师、定岗选题、初期检查、中期检查和毕设答辩 5 个子模块。毕设管理系统的功能结构如图 F-2 所示。

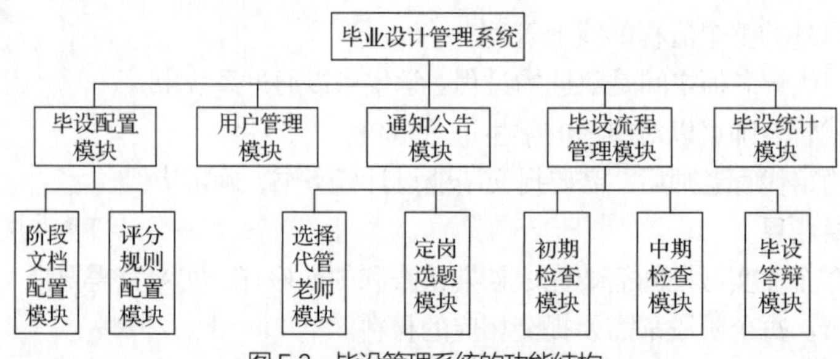


图 F-2　毕设管理系统的功能结构

毕设管理系统的主要角色如表 F-1 所示。

**表 F-1 毕设管理系统的主要角色**

| 序号 | 角色名 | 代表人物 | 需求（待解决的问题、对系统的希望） |
|---|---|---|---|
| 1 | 教务管理员 | 徐老师 | 1. 能方便地导入学生和老师信息，最好是能与教务系统对接。<br>2. 能方便地导出学生成绩，包括各个分项成绩，以便录入教务系统。<br>3. 能方便地计算每位代管老师的代管工作量 |
| 2 | 毕设管理员 | 易老师 | 1. 毕设阶段默认为 4 个阶段——定岗选题、初期检查、中期检查、毕设答辩；但是这个阶段可能会变，需要能动态配置。各阶段需要提交的材料、截止时间、文件类型、文件大小等应该是可以配置的。<br>2. 能根据评分标准计算学生的毕设成绩，评分标准也是可以配置的。<br>3. 能够方便地通知学生、老师提交或评审各阶段的材料。<br>4. 能方便地查看各阶段的完成情况，实时统计学生的提交情况和老师的评审情况。<br>5. 能方便地对学生毕业设计答辩进行分组，代管老师不能参与自己代管的学生的答辩。<br>6. 能支持二次答辩。 |
| 3 | 公告管理员 | 吴老师 | 负责编辑和发布系统公告 |
| 4 | 代管老师 | 张老师、李老师 | 1. 能查看自己代管的学生。<br>2. 能方便地审核学生毕业设计各阶段提交的材料 |
| 5 | 评审专家 | 张老师、何老师 | 1. 能方便地审核学生提交的毕业设计材料。<br>2. 能方便地记录学生答辩情况。<br>3. 能对组内学生的最终成绩进行排序，以便推优 |
| 6 | 评审组长 | 张老师 | 评审组一般包含 3 名老师，对每名学生的论文设置有一名主审老师，主审老师负责论文主审、答辩成绩记录。评审组长负责设置每名学生的主审老师 |
| 7 | 领导 | 贾老师 | 1. 能查看学生的毕设情况。<br>2. 能查看老师的代管情况 |
| 8 | 学生 | 王同学、付同学 | 1. 能申请自己心仪的老师作为代管老师。<br>2. 能查看并提交各阶段需要提交的材料。<br>3. 如果提交的材料未审核通过，可以看到被退回的原因，以便修改后再次上传。<br>4. 能查看到答辩的时间和地点 |

角色用户权限如图 F-3 所示。

# 4. 功能需求详述

## 4.1 毕设流程管理模块

毕设流程管理模块是毕设管理系统的核心所在。该模块原则上是可以动态配置的，默认可以配置成 5 个子模块：选择代管老师模块、定岗选题模块、初期检查模块、中期检查模块、毕设答辩模块。

### 4.1.1 选择代管老师

学生进行毕业设计，都需要选择一名校内代管老师。选择代管老师分为两个阶段。

| | 教务管理员 | 毕设管理员 | 公告管理员 | 代管老师 | 评审专家 | 评审组长 | 领导 | 学生 |
|---|---|---|---|---|---|---|---|---|
| **用户管理模块** | | | | | | | | |
| 更新个人信息 | OP | OP | OP | OP | OP | | OP | OP |
| 更新个人密码 | OP | OP | OP | OP | OP | | OP | OP |
| 更新用户邮箱 | ALL | | | | | | | |
| **毕设配置模块** | | | | | | | | |
| 阶段信息管理 | | ALL | | | | | | |
| 文件信息管理 | | ALL | | | | | | |
| 评分规则管理 | | ALL | | | | | | |
| 毕设人员管理 | ALL | | | | | | | |
| **通知公告模块** | | | | | | | | |
| 公告信息管理 | | | ALL | | | | | |
| 查看公告 | ALL | ALL | ALL | ALL | ALL | | ALL | ALL |
| **毕设流程管理模块** | | | | | | | | |
| 查看、申请、变更代管老师 | | | | | | | | OP |
| 审核学生代管申请 | | | | OAS | | | | |
| 查看代管学生列表 | | ALL | | OAS | | | | |
| 自动分配代管老师 | | ALL | | | | | | |
| 查看、编辑、提交定岗选题申请表 | | | | | | | | |
| 查看、编辑、上传定岗选题文件 | | | | | | | | |
| 审核定岗选题材料 | | | | OAS | | | | |
| 上传初期报告、中期报告 | | | | | | | | OP |
| 上传企业导师评分 | | | | | | | | OP |
| 审核初期报告、中期报告 | | | | OAS | | | | |
| 审核企业导师评分 | | | | OAS | | | | |
| 查看评审结果 | | | | OAS | | | | OP |
| 管理毕设答辩分组 | | ALL | | | | | | |
| 上传毕设答辩材料 | | | | | | | | OP |
| 查看答辩时间和地点 | | | | | OP | | | OP |
| 审核答辩材料 | | | | OAS | | | | |
| 复核毕设论文 | | | | | OVS | | | |
| 上传答辩成绩 | | | | | OVS | | | |
| 查看毕设总成绩 | | | | | OVS | | | OVS |
| 设置主审老师 | | | | | | OVS | | |
| **毕设统计模块** | | | | | | | | |
| 查看学生毕设情况 | | ALL | | OAS | | | ALL | |
| 查看老师代管情况 | | ALL | | OP | | | ALL | |
| **ALL=所有人** | | | | | | | | |
| **OP=自己个人** | | | | | | | | |
| **OAS=自己代管的学生** | | | | | | | | |
| **OVS=自己评审的学生** | | | | | | | | |

图 F-3　毕设管理系统的角色用户权限

第一个阶段为学生与老师双选阶段。学生在系统中选择心仪的导师（并提交自己的简历）。老师看到学生提交的申请后，如果愿意代管，则通过学生的申请；如果有特殊原因不能代管，则退回申请，并说明原因。如果老师在学生提交申请后 48h 内未及时处理，学生可以重新申请其他老师。该流程的活动图如图 F-4 所示。

第二阶段为自动分配阶段。通常，经过双选阶段后，仍然会有一些学生还没有选定代管老师。这时需要毕设管理员单击“自动分配”按钮，替未选定代管老师的学生分配代管老师。自动分配应满足以下分配原则。

（1）每位老师最多可以代管 10 名学生。

（2）将未选定代管老师的学生优先分配给代管学生较少的老师。

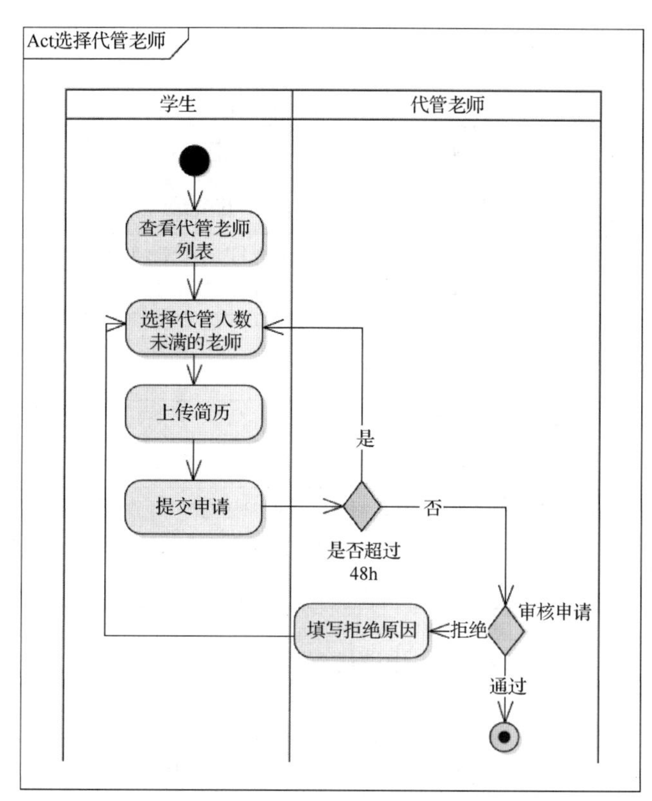


图 F-4 选择代管老师第一阶段的活动图

选择代管老师模块涉及的主要用例如图 F-5 所示。

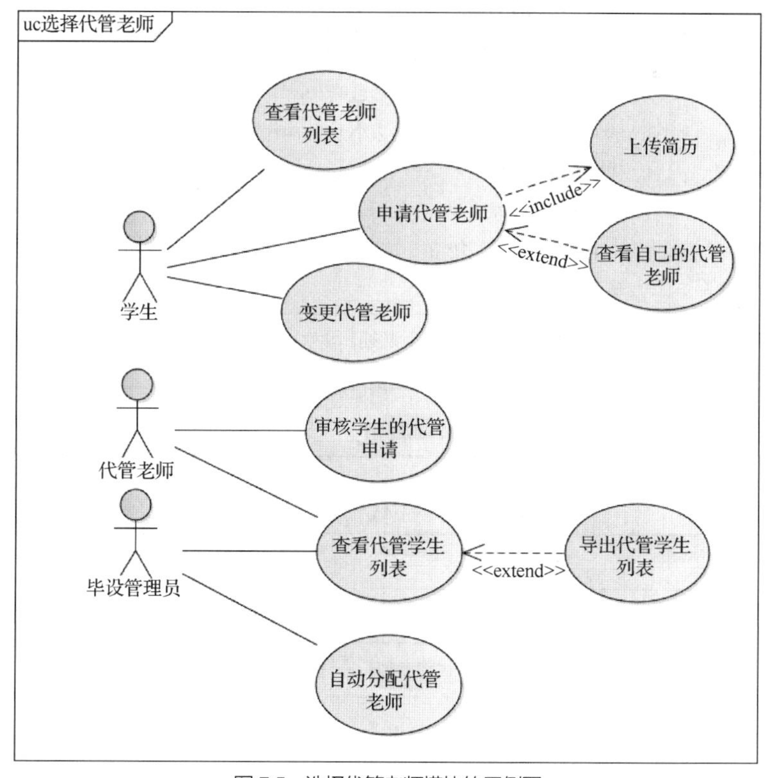


图 F-5 选择代管老师模块的用例图

主要用例描述如表 F-2～表 F-6 所示。

**表 F-2　查看代管老师用例表**

| 用例编号 | UC_005 | 用例名称 | 查看代管老师 |
|---|---|---|---|
| 参与者 | 学生 | 优先级 | ☑高 □中 □低 |
| 描述 | 毕设开始后，学生应该能够查看该学期参与毕设代管的老师名单。该列表需显示代管老师姓名、主要方向、联系方式、目前代管学生数和“申请代管老师”按钮 | | |
| 前置条件 | 1. 教务管理员已配置完毕设信息。<br>2. 选择毕设代管老师已开启 | | |
| 基本流程 | 1. 学生单击“查看代管老师列表”按钮。<br>2. 显示当年参与毕设的代管老师名单 | | |
| 说明 | 1. 老师代管学生数在每次刷新列表时实时更新。<br>2. 代管学生数小于 10 时，“申请代管老师”按钮为可单击状态；代管学生数等于 10 时，该按钮隐藏，显示“代管学生已满”的字样 | | |

**表 F-3　申请代管老师用例表**

| 用例编号 | UC_006 | 用例名称 | 申请代管老师 |
|---|---|---|---|
| 参与者 | 学生 | 优先级 | ☑高 □中 □低 |
| 描述 | 毕设开始后，学生需要选择一名院内代管老师指导毕设 | | |
| 前置条件 | 1. 毕设管理员已配置完毕设信息。<br>2. 选择毕设代管老师已开启 | | |
| 基本流程 | 1. 学生单击“查看代管老师列表”按钮。<br>2. 显示当年参与毕设的代管老师名单。<br>3. 学生选择其中一名代管学生数小于 10 的代管老师，单击“申请代管老师”按钮。<br>4. 弹出申请表格。<br>5. 学生填写申请原因并上传简历。<br>6. 学生单击“提交”按钮。<br>7. 显示成功提交申请 | | |
| 其他流程 | 如果老师 48h 未处理，则视为超期，学生可以重新选择其他代管老师 | | |
| 异常流程 | 1. 如果检测到代管学生已满，则显示相应提示。<br>2. 学生可以重新选择代管老师 | | |

**表 F-4　审核学生代管申请用例表**

| 用例编号 | UC_007 | 用例名称 | 审核学生代管申请 |
|---|---|---|---|
| 参与者 | 代管老师 | 优先级 | ☑高 □中 □低 |
| 描述 | 学生提交代管申请后，代管老师需进行审核 | | |
| 前置条件 | 学生提交代管申请 | | |

续表

| | |
|---|---|
| 基本流程 | 1. 查看学生代管申请列表。<br>2. 显示所有提交申请的学生，包括姓名、学号、申请时间及“审核”按钮。<br>3. 单击某一个学生对应的“审核”按钮。<br>4. 显示该学生提交的申请表及简历。<br>5. 如果愿意代管该学生则单击“审核通过”按钮，如有特殊原因不能代管，需填写拒绝理由后单击“拒绝”按钮。<br>6. 显示审核成功 |
| 其他流程 | 如果老师 48h 未处理，则视为超期，代管老师无法再审核该学生的申请 |
| 异常流程 | 如导师已代管 9 名学生，又遇两名学生同时提交申请，则先审核通过的学生由该老师代管，后处理的学生自动退回，并提示“导师代管已满” |

**表 F-5　查看代管学生用例表**

| 用例编号 | UC_008 | 用例名称 | 查看代管学生 |
|---|---|---|---|
| 参与者 | 代管老师、毕设管理员 | 优先级 | ☑高 □中 □低 |
| 描述 | 代管老师可以查看其代管的所有学生列表。毕设管理员可以查看所有学生列表 | | |
| 前置条件 | 无 | | |
| 基本流程 | 1. 查看学生代管列表。<br>2. 显示代管的所有学生列表。<br>3. 单击“查看详情”按钮，可以查看到学生的基本信息，以及他们在各阶段提交的材料。老师可以在这个页面中进行审核 | | |
| 说明 | 1. 代管学生列表中需显示学生姓名、学生学号、手机号码、电子邮箱、毕设课题、实习企业、所处阶段，以及“审核”按钮。<br>2. 如果是毕设管理员查看代管学生，列表中还会显示代管老师名字 | | |

**表 F-6　自动分配代管老师用例表**

| 用例编号 | UC_009 | 用例名称 | 自动分配代管老师 |
|---|---|---|---|
| 参与者 | 毕设管理员 | 优先级 | ☑高 □中 □低 |
| 描述 | 经过双选阶段后，仍然会有一些学生还没有选定代管老师。这时需要毕设管理员单击“自动分配”按钮，替未选定代管老师的学生分配代管老师 | | |
| 前置条件 | 选择代管老师第一阶段已完成 | | |
| 基本流程 | 1. 教务管理员单击“自动分配”按钮。<br>2. 系统进行自动分配，完成后提示“自动分配完成”<br>3. 教务管理员可以查看所有学生的代管老师，如果是系统自动分配的会备注为“系统自动分配” | | |
| 说明 | 自动分配后，如果有学生对自动分配的老师不满意，想要调整成其他老师，可以通过变更代管老师进行变更 | | |

学生选择完代管老师后，可能由于各种原因需要更换代管老师。更换代管老师需要学生提交申请，原代管老师和新代管老师都同意更换后，再由毕设管理员复核是否予以更换，主要流程如图 F-6 所示。

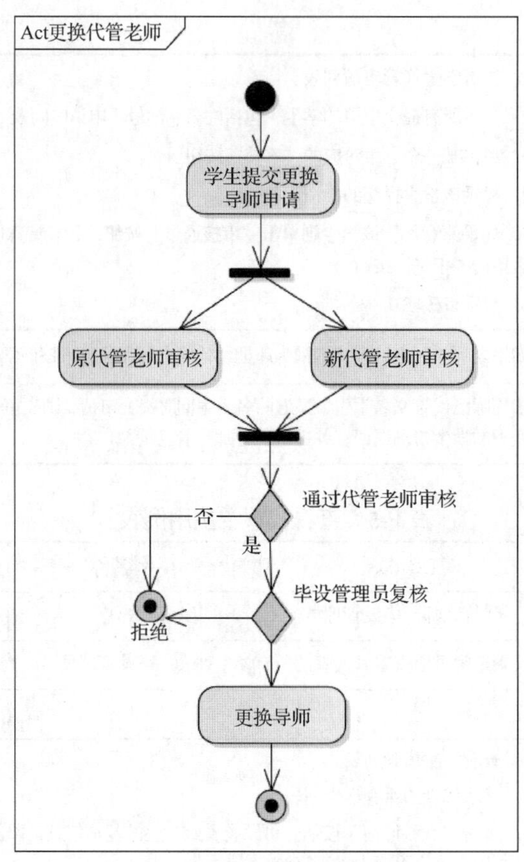


图 F-6 更换毕设代管老师的活动图

学生变更代管老师用例表如表 F-7 所示。

表 F-7 学生变更代管老师用例表

| 用例编号 | UC_010 | 用例名称 | 学生变更代管老师 |
| --- | --- | --- | --- |
| 参与者 | 学生 | 优先级 | ☑高 □中 □低 |
| 描述 | 学生选择代管老师后，想要更换老师，可提交变更代管老师的申请 | | |
| 前置条件 | 学生已选择代管老师 | | |
| 基本流程 | 1. 学生申请变更代管老师。<br>2. 显示变更申请界面。<br>3. 学生填写申请理由。<br>4. 学生选择变更后的老师。<br>5. 显示代管人数未满的老师列表。<br>6. 选择一名代管老师，单击“提交”按钮。<br>7. 提示变更申请提交成功 | | |
| 说明 | 除特殊原因（如代管老师工作调动等），原则上，变更代管老师只在定岗选题之前才能申请 | | |

### 4.1.2 提交审核材料

学生在每个阶段都需要提交一些材料，除了毕业设计论文需要专家审核，其他材料都由代管老师审核。材料审核分两种：一种是评分制；另一种是通过制。评分制，需要代管老师按照评分标准打分（如针对初期报告、中期报告等）；通过制，只需要代管老师确认材料是否审核通过即可（如针对实习证明、三方协议等）。

材料审核的流程如下，相应顺序图见图 F-7、活动图见图 F-8。

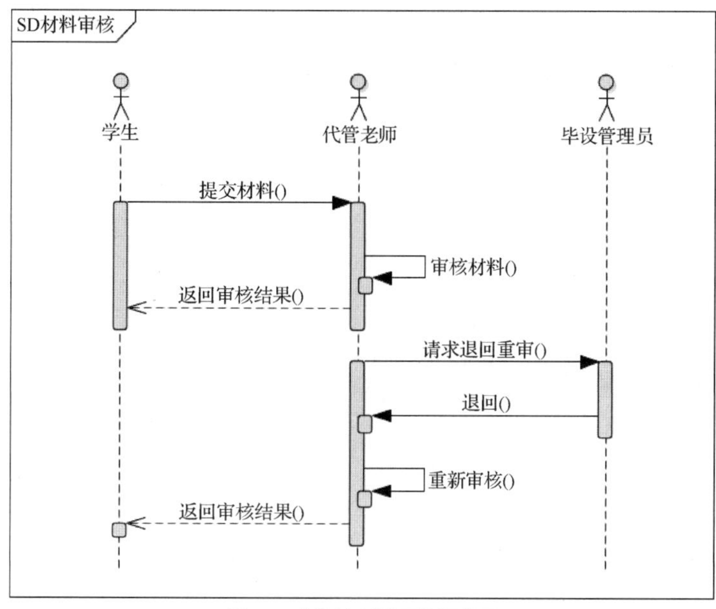


图 F-7 材料审核流程的顺序图

（1）学生提交材料。

（2）代管老师审核材料，如果是评分制的材料代管老师需要打分；如果是通过制的材料代管老师只用审核其是否通过。

（3）代管老师审核后，返回审核结果。如果发现问题，想要重审，需要向毕设管理员提交重审请求。

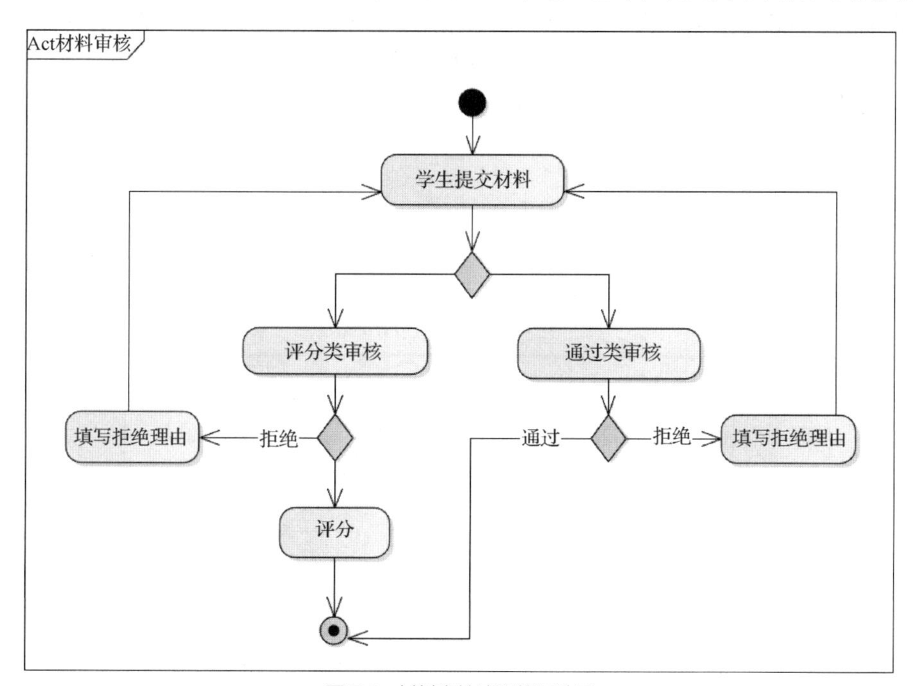


图 F-8 材料审核流程的活动图

（4）毕设管理员根据代管老师的请求，退回材料。

（5）材料退回后，代管老师可以重新审核。

## 5. 数据需求

毕设管理系统中的主要对象及对应的关系如图 F-9 所示。

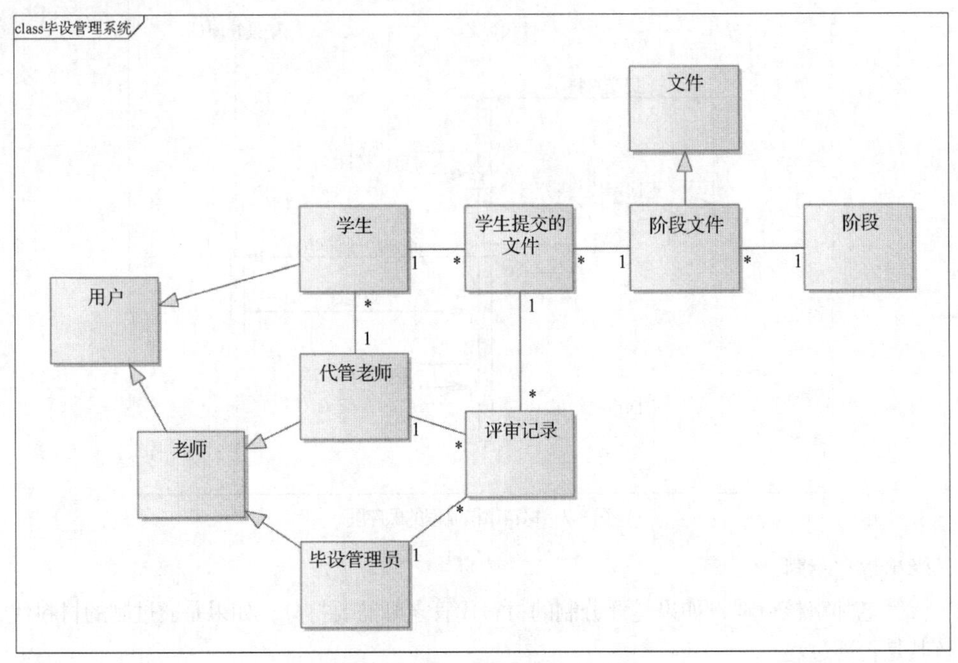


图 F-9　毕设管理系统的类图（部分）

材料审核是毕设管理系统中的重要流程，其数据流图如图 F-10 所示，涉及的实体对象有学生、代管老师和毕设管理员，涉及的数据对象有阶段、阶段文件、学生提交的文件、评审记录，包含配置阶段、配置阶段文件、提交文件、审核文件等流程。

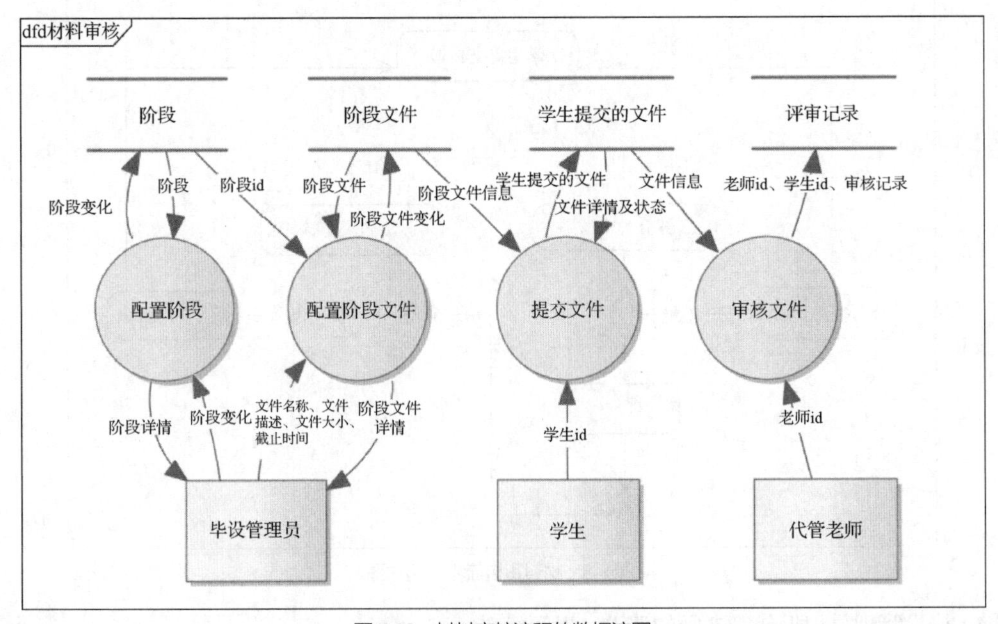


图 F-10　材料审核流程的数据流图

数据字典如表 F-8～表 F-15 所示（部分）。

**表 F-8 用户（user）表**

| 字段名 | 数据类型 | 允许空值 | 数据约束 | 默认值 | 字段说明 |
|---|---|---|---|---|---|
| user_id | char(50) | NO | PK | NULL | 用户编号，7～12 位的数字或字母，老师的工号为 7 位，学生的学号为 12 位。由于存在留学生，因此学号中可能存在字母 |
| name | char(50) | NO | | NULL | 用户名称，支持中文和英文 |
| password | char(128) | NO | | NULL | 用户密码，包含数字、字母和特殊符号，不少于 8 位 |
| locked | char(1) | NO | | F | 是否锁定，L 表示锁定，F 表示未锁定 |
| created_time | int(50) | NO | | NULL | 创建时间，10～20 位数字 |
| user_type | char(1) | NO | | S | 用户类型，T 表示老师，S 表示学生 |
| email | char(50) | YES | | NULL | 用户电子邮箱，包含@ |

**表 F-9 老师信息（teacher）表**

| 字段名 | 数据类型 | 允许空值 | 数据约束 | 默认值 | 字段说明 |
|---|---|---|---|---|---|
| teacher_id | bigint(20) | NO | PK | NULL | 老师工号 |
| name | varchar(20) | NO | | NULL | 老师姓名 |
| gender | char(1) | NO | | NULL | 性别 |
| campus | char(1) | NO | | NULL | 校区 |
| department_id | tinyint(3) | YES | | NULL | 部门编号 |
| education_id | tinyint(3) | YES | | NULL | 学历 |
| degree_id | tinyint(3) | YES | | NULL | 学位 |
| major | varchar(50) | YES | | NULL | 专业 |
| position | varchar(20) | YES | | NULL | 职位信息 |
| professional_title | varchar(20) | YES | | NULL | 职称信息 |
| mobile | char(15) | NO | | NULL | 手机号码 |
| office_tel | char(15) | NO | | NULL | 办公电话号 |
| email | varchar(50) | YES | | NULL | 电子邮箱 |
| description | varchar(255) | YES | | NULL | 其他描述 |

**表 F-10 学生信息（student）表**

| 字段名 | 数据类型 | 允许空值 | 数据约束 | 默认值 | 字段说明 |
|---|---|---|---|---|---|
| student_id | bigint(20) | NO | PK | NULL | 学生学号 |
| name | varchar(20) | NO | | NULL | 学生姓名 |
| gender | char(1) | NO | | NULL | 性别 |
| campus | char(1) | NO | | NULL | 所在校区 |
| major | varchar(10) | NO | | NULL | 专业 |
| enrollment_date | date | NO | | 1900-01-01 | 入校时间 |

续表

| 字段名 | 数据类型 | 允许空值 | 数据约束 | 默认值 | 字段说明 |
| --- | --- | --- | --- | --- | --- |
| expected_graduation_date | date | NO | | 1900-01-01 | 毕业时间 |
| is_in_book | char(1) | NO | | 1 | 是否在校，0为不在校，1为在校 |
| class_id | char(10) | NO | | NULL | 班级编号 |
| email | varchar(50) | YES | | NULL | 电子邮箱 |
| mobile | char(15) | YES | | NULL | 手机号码 |
| description | varchar(255) | YES | | NULL | 其他描述 |

表 F-11　阶段表（stage）

| 字段名 | 数据类型 | 允许空值 | 数据约束 | 默认值 | 字段说明 |
| --- | --- | --- | --- | --- | --- |
| stage_id | int(11) | NO | PK | NULL | 阶段编号，为0则为占位阶段 |
| name | varchar(10) | NO | | NULL | 阶段名称 |
| period_from | int(11) | NO | | NULL | 阶段起始时间，为0则忽略 |
| period_to | int(11) | NO | | NULL | 阶段截止时间，为0则忽略 |
| next_stage_id | int(11) | YES | | NULL | 协议阶段编号，为0则为末阶段 |
| prev_stage_id | int(11) | YES | | 0 | 前一阶段编号，为0则为第一阶段 |
| description | varchar(255) | YES | | | 阶段描述 |
| overlapped | char(1) | NO | | F | 是否可重叠，F为不可重叠，T为可重叠。如果该阶段可重叠，并且学生未完成该阶段事宜则忽略时间限制，可继续完成本阶段事宜 |
| year | int(4) | NO | | NULL | 毕业年份 |
| rci_id | int(11) | NO | 外键 | 0 | 成绩构成项编号，0表示文件与毕设成绩无关，其他表示与毕设成绩有关 |

表 F-12　文件表（file_info）

| 字段名 | 数据类型 | 允许空值 | 数据约束 | 默认值 | 字段说明 |
| --- | --- | --- | --- | --- | --- |
| file_id | int(11) | NO | PK | NULL | 文件编号 |
| mime_id | tinyint(3) unsigned | NO | 外键 | NULL | 文件的MIME类型ID |
| size | int(11) | NO | | NULL | 文件大小 |
| path | varchar(100) | NO | | NULL | 文件路径 |
| last_update | int(11) | YES | | NULL | 最后一次更新时间 |
| md5_sum | char(32) | NO | | NULL | 文件的MD5摘要 |
| refcount | tinyint(3) unsigned | NO | | 0 | 文件引用次数（被引用次数） |

表 F-13　阶段文件表（stage_file）

| 字段名 | 数据类型 | 允许空值 | 数据约束 | 默认值 | 字段说明 |
| --- | --- | --- | --- | --- | --- |
| stage_file_id | int(11) | NO | PK | NULL | 阶段文件编号 |
| stage_id | int(11) | YES | 外键 | NULL | 阶段ID |

续表

| 字段名 | 数据类型 | 允许空值 | 数据约束 | 默认值 | 字段说明 |
|---|---|---|---|---|---|
| file_name | varchar(50) | YES | | NULL | 文件名称 |
| description | varchar(255) | YES | | NULL | 文件描述 |
| max_size | int(11) | YES | | NULL | 学生上传文件的最大值 |
| deleted | char(1) | YES | | 0 | 该文件是否被删除，0 表示正常，1 表示该文件已从该阶段删除，学生无须上传 |
| deadline | int(11) | YES | | 0 | 学生上传文件的截止时间，0 表示没有截止时间 |

表 F-14　学生提交的文件表（student_file）

| 字段名 | 数据类型 | 允许空值 | 数据约束 | 默认值 | 字段说明 |
|---|---|---|---|---|---|
| student_file_id | int(11) | NO | PK | NULL | 学生文件 ID |
| student_id | bigint(20) | NO | 外键 | NULL | 学号 |
| stage_file_id | int(11) | NO | 外键 | NULL | 阶段文件编号 |
| file_id | int(11) | NO | 外键 | NULL | 文件编号 |
| status | tinyint(3) unsigned | YES | | NULL | 文件状态 |

表 F-15　评审记录表（file_review）

| 字段名 | 数据类型 | 允许空值 | 数据约束 | 默认值 | 字段说明 |
|---|---|---|---|---|---|
| file_review_id | int(11) | NO | PK | NULL | 评审文件编号 |
| reviewer_id | bigint(20) | NO | 外键 | NULL | 评审者 ID |
| student_file_id | int(11) | NO | 外键 | NULL | 学生文件编号 |
| subject | varchar(2048) | NO | | NULL | 评审内容 |
| review_time | int(11) | NO | | NULL | 评审时间 |
| status | tinyint(3) unsigned | NO | | NULL | 评审状态 |

# 6. 接口需求

## 6.1　用户界面

用户界面的设计风格与学院的实验教学管理系统保持一致，前端框架使用 Bootstrap 搭建。

## 6.2　软件接口

系统需要接入学院统一身份认证系统。

系统的配置信息均使用 JSON 格式存储在数据库中。

系统需要能够导入教务系统导出的学生信息，从教务系统导出的学生信息请查看“教务管理系统学生信息表”。

所有审核信息应该通过系统站内信息和邮件的方式通知相关人。以下是老师同意代管的邮件模板示例：

代管老师同意申请通知

#studentName 同学：
你好!
#teacherName 同意了他/她作为你的代管老师的请求，单击超链接#scheduleUrl 查看详情。
请你及时跟你的代管老师沟通后续毕设事宜。

你申请的代管教师信息如下。
姓名：#teacherName
性别：#teacherGender
联系方式：#teacherMobile
电子邮箱：#teacherEmail

（如果上述超链接无法打开，请将链接复制到浏览器地址栏中打开。）
如果对毕设流程有任何疑问，请仔细阅读相关公告或与实验中心联系。
本邮件由系统自动发出，请勿回复，谢谢！ #departmentName
#noticeDate

## 7. 非功能性需求

### 1. 安全性

（1）按照学校规定，毕设管理系统需要接入信息中心的网络，只能通过校园网或者在接入 VPN 的情况下访问。

（2）毕设管理系统用户登录需要接入学院的统一身份认证系统进行认证。第一次登录与找回密码的流程类似，即需要先输入电子邮箱地址获取密码修改超链接，设置新密码，然后登录。密码需要包含数字、字母和特殊字符，且不少于 8 位。

（3）为了高效拦截机器行为、防止恶意登录，登录时应该增加文字点选认证。

（4）用户登录时，如果 5min 内 4 次登录失败，系统会锁定用户账户。

（5）用户的密码、电子邮箱地址、手机号码等信息在系统中需要加密存储。

（6）系统需要支持用户角色权限管理，所有的功能模块均需要进行权限验证。每一个用户对应一个角色，每个角色可以有不同的访问权限，主要的角色包括教务管理员、毕设管理员、公告管理员、代管老师、评审专家、评审组长、领导、学生。另设一个超级管理员的角色，超级管理员可以配置用户、角色、权限的对应关系。

（7）用户的所有访问行为均需以日志的形式记录，系统至少要保存近半年的日志记录。

### 2. 完整性

（1）用户在填写任务书、检查表等表单信息时，系统需要验证其数据的合法性，并防止 SQL 注入攻击。在保证安全性、完整性的前提下，对于用户填写的数据应该每 10s 自动保存一次。

（2）对于学生上传的报告只支持 PDF 和 Word 文件格式，且大小不超过 5MB。

（3）用户数据需要每周完成 1 次全量备份，每天完成 1 次增量备份。备份时间尽量设置在凌晨用户操作较少的时候。

**3．易用性**

（1）系统应该根据不同的用户权限生成不同的操作功能页面，这样可以在显示层面简化系统的功能层次，用户能够直观地选择相应的操作权限。

（2）编写在线帮助文件，帮助用户学习系统的使用方法。

（3）在用户操作过程中采用简体中文字进行提示，以便用户理解。对于任何系统的错误、录入过程中出现的错误，在错误提示后返回原录入焦点。

（4）在95%的情况下，第一次使用系统的学生，应该在不超过10min的熟悉和适应后，提交毕设各阶段对应的文档。

（5）老师登录时，若有未完成的审核会出现提示，单击后可以跳转至相应的审核页面。

（6）所有表单信息在重新编辑时，需要加载上一次保存的信息。

**4．互操作性**

（1）毕设管理系统应该通过学院的统一身份认证系统进行身份认证。用户访问毕设管理系统时，自动跳转到统一身份认证系统进行身份认证，认证成功后，统一身份认证系统返回用户的基本信息，如账号、姓名、身份类别（老师/学生）、联系方式等。但是具体的身份信息，如毕设管理系统中的代管老师、评审专家、管理员等身份信息，应该由毕设管理系统自行认证管理。

（2）毕设管理系统应该能够导入教务系统的学生信息，如果教务系统导出的学生信息的格式有变化，毕设管理系统需要能够兼容。

（3）毕业设计的成绩要纳入学院工程认证达成度评价计算，因此，毕设管理系统应该能为工程认证达成度评价管理系统提供相应的数据支撑：毕设管理员应该能查看学生在毕设各阶段的成绩、每名老师的代管人数、每名老师参与评审的学生人数，且系统应该支持使用CSV格式导出数据。

（4）论文在提交评审之前需要进行查重，查重的结果能在毕设管理系统中显示。如果系统对接比较困难，首期可以只实现由学生上传查重结果，让代管老师审核。

（5）毕设管理系统还涉及很多配置信息，如阶段的配置、用户权限的配置、评分标准的配置。这些信息均需使用JSON格式存储。

**5．性能**

（1）页面平均响应时间不超过1s，高峰时期响应不超过1.8s。

（2）至少在98%的时间内，论文下载的时间不超过3s。

**6．可用性**

（1）在工作日期间，北京时间上午9点至下午5点，系统可用性应该至少达到98%。

（2）系统备份、升级等工作应该安排在凌晨0点至3点之间。

**7．可扩展性**

（1）系统至少3年内应该具有应对50%的用户增长的能力，且性能不能明显下降。

（2）系统至少5年内应该具有应对每年30%的网页浏览增长率的能力，且性能不能明显下降。

# 参考文献


[1] IEEE Std 610.12-1990. IEEE standard glossary of software engineering terminology[R]. New York: IEEE, 1990.

[2] WIEGERS K E, BEATTY J. Software Requirements[M]. 3rd ed. Washington: Microsoft Press, 2013.

[3] KOTONYA G, SOMMERVILLE I. Requirements Engineering: Processes and Techniques[M]. Hoboken: Wiley, 1998.

[4] Software Engineering. Guide to the software engineering body of knowledge[S]. London: The British Standards Institution, 2016.

[5] 张传波. 火球: UML 大战需求分析[M]. 北京: 中国水利水电出版社, 2012.

[6] MOORE G A. Crossing the Chasm: Marketing and Selling High-Tech Products to Mainstream Customers[M]. Rev. ed. New York: Harperbusiness, 2002.

[7] SMITH L W. Project Clarity Through Stakeholder Analysis.[J]CrossTalk, 2000, 13(12): 4-9.

[8] 竹宇光, 刘兰娟. 软件开发方法[M]. 上海: 上海财经大学出版社, 2001.

[9] BOOCH G, RUMBAUGH J, JACOBSON I. The Unified Modeling Language User Guide[M]. 2nd ed. Addison: Wesley, 2005.

[10] ISO. ISO/IEC 19505-1: 2012 - Information technology - Object Management Group Unified Modeling Language (OMG UML)[S]. Geneva: ISO, 2012.

[11] BEATTY J, CHEN A. Visual Models for Software Requirements[M]. Washington: Microsoft Press, 2012.

[12] COHN M. Succeeding with Agile: Software Development Using Scrum[M]. Addison: Wesley, 2009.

[13] MISHRA J, MOHANTY A. Software Engineering[M]. India: Pearson Education, 2011.

[14] CHEN PIN-SHAN. The Entity-Relationship Model - Toward a Unified View of Data[J]ACM Transactions on Database Systems, 1976, 1(1): 9-36.

[15] BEYNON-DAVIES P. Database Systems[M].3rd ed. UK: Red Globe Press, 2003.

[16] IBM. IBM Dictionary of Computing[M]. New York: McGraw-Hill, 1993.

[17] BASS L, CLEMENTS P, KAZMAN R. Software Architecture in Practice[M]. 3rd ed. Addison: Wesley, 2012.

[18] MILLER R E. The Quest for Software Requirements[M]. Milwaukee: MavenMark Books, 2009.

[19] WITHALL S. Software Requirement Patterns[M]. Washington: Microsoft Press, 2007.

[20] HARDY T L. Essential Questions in System Safety: A Guide for Safety Decision Makers[M]. 2nd ed. Trenton: Booklocker.com, 2014.